国家示范性高等职业院校建设计划项目
高等职业教育系列教材

建筑装饰材料与室内环境检测

主　编　曹雅娴
副主编　王　丽　李　晔
参　编　贾鹏里　杨　慧
方嘉淇　李　娜
邵亚丽
主　审　李艳侠

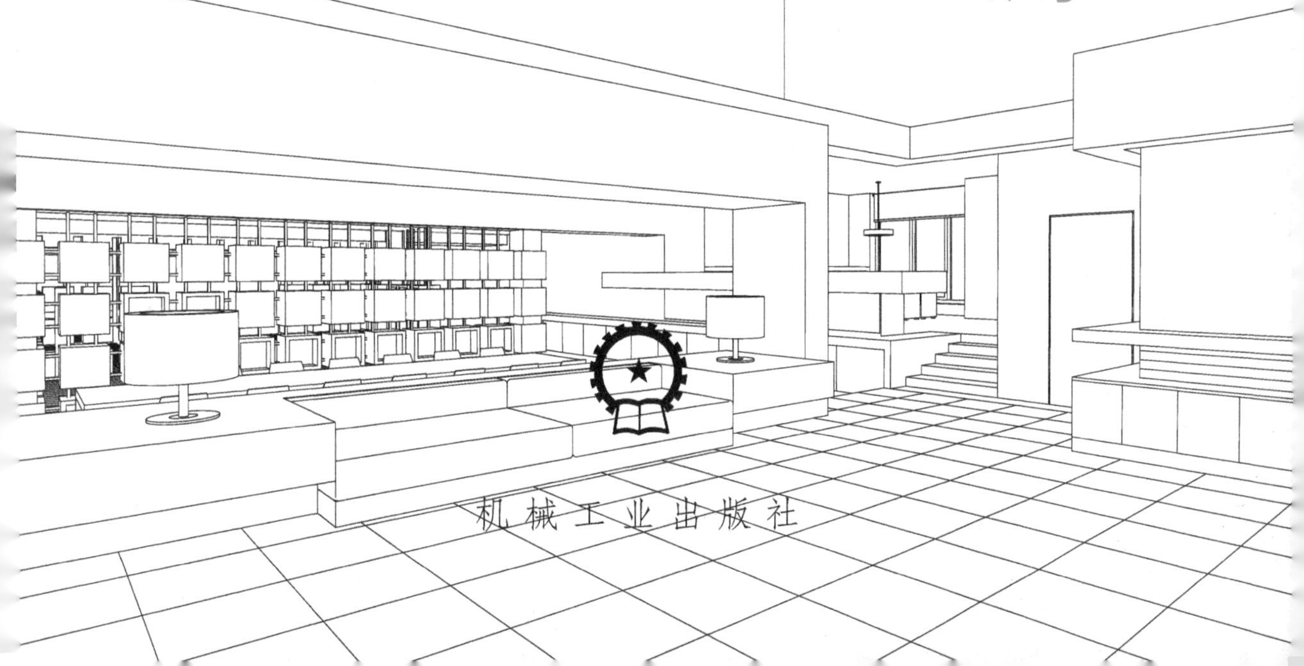

机械工业出版社

本书按照高职高专建筑装饰工程技术、建筑装饰材料技术和建筑室内设计等专业的教学要求编写，共分为十三章，包括绪论、建筑装饰石材、建筑装饰陶瓷、建筑装饰木材、建筑装饰玻璃、建筑装饰金属材料、建筑装饰塑料、建筑装饰织物、建筑装饰涂料、水泥与建筑装饰石膏、建筑装饰管线、其他建筑装饰材料和室内环境检测等内容。

本书可作为高职高专建筑装饰工程技术专业、建筑装饰材料技术专业和建筑室内设计专业的教学用书，也可作为建筑学专业、环境艺术设计专业的教学参考书和相关专业继续教育、岗位培训的教材和参考书使用。

本书配有电子课件，凡使用本书作为教材的教师可登录机械工业出版社教育服务网 www. cmpedu. com 下载。咨询电话：010-88379375。

图书在版编目（CIP）数据

建筑装饰材料与室内环境检测/曹雅娴主编 . —北京：机械工业出版社，2017. 12（2021. 2 重印）

国家示范性高等职业院校建设计划项目　高等职业教育系列教材

ISBN 978-7-111-58539-8

Ⅰ. ①建…　Ⅱ. ①曹…　Ⅲ. ①建筑材料 - 装饰材料 - 高等职业教育 - 教材②室内环境 - 环境监测 - 高等职业教育 - 教材　Ⅳ. ①TU56②X83

中国版本图书馆 CIP 数据核字（2017）第 287213 号

机械工业出版社（北京市百万庄大街 22 号　邮政编码 100037）
策划编辑：饶雯婧　责任编辑：饶雯婧　覃密道
责任校对：刘雅娜　封面设计：鞠　杨
责任印制：常天培
北京虎彩文化传播有限公司印刷
2021 年 2 月第 1 版第 3 次印刷
184mm × 260mm · 12. 5 印张 · 353 千字
标准书号：ISBN 978-7-111-58539-8
定价：49. 90 元

电话服务
客服电话：010-88361066
010-88379833
010-68326294

网络服务
机　工　官　网：www. cmpbook. com
机　工　官　博：weibo. com/cmp1952
金　　书　　网：www. golden-book. com
机工教育服务网：www. cmpedu. com

前言

建筑装饰材料是建筑装饰装修的主要物质基础，要创造满足人们多层次、多风格的要求，充分体现个性化和人性化的建筑空间环境，主要是通过建筑装饰材料的质感、纹理、色彩等来实现装饰效果和不同的使用功能。不同建筑装饰材料具有不同的特性、使用范围和质量标准，因此只有了解、熟悉、掌握了建筑装饰材料的这些知识，才能根据不同的建筑装修部位和使用条件，合理选择不同的建筑装饰材料，以达到理想的建筑装饰效果。

本书介绍了近年来发展起来的新型建筑装饰材料。在内容编排上尽量做到科学合理，具体内容上除了介绍材料的性能、构造、特点外，还介绍了材料的选购与应用，以及室内环境检测的相关知识。

本书每章有明确的知识目标和能力目标，根据所传授知识的特点，配套了大量图片，使学习者对所学知识有直观的认识，便于掌握。每一章节后面附有知识链接——丰富学生的知识结构，拓宽知识领域；实训任务——帮助学习者将理论知识与市场接轨、与工程实践相联系；思考与练习——加深学习者对本章节内容的掌握和学习检验。

本书由内蒙古建筑职业技术学院曹雅娴任主编，李艳侠任主审，共分为十三章。具体编写分工如下：曹雅娴编写第一章和第十章；王丽编写第二章和第五章；李晔编写第三章和第六章；贾鹏里编写第十一章；杨慧编写第十二章；李娜编写第七章和第八章；方嘉淇编写第九章；邵亚丽编写第四章和第十三章。

本书可作为高职高专建筑装饰工程技术专业、建筑装饰材料技术专业和建筑室内设计专业的教学用书，也可作为建筑学专业、环境艺术设计专业的教学参考书和相关专业继续教育、岗位培训的教材和参考书使用。

由于建筑装饰材料种类繁多，且发展速度快，各行业的标准不统一，加之编者的水平所限，书中难免有疏漏和不足之处，恳请读者批评指正。

编　者

目 录

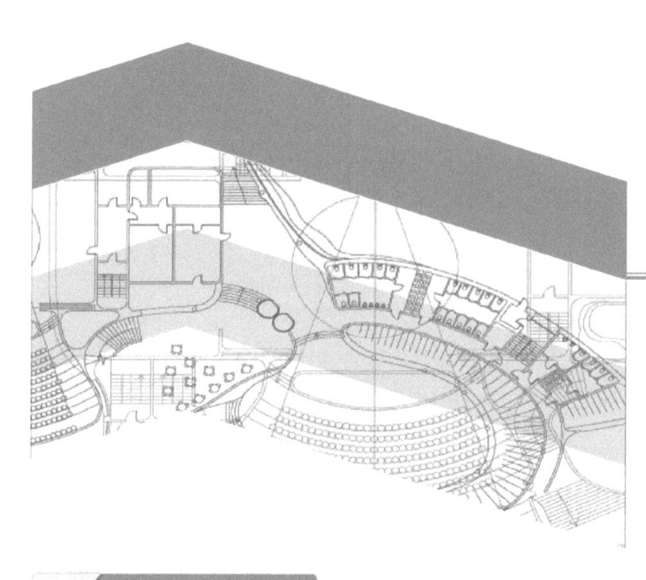

第一章

绪　论

知识目标

通过对本章内容的学习，了解建筑装饰材料的基本分类和发展趋势。

能力目标

掌握建筑装饰材料的性质及其选用原则。

建筑装饰材料，也称为建筑装修材料、饰面材料，是指在建筑施工中，当结构和水暖电、管道安装等工程基本完成，在装修阶段所使用的起装饰效果的材料。它是建筑材料的一个组成部分，是建筑物不可或缺的部分。建筑装饰的整体效果和建筑装饰功能的实现，在一定程度上受到建筑装饰材料的制约，尤其受到装饰材料光泽、质感、图案、花纹等装饰特性的影响。因此，熟悉各种装饰材料的性能、特点，根据建筑物及使用环境条件，合理选用装饰材料，才能材尽其能、物尽其用。

1.1　建筑装饰材料的分类

建筑装饰材料的品种繁多，用途不同，基本性能也千差万别，因此可以从不同角度进行分类。按照材料形态分为实材、板材、片材、型材和线材；按照材料来源分为天然材料、人造材料；按照材料功能分为吸声、隔热、防水、防潮、防火、防霉、耐酸碱、耐污染等。

为了便于工程技术人员选用建筑装饰材料，需要重点了解材料的组成与性质，也可以从以下三方面进行分类。

1.1.1　按化学成分分类

按化学成分不同，建筑装饰材料可以分为金属材料、非金属材料和复合材料三大类，见表1-1。

表1-1　建筑装饰材料按化学成分分类

类　别	化学成分	常用装饰材料	
金属材料	黑色金属材料	普通钢材、不锈钢、彩色不锈钢	
	有色金属材料	铝及铝合金、铜及铜合金、金、银	
非金属材料	无机材料	天然饰面石材	天然大理石、天然花岗岩
		烧结与熔融制品	玻璃装饰制品、陶瓷装饰制品、岩棉矿棉制品
		胶凝材料	水硬性：白水泥、彩色水泥
			气硬性：石膏、石灰、水玻璃

（续）

类别	化学成分	常用装饰材料	
非金属材料	有机材料	木材制品	胶合板、纤维板、细木工板、竹木地板
		装饰织物	地毯、墙布、窗帘材料
		合成高分子材料	塑料制品、装饰涂料、密封材料、胶黏剂
复合材料	有机与无机复合	人造花岗岩、人造大理石、钙塑泡沫装饰吸声板	
	金属与非金属复合	涂塑钢板、彩色涂层钢板	

1.1.2 按装饰部位分类

按照装饰部位不同，建筑装饰材料可分为外墙装饰材料、内墙装饰材料、顶面装饰材料和地面装饰材料等，见表1-2。

表1-2 建筑装饰材料按装饰部位分类

类别	装饰部位	常用装饰材料
外墙装饰材料	外墙、阳台、台阶、雨篷等	天然花岗岩、外墙面砖、外墙涂料、金属板、玻璃制品
内墙装饰材料	内墙墙面、墙裙、隔断踢脚线等	天然石材、人造石材、内墙釉面砖、人造板材、内墙涂料、墙纸、壁布、塑料板、石膏板、金属板、石膏制品
地面装饰材料	地面、楼面、楼梯等	木地板、陶瓷地砖、石板、地毯、地面涂料、塑料地板
顶面装饰材料	室内顶棚	人造板材、内墙涂料、塑料板材、石膏板、玻璃
室内装饰用品及配套设备	房间、厨房、卫生间、楼梯等	灯具、衣柜、卫生洁具、空调设备、厨房设备、楼梯扶手、栏杆

1.1.3 按燃烧性能分类

建筑材料的燃烧性能是指建筑材料燃烧或遇火时发生的一切物理和化学变化，这项性能由材料表面的着火性和火焰传播性、发热、发烟、碳化、失重以及毒性生成物的产生等特性来衡量。依据《建筑材料及制品燃烧性能分级》（GB 8624—2012）的规定，建筑材料及制品燃烧性能的基本分级分为A、B1、B2和B3，见表1-3。

表1-3 建筑装饰材料及制品的燃烧性能等级

等级	燃烧性能	常用装饰材料
A	不燃性	石材、水泥制品、玻璃、瓷砖、钢铁等
B1	难燃性	纸面石膏板、水泥刨花板、矿棉板、纤维石膏板、硬PVC塑料地板等
B2	可燃性	天然木材、木制人造板、普通墙纸、聚酯装饰板
B3	易燃性	油漆、聚乙烯泡沫塑料等

1.2 建筑装饰材料的性质

1.2.1 建筑装饰材料的装饰性能

材料的性能是评定、选择和使用材料的基本要求和标准，由于材料的使用范围、装饰效果和种类不同，对其要求就有不同，如材料的质感、纹理、色彩、光泽等。

1. 色彩

色彩是材料对可见光谱选择吸收后的结果，不同颜色会给人不同的感受。例如粉色、红色给人温暖和热烈感；青色、蓝色给人安静凉爽的感觉；黑色给人稳定的感觉。在装饰设计中，色彩设计与其他设计因素相比更直接、更强烈地诉诸人的情感，并时刻都在影响着人们的心理和情感。

同时，建筑色彩的应用和配制遵循一些功能规则，往往也成为装饰材料色彩选择的依据。例如室内顶棚的浅色规则造成大部分顶棚材料都为白色或浅色，以使室内空间呈现明亮感；象征生机、活泼的绿色、橙色、黄色的搭配几乎是儿童房间的首选颜色。

2. 光泽

光泽是材料表面方向性反射光线的一种特性，在评定材料的装饰性能时，光泽的重要性仅次于色彩。材料表面越光滑，光泽度越高，不同的光泽度可以改变材料表面的明暗程度，并可以扩大视野或造成不同的虚实对比。例如室内装饰中适当使用玻璃镜产生的镜面反射可以扩展空间进深感。

3. 透明度

透明度也是材料与光线有关的一种性质。利用材料不同的透明性可隔断或调整穿透光线的强弱，产生各异的光学效果。例如普通门窗玻璃大部分是透明的（图1-1)，磨砂玻璃、压花玻璃则是半透明的（图1-2)，半透明材料可以用于既透光又可保证空间私密性的装饰装修。

图1-1　普通玻璃装饰效果

图1-2　磨砂玻璃装饰效果

4. 质感

材料的质感是人们对材料的强度、色彩、光泽、纹理等的综合感受。它不仅是材料的标识还会带给人丰富的联想，在人的感官中产生软硬、轻重、冷暖等感觉。例如金属的冰冷、木材的温馨（图1-3)、石材的坚固凝重（图1-4)、玻璃的明亮通透、红砖的古朴等。天然材料的纹理自然、真实，人造材料的纹理均匀、没有瑕疵，但显得呆板。

图1-3　木材的纹理

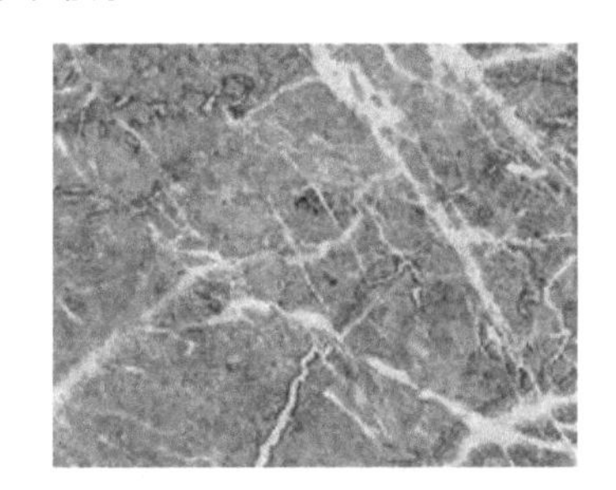

图1-4　石材的纹理

相同的材料因表面加工不同也可以有不同的质感。例如带有斧痕的斩假石给人豪放、粗犷的感觉。不同材料的质感决定了材料的独特性和差异性，在装饰材料运用中，利用材料的质感及变化与对比，可以创造个性的空间环境。

1.2.2　建筑装饰材料的技术性能

建筑装饰材料在使用过程中承受着各种不同的作用，除了外力作用外，材料还会受到其他介质的作用，如雨水、温度变化、紫外线等，导致材料的性质发生变化。因此，要保证建筑物正常使用，建筑装饰材料就必须具备基本的强度、防水、保温、耐腐蚀等功能。

1. 物理性质

（1）密度

密度是指材料在绝对密实状态下（不含任何孔隙），单位体积的质量。材料的密度大小取决于组成材料的微观结构，除钢材、玻璃等高密度材料外，绝大多数材料都有孔隙。

$$\rho = \frac{m}{V}$$

式中 ρ——材料的密度（g/cm^3或kg/m^3）；

m——材料的质量（g或kg）；

V——材料在绝对密实状态下的体积（cm^3或m^3）。

（2）表观密度

表观密度是指材料在自然状态下单位体积的质量，又称容重。材料的孔隙率越大，其表观密度就越小。

$$\rho' = \frac{m}{V'}$$

式中 ρ'——材料的表观密度（g/cm^3或kg/m^3）；

V'——材料的表观体积（cm^3或m^3）。

（3）堆积密度

散粒材料在自然堆积状态下，单位体积的质量称为堆积密度。材料在自然状态下，其体积不但包括所有颗粒内的孔隙，还包括颗粒间的孔隙。材料的孔隙越大，其堆积密度就越小。

$$\rho'_0 = \frac{m}{V'_0}$$

式中 ρ'_0——材料的堆积密度（g/cm^3或kg/m^3）；

V'_0——材料的堆积体积（cm^3或m^3）。

（4）孔隙率

孔隙率是指材料中孔隙体积占整个材料在自然状态下的体积的比例。孔隙率反映材料的密实程度，孔隙率的大小及孔隙的特征与材料的强度、吸水性、抗渗性、导热性等都有密切关系。

$$\rho = \frac{V_0 - V}{V_0}$$

式中 ρ——材料的孔隙率；

V——材料在绝对密实状态下的体积（cm^3或m^3）；

V_0——材料的自然体积（cm^3或m^3）。

2. 与水有关的性质

（1）亲水性与憎水性

材料与水接触时，表面能被水湿润的性质称为亲水性，不能被水润湿的性质称为憎水性。在水、材料与空气的液、固、气三相交接处作液滴表面的切线，切线经过水与材料表面的夹角称为材料的润湿角，用θ表示，如图1-5所示。若$\theta \leqslant 90°$，说明材料能被水润湿而表现亲水性，如木材等；若$\theta > 90°$，说明材料表面不能吸水而表现憎水性，如沥青、塑料等。

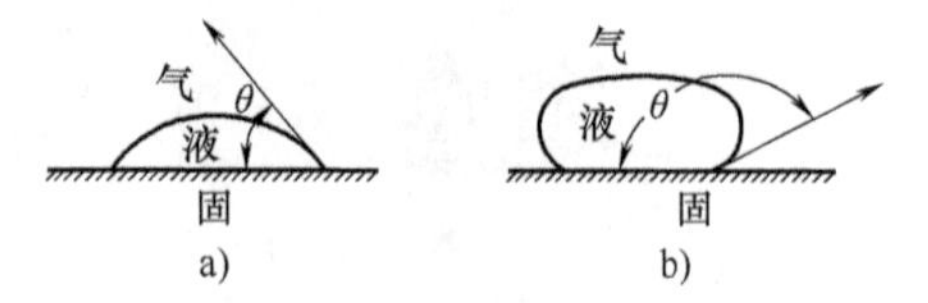

图1-5 材料的润湿角示意图
a）亲水性材料 b）憎水性材料

（2）吸水性

吸水性是指材料在水中吸收水分的能力，其大小一般用吸水率表示。影响材料吸水性的主要因素有材料本身的化学组成、结构和构造状况，尤其是孔隙状态，一般来说孔隙率越大，吸水性越大。

$$W_W = \frac{m_2 - m_1}{m_1} \times 100\%$$

式中 W_W——材料的吸水率（%）；

m_2——材料在吸水饱和状态下的质量（g）；

m_1——材料在绝对干燥状态下的质量（g）。

（3）吸湿性

材料的吸湿性是指材料在潮湿空气中吸收水分的能力，用含水量表示。吸湿性随着空气温度的变化而变化，干的材料在空气中能吸收水分，逐渐变湿；湿的材料在空气中能失去水分，逐渐变干，最终是材料的水分与周围空气的湿度达到平衡，此时处于气干状态时的含水率称为平衡含水率。

$$W = \frac{m_k - m_1}{m_1} \times 100\%$$

式中 W——材料的含水率（%）；

m_k——材料吸湿后的质量（g）；

m_1——材料在绝对干燥状态下的质量（g）。

（4）耐水性

材料在水中或吸水饱和以后不破坏，其强度不显著降低的性质称为耐水性。金属有较强的耐水性，但其表面遇水后会生锈、变色；建筑涂料常以涂刷后遇水是否会起泡、脱落、褪色等来说明耐水性程度。

3. 与热有关的性质

（1）导热性

热量由材料的一面传到另一面的性质称为材料的导热性，导热性用导热率［W/(m·K)］表示。热导率越小，隔热性能越好。一般将热导率小于 0.25W/(m·K) 的材料称为绝热材料。

（2）热容

材料受热时吸收热量，冷却时放出热量的性质称为热容。房屋墙体、屋面采用高热容的材料可长时间保持室内温度的稳定。建筑装饰装修工程也应采用保温绝热材料，以提高建筑物的使用功能，减少热损失，节约能源。

（3）耐燃性和耐火性

耐燃性是指材料抵抗燃烧的性质。材料的耐燃性是影响建筑物防火和耐火等级的重要因素，各类建筑设计或装饰设计必须符合国家有关防火规范规定的防火要求，要妥善处理装饰效果和使用安全的矛盾，积极采用不燃性材料和难燃材料，做到安全适用，经济合理。

耐火性是指材料抵抗高热或火焰作用，保持原有性质的能力。与耐燃性不同，如金属材料、玻璃等虽属于不燃材料，但在高温作用下，在短时间内会变形、熔融，因此不属于耐火材料。材料耐火性用耐火时间（h）来表示，称为耐火极限。

知识链接

材料的热导率主要和以下因素有关：

1）材料的化学组成和物理结构。一般来说，金属材料的热导率大于非金属材料的，无机材料的热导率大于有机材料的，晶体结构材料的热导率大于玻璃体或胶体结构的。

2）孔隙状况。材料的孔隙率越大，闭口孔隙越多，孔隙直径越小，热导率越小。

3）环境的温湿度。保温材料在受潮、受冻后，热导率可加大近100倍，因此材料在使用过程中一定要注意防潮防冻。

4. 与声音有关的性质

(1) 吸声性

声音能穿透材料和被材料消耗的性质称为材料的吸声性。影响材料吸声效果的主要因素有材料的孔隙率、孔隙特征和材料厚度。

(2) 隔声性

隔声是指声波在空气中传播时，一般用各种易吸收能量的物质消耗声波的能量，使声能在传播途径中受到阻挡而不能直接通过的措施，这种措施称为隔声。吸声和隔声两者是不同的，吸声是从根本上减低噪声，隔声就是把声音隔开，实际上噪声没有减小。

5. 力学性质

(1) 强度

材料在外力作用下抵抗破坏的能力称为材料的强度。根据外力作用方式不同，材料的强度包括抗压强度、抗拉强度、抗弯强度和抗剪强度等。材料的强度主要取决于材料成分、结构及构造，例如砖、石等材料的抗压强度较高，但抗拉及抗弯强度很低。

(2) 弹性和塑性

材料的弹性和塑性是指材料的变形能力，主要描述材料变形的可恢复性。材料在外力作用下产生变形，当外力解除后，能完全恢复到变形前形状的性质称为弹性；外力取消后，有一部分变形不能恢复的性质称为塑性。完全弹性的材料实际是不存在的，大部分材料的弹性和塑性是分阶段发生的。

(3) 脆性和韧性

材料的脆性是指当外力达到一定程度，材料无明显的塑性变形而突然破坏的性质。陶瓷、玻璃、石材等都属于脆性材料。

材料在冲击、振动荷载作用下能吸收较大能量，能承受较大的变形而不发生破坏的性质称为材料的韧性。钢材、木材、橡胶等都属于韧性材料。

(4) 硬度和耐磨性

材料表面抵抗较硬物体压入、刻划的能力称为材料的硬度。按照刻划法，材料的硬度划分为1～10级（莫氏硬度）。耐磨性是指材料表面抵抗磨损的能力。

6. 耐久性

耐久性是指材料长期抵抗各种内外破坏、腐蚀介质的作用，保持其原有性质的能力。材料的耐久性是材料的一项综合性质，一般包括耐水性、抗渗性、抗冻性、耐腐蚀性等。对装饰材料而言，主要要求颜色、光泽、外形等不发生显著的变化。

影响耐久性的主要因素包括内部因素和外部因素。内部因素是造成装饰材料耐久性下降的根本原因。内部因素主要包括材料的组成结构与性质。外部因素也是影响耐久性的主要因素，主要有：

1) 化学作用：包括各种酸、碱、盐及其水溶液，各种腐蚀性气体，对材料具有化学腐蚀作用或氧化作用。

2) 物理作用：包括光、热、电、温度差、湿度差、干湿循环、冻融循环、溶解等，可使材料的结构发生变化，如内部产生微裂纹或孔隙率增加。

3) 机械作用：包括冲击、疲劳荷载，各种气、液及固体引起的磨损与磨耗等。

4) 生物作用：包括菌类、昆虫等，可使材料产生腐朽、虫蛀等而破坏。

1.3 建筑装饰材料的选择原则

由于建筑装饰材料种类繁多，性能各异，在使用时应综合考虑，合理选择装饰材料。装饰材料的选择直接关系到建筑装饰的效果、工程质量和造价，应遵循以下原则。

1.3.1 与装饰建筑物的类型和档次相结合原则

不同的建筑类型和装修标准应选用不同品种的材料，并结合建筑物的功能、所处环境，充分考虑材料的装饰性质选择材料。例如公共建筑应选择耐磨、耐久性好、安全性好的材料。

1.3.2 与装饰装修环境相结合原则

建筑装饰材料由于受室内外环境影响会降低使用功能，因此在材料的选择上应考虑装饰建筑物所处的地区、装修部位等因素。南方住宅常采用陶瓷地砖铺设，凉爽清洁，北方寒冷地区宜选用具有一定保温隔热性能的木地板；室外装饰应选用耐腐蚀、不易褪色，不易风化的装饰材料；地面材料应考虑防滑耐磨、耐水性好；厨房、卫生间应选用耐水性好、抗渗性好、不易发霉、易擦洗的建筑装饰材料。

1.3.3 与装饰装修效果相结合原则

建筑装饰材料的质感、形态、色彩、光泽、纹理等是体现装饰效果的主要因素。不同的设计风格应使用不同的建筑装饰材料，如要营造田园风格，应选竹、石等天然的建筑装饰材料；要体现中式传统风格，可选用深红色或黑色的实木材料。

1.3.4 满足经济性原则

建筑装饰的费用占建设项目总投资的比例高达1/3～1/2，其主要原因是装饰材料的价格较高。从经济角度考虑装饰材料的选择，应有一个总体的观念，不但要考虑一次性投资，也应考虑维修费用；既要考虑目前的要求，又要为以后的装饰变化留有余地。例如，在某些城市高层建筑的外墙采用了保温隔热性能优越的热反射玻璃幕墙，尽管这些玻璃幕墙的一次性投资较大，但由于采用这类玻璃幕墙后能减少室内采暖或制冷的空调费用，在大楼使用数年内，节约能源的费用与使用幕墙的投资增加额相当。因此从长远运行的角度来看，使用一次性投资较大的热反射玻璃幕墙是经济合理的。

1.3.5 满足环保性原则

安全环保是材料选择的第一原则。建筑装饰材料的环保性一般要求：不会散发有害气体、不会产生有害辐射、不会发生霉变锈蚀、遇火不会产生有害气体。

1.4 建筑装饰材料的发展趋势

随着我国经济的发展，装饰行业也相继涌现出了各式各样的新型装饰材料。除了产品的多品种、多规格、多质量、多档次、多数量、多花色等常规观念的发展外，利于节约资源的装饰材料也大量涌现，它将促进装饰行业向着高科技、低能耗、绿色环保的现代化方向发展。近些年装饰材料的发展特点包括以下方面。

1.4.1 向质量轻，强度高发展

由于现代建筑向高层发展，对材料的容重有了新的要求。从装饰材料的材质方面看，越来越多地应用如铝合金这样的轻质高强材料。从工艺方面看，采取中空、夹层、蜂窝状等形式制造轻质高强的装饰材料。此外，采用高强度纤维或聚合物与普通材料复合，也是提高装饰材料强度而降低其重量的方法。如近年应用的铝合金型材、镁铝合金覆面纤维板等。

1.4.2 向多功能性发展

随着市场需求的不断升级，过去单一的装饰材料已经逐渐被多功能性的材料所取代。例如，近些年发展极快的镀膜玻璃、中空玻璃、夹层玻璃、热反射玻璃，不仅调节了室内光线，也配合了室内的空气调节，节约了能源。各种发泡型、泡沫型吸声板乃至吸声涂料，不仅装饰了室内，还降低了噪声。以往常用作吊顶的软质吸声装饰纤维板，已逐渐被矿棉吸声板所代替，原因是后者有极强的耐火性。

1.4.3 向工业化发展

过去的室内装饰工程绝大部分工程量都是现场制作安装的，现在部分装饰材料开始进入工业化生产阶段，现场直接安装即可。如橱柜、衣柜等都是工厂生产，现场安装。

1.4.4 向绿色环保型发展

现代装饰材料提倡环境保护和生态平衡，在材料生产和使用过程中，应尽量节省资源和能源，符合可持续发展的原则。装饰材料不能产生或排放污染环境、破坏生态的有害物质，减轻对地球和生态系统的负面影响。如现代装饰材料中无毒、无害、无污染、无异味的水性环保性油漆及各种利用木材加工中的废料制成的人造木制装饰板等。

知识链接

绿色建筑材料是指采用清洁生产技术，不用或少用天然资源和能源，大量使用工农业或城市固态废弃物生产的无毒害、无污染、无放射性，达到使用周期后可回收利用，有利于环境保护和人体健康的建筑材料。绿色建材的定义围绕原料采用、产品制造、使用和废弃物处理4个环节，并实现对地球环境负荷最小和有利于人类健康两大目标，达到“健康、环保、安全及质量优良”4个标准。

实训任务

参观考察当地的建筑装饰材料市场，了解建筑装饰材料的品种、规格和所属类别。

本章小结

建筑装饰材料，也称为建筑装修材料、饰面材料，是指在建筑施工中，当结构和水暖电管道安装等工程基本完成，在装修阶段所使用的起装饰效果的材料。它是建筑材料的一个组成部分，是建筑物不可或缺的部分。

建筑装饰材料的品种繁多，基本性能也千差万别，常见的分类有按照化学成分、装饰部位和燃烧性能分类。同时在使用时应考虑各方面因素，合理选择装饰材料。装饰材料的选择直接关系到建筑装饰的效果、工程质量和造价，因此选用装饰材料应遵循相应原则。

材料的性能是评定、选择和使用材料的基本要求和标准，由于材料的使用范围、装饰效果和种类不同，对其性能的要求就有不同。

我国建筑装饰材料正在向质量轻，强度高；多功能性；工业化以及绿色环保方向发展。

思考与练习

1. 根据建筑部位不同列出常用的建筑装饰材料的名称。
2. 简述建筑装饰材料的分类。
3. 建筑装饰材料的选择依据是什么？
4. 简述建筑装饰材料的发展趋势。

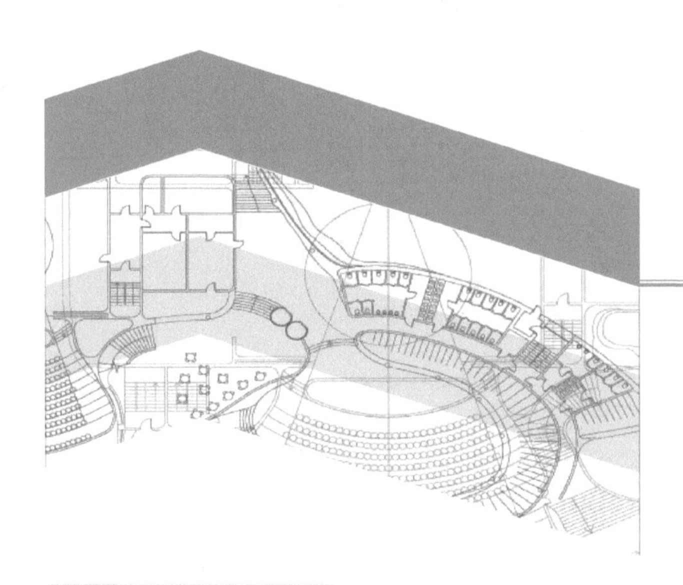

第二章 建筑装饰石材

知识目标

通过对本章内容的学习，了解岩石的基础知识；掌握天然大理石、天然花岗石的性能、分类、规格及主要技术要求；掌握常见人造装饰石材的性能要求；为建筑装饰设计材料选用、建筑装饰施工材料管理以及建筑装饰工程计价等打下基础。

能力目标

能够描述岩石的分类及基本性质；能够根据天然石材的性质及使用部位正确选用石材；能够根据人造装饰石材的性能，正确使用人造装饰石材的有关制品。

装饰石材作为一种高档建筑装饰材料广泛应用于室内外装饰设计、幕墙装饰和公共设施建设，如图2-1所示。目前市场上常见的石材主要分为天然石材和人造石材，如图2-2所示。天然石材强度高、装饰性好、耐久性好、来源又广泛，被公认为一种优良的建筑装饰材料。随着科技的不断发展和进步，人造石材的产品也日新月异，质量和美观已经不逊色于天然石材，具有极其广阔的发展前景。

a)　　b)　　c)

图2-1　装饰石材的应用

a）卫生间用石材　b）幕墙用石材　c）背景墙用石材

a)　　b)

图2-2　装饰石材

a）天然石材　b）人造石材

2.1 岩石的基本知识

2.1.1 造岩矿物与岩石的结构和构造

天然石材是从天然岩石中开采出来的，而岩石则由造岩矿物组成。不同的造岩矿物在不同的地质条件下，形成不同性能的岩石。

1. 造岩矿物

矿物是地壳中化学元素在一定的地质条件下形成的，具有一定化学成分和一定结构特征的天然化合物和单质的总称。岩石是矿物的集合体，组成天然岩石的矿物称为造岩矿物。造岩矿物的性质及含量对岩石的性质起着决定性作用。建筑装饰工程中常用岩石的主要造岩矿物有石英、长石、云母、方解石和白云石等（图 2-3）。每种造岩矿物均具有不同的颜色和特性，见表 2-1。

图 2-3 建筑装饰工程中常用岩石的主要造岩矿物
a）石英 b）长石 c）云母 d）角闪石 e）方解石 f）白云石

表 2-1 建筑装饰工程中常用岩石的主要造岩矿物特征

造岩矿物	主要组成成分	密度/(g/cm^3)	莫氏硬度	颜色	其他特征
石英	结晶 SiO_2	2.65	7	无色透明至乳白色	坚硬、耐久，具有玻璃光泽
长石	铝硅酸盐	2.5~2.7	6	白、浅灰、桃红、青	耐久性不如石英，在大气中长期风化后成为高岭土，解理完全，性脆
云母	含水的钾镁铁铝硅酸盐	2.7~3.1	2~3	无色透明至黑色	解理完全，易分裂成薄片，影响岩石的耐久性和磨光性，黑云母风化后成为蛭石
角闪石辉石类	铁镁硅酸盐	3~4	5~7	色暗，统称为暗色矿物	坚硬、强度高、韧性大
方解石	结晶 $CaCO_3$	2.7	3	通常呈白色	硬度不大、强度高、遇酸分解、晶型呈菱面体，解理完全

（续）

造岩矿物	主要组成成分	密度/(g/cm³)	莫氏硬度	颜　色	其他特征
白云石	$CaCO_3$、$MgCO_3$	2.9	4	通常呈白色	与方解石相似，遇热酸分解
黄铁矿	FeS_2	5	6～6.5	黄	条痕呈黑色，无解理，在空气中氧化铁和硫酸污染岩石，是岩石中的有害物质

岩石的性质与矿物组成有密切关系。由石英、长石组成的岩石，其硬度高、耐磨性好（如花岗石、石英岩等），由白云石、方解石组成的岩石，其硬度低、耐磨性较差（如石灰岩、白云岩等）。由石英、长石、辉石组成的石材具有良好的耐酸性（如石英岩、花岗石、玄武岩），而以碳酸盐为主要矿物的岩石则不耐酸，易受大气酸雨的侵蚀（如石灰岩、大理岩）。

2. 岩石的结构和构造

（1）岩石的结构

岩石的结构是指岩石的原子、分子、离子层次的微观构成形式。根据微观粒子在空间分布状态的不同，岩石的结构可分为结晶质结构和玻璃质结构。结晶质结构具有较高的强度、硬度和耐久性，化学性质较稳定。玻璃质结构除有较高的强度、硬度外，相对来说，呈现较强的脆性，韧性较差，化学性质较活泼。结晶质结构按晶粒的大小和多少可分为全晶质结构（岩石全部由结晶的矿物颗粒构成，如花岗石）、微晶质结构、隐晶质结构（矿物晶粒小，宏观不能识别，如玄武岩、安山岩）。

（2）岩石的构造

岩石的构造是指用放大镜或肉眼宏观可分辨的岩石构成形式。根据岩石的孔隙特征和构成形态不同，岩石的构造可分为致密状（花岗石、大理岩）、多孔状（浮石、黏土质砂岩）、片状（板岩、片麻岩）、斑状、砾状（辉长岩、花岗石）等，如图 2-4 所示。

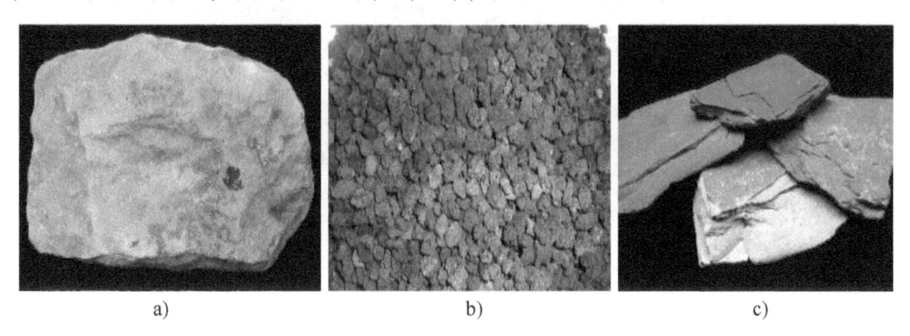

a)　　b)　　c)

图 2-4　岩石的构造

a）致密状（大理岩）　b）多孔状（浮石）　c）片状（板岩）

2.1.2　常用岩石的形成与分类

由于不同地质条件的作用，各种造岩矿物形成不同类型的岩石，通常可分为三大类：岩浆岩、沉积岩和变质岩。

1. 岩浆岩

岩浆岩又称火成岩，是组成地壳的主要岩石，约占地壳总质量的 89%。由于地壳变动，熔融的岩浆由地壳内部上升后冷却形成岩浆岩。根据岩浆冷却条件的不同，岩浆岩又分为深成岩、浅成岩、喷出岩和火山岩。

（1）深成岩

深成岩是地壳深处的岩浆在很大的覆盖压力下缓慢冷却形成的岩石，其构造致密、容重大、吸水率小、抗压强度高、抗冻性、耐磨性和耐久性好。花岗岩、正长石、辉长石、闪长石、橄榄岩等都属于深成岩，如图 2-5 所示。

a) b) c) d)

图 2-5 深成岩

a）花岗岩 b）正长石 c）闪长石 d）橄榄岩

（2）浅成岩

浅成岩是岩浆在地表浅处较快冷却结晶而成的岩石，与深成岩相似，但晶粒小。如辉绿岩（图 2-6），强度高但硬度低，锯成板材和异型材，经表面磨光后光泽明亮，常用于铺砌地面、柱面等。

a) b)

图 2-6 辉绿岩

a）辉绿岩 b）辉绿岩地板

（3）喷出岩

喷出岩是熔融的岩浆喷出地表后，在压力骤减并迅速冷却的条件下形成的岩石。喷出岩抗压强度高、硬度大，但韧性较差，呈现较强的脆性。当喷出岩形成较厚的岩层时，其结构致密程度近似于深成岩；若形成的岩层较薄，则常呈多孔结构，近似火山岩。建筑上常用的喷出岩有玄武岩、安山岩等，如图 2-7 所示。

a) b)

图 2-7 喷出岩

a）玄武岩 b）安山岩

（4）火山岩

火山岩又称火山碎屑岩，它是火山喷发时的岩浆被喷到空中，急速冷却后下落形成的。火山岩是轻质多孔结构的材料，其强度、硬度和耐水性、耐冻性等指标都较低，保温性好。火山灰、浮石等是建筑上常用的火山岩，如图 2-8 所示。

2. 沉积岩

沉积岩又称水成岩，是由露出地表的岩石（母岩）风化后，经过风力搬迁、流水冲移而沉淀堆积，在离地表不太深处形成的岩石。沉积岩为层状构造，其各层的成分、结构、颜色、层厚等均不相同。与岩浆岩相比，沉积岩结构密实性较差，孔隙率、吸水率较大，强度较低，耐久性较差。

a)

b)

图 2-8 火山岩
a）火山灰 b）浮石

沉积岩虽然只占地壳总质量的 5%，但在地球上分布极广，约占地壳表面积的 75%，加之其位于地面不太深处，故易于开采。根据形成条件，沉积岩分为三类。

（1）机械沉积岩

机械沉积岩是经自然风化而逐渐破碎松散后，经风、雨及冰川等搬运、沉积、重容压实或胶结而形成的岩石，如砂岩、页岩、火山凝灰岩等，如图 2-9 所示。砂岩的强度可达 300MPa，坚硬耐久，性能类似于花岗岩。在建筑中，砂岩可用于基础、墙身、踏步、门面、人行道、纪念碑等，也可用作混凝土的集料及装饰材料。

a)

b)

图 2-9 机械沉积岩
a）砂岩 b）页岩

（2）化学沉积岩

化学沉积岩是岩石中的矿物溶于水中而形成的溶液、胶体经聚集沉积而成的岩石，如石膏、菱镁石、白云岩等，如图 2-10 所示。

a)

b)

c)

图 2-10 化学沉积岩
a）天然石膏 b）菱镁石 c）白云岩

（3）生物沉积岩

生物沉积岩是各种有机体死亡后的残骸沉积而成的岩石，如石灰岩、硅藻土等，如图 2-11 所示。石灰岩俗称灰岩或青石，广泛应用于建筑工程中，用于砌体基础、桥墩、墙身、台阶及路面，还可作为粉刷材料的原料，其碎石是常用的混凝土集料。石灰岩除用作建筑石材外，也是生产水泥与石灰的主要原料。

a)

b)

图 2-11 生物沉积岩
a）石灰岩 b）硅藻土

3. 变质岩

变质岩是由原生的岩浆岩或沉积岩，经过地壳内部高温、高压而形成的岩石。通常沉积岩变质后，性能变好，结构变得致密，坚实耐用，比如石灰岩（沉积岩）变质为大理石，硅质岩变为石英岩；而岩浆岩变质后，有时性能反而变差，不如原来坚实，如花岗岩（深成岩）变质为片麻岩，易产生分层剥落，耐久性变差。

2.1.3 建筑石材的技术性能

1. 表观密度

石材的表观密度与石材的组成成分、孔隙率及含水率有关。表观密度越大则结构越致密，其抗压强度越高，吸水率越小，耐久性越强，导热性好。

天然石材按表观密度分为重石和轻石两类。表观密度大于1800kg/m^3 的为重石，主要用于建筑物的基础、覆面、房屋的外墙、地面、路面、桥梁以及水上建筑物等。表观密度小于1800kg/m^3 的为轻石，可用作砌筑保暖房屋墙体的材料。

2. 耐水性

石材的耐水性是指石材长期在饱和水的作用下不被破坏，强度无显著降低的性质。耐水性用软化系数 K_P 表示，当岩石中含有较多的黏土或易溶物质时，K_P 值较小，耐水性差。根据 K_P 值的大小，耐水性可分为高、中、低三等。$K_P>0.90$ 的石材为高耐水石材；$K_P=0.70\sim0.90$ 的石材为中耐水石材；$K_P=0.60\sim0.70$ 的石材为低耐水石材。一般 $K_P<0.80$ 的石材不允许用在重要建筑中。

3. 抗冻性

石材的抗冻性用冻融循环次数表示。在规定的冻融循环次数内，无贯穿裂纹（穿过试件两棱角）、重量损失不超过5%、强度降低不大于25%的，表示抗冻性合格。石材的抗冻性主要取决于其矿物成分、晶粒大小及分布均匀性、天然胶结物的胶结性、孔隙率及吸水性等性能。

根据能经受的冻融循环次数，可将石材分为：5、10、15、25、50、100及200等标号。吸水率低于0.5%的石材，其抗冻性较高，无须进行抗冻试验。

4. 抗压强度

石材的抗压强度是以边长为70mm的立方体为试件，用标准试验方法测得的抗压强度值作为评定石材的等级标准。根据《砌体结构设计规范》（GB 50003—2011）规定，石材共分为七个等级：MU100、MU80、MU60、MU50、MU40、MU30和MU20。

5. 耐磨性

石材的耐磨性是指在使用条件下，石材抵抗摩擦、边缘剪切及冲击等综合外力作用的能力。耐磨性是以单位面积磨耗量表示。石材的耐磨性与其组成矿物的硬度、结构、构造特征及石材的抗压强度和冲击韧度等性质有关。通常，建筑上用于铺设地面的石材，要求具有较好的耐磨性。

此外，石材的吸水、导热、耐热、抗冲击等性能，根据用途不同，要求不同。

2.1.4 饰面石材的加工

1. 饰面石材的加工方法

从矿山开采出的石材荒料（荒料是指符合一定规格要求的正方或矩形六面体石料块材）运到石材加工厂后，经一系列加工过程才能得到各种饰面石材制品。

饰面石材的加工根据加工工具的特性不同可分为磨切加工和凿切加工。每种加工方式又可划分为两个阶段：锯割加工阶段——使饰面石材具有初步的形状（厚度或幅面满足一定要求）；表面加工阶段——使石材充分显示出自身的装饰、观赏性（质感和色泽）。

磨切加工是最现代化的石材加工方式，它是根据石材的硬度特点，采用不同的锯、磨、切割的刀具及机械完成饰面石材的加工。磨切加工的加工方法自动化、机械化程度高，生产效率高，材料利用率高，是目前最常采用的一种加工方法。磨切加工顺序可先切后磨，也可先磨后切。先切后磨是把锯割所得的毛板割成预定规格后再进行表面加工；先磨后切是将锯割所得的毛板先进行表面加工，再切成所要求的规格。这两种加工顺序可根据供货方式、产地远近、仓储条件、市场需求等条件综合考虑后进行选择。

凿切加工也是广泛采用的石材加工方法，它是利用人工或半人工的凿切工具，如錾子、剁斧、钢錾、气锤等对石材进行加工。凿切工具加工石材的特点是可形成凹凸不平、明暗对比强烈的表面，充分突出石材的粗犷质感。但这种加工方法劳动强度较大，往往需要较多的手工参与，凿切加工虽然也可采用气动或电动式机具，但很难实现完全的机械化和自动化。

2. 饰面石材加工的工艺流程

（1）锯割加工

锯割是石材加工的首道工序，是采用各种形式的锯机将石材荒料锯割成半成品板材。该工序不但耗费大（可占成品成本的20%以上），而且锯割工作完成得好坏直接影响到后续研磨等工作的质量。

石材荒料锯割出的毛板材数量，直接影响饰面石材加工的经济指标，这一指标可用石材的出材率表示，即1m^3石材荒料可获板材的平方米数。如按20mm厚的板材计，一般石材的出材率为12～21m^2/m^3。可见受锯片厚度和荒料质量的影响，饰面板材的出材率是较低的，但随着石材加工机械和工艺的不断发展，切割厚度仅数毫米的超薄石材，其出材率可达60%以上。

锯割加工的设备主要有框架锯（排锯）、盘式锯等，分别用于切割坚硬石材、较大规格荒料和中等硬度以下的小规格荒料。

（2）饰面石材的表面加工

饰面石材是以石材特有的色泽、质感来美化建筑物的。但当石材还在荒料和毛板阶段时，它们的颜色、花纹、光泽并未清楚地显示出来，特别是有些石材荒料的颜色、光泽与磨光后呈现出的色泽截然不同，因此可以说，石材只有经过表面加工，才能具有观赏价值，从而满足建筑装饰艺术方面的要求。

根据对饰面石材表面的不同要求，表面加工可分为研磨、刨切、烧毛、凿毛等。

1）研磨加工。研磨一般分为粗磨、细磨、半细磨、精磨、抛光五道工序。研磨设备有摇臂式手扶研磨机和桥式自动研磨机，分别用于小件加工和1m^2以上的板材加工。磨料多用碳化硅加结合剂（树脂和高铝水泥等），也可采用金钢砂，抛光时还需添加各种不同的抛光剂。

抛光是石材研磨加工的最后一道工序，它可使石材表面具有最大的反射光线的能力及良好的光滑度，同时使石材固有的色泽花纹最大限度地显示出来。

目前，国内采用的抛光石材的方法大致可分为三类：第一类为毛毡——草酸抛光法，适用于抛光汉白玉、芝麻白、艾叶青等一类的以白云石和方解石为主要造岩矿物的变质岩。第二类为毛毡——氧化铝抛光法，适用于抛光晚霞、墨玉、东北红等一类以方解石为主要造岩矿物的石灰岩质的沉积岩。第三类为白刚玉磨石抛光法，适用于抛光前两类方法不易抛光的，以长石、辉石、橄榄石、黑云母等多种不同矿物组成的岩石，如济南青等。

2）刨切加工。刨切这种表面加工方法是使用刨床形式的刨石机对毛板表面进行往复式的刨切，使表面平整同时形成有规律的平行沟槽或刨纹，这是一种粗面板材的加工方式。

3）烧毛加工。烧毛加工是将锯切后的花岗石毛板，用火焰进行表面喷烧，利用某些矿物在高温下开裂的特性进行表面烧毛，使石材恢复天然粗糙表面，以达到特定的色彩和质感。

4）凿毛加工。凿毛这种表面加工方法是利用专门的凿切手工工具如剁斧、钢錾或鳞齿锤（一种带有25齿、36齿或64齿的钢锤）在石材表面连续剁切，从而形成凹凸的表面。凿毛加工主要适用于中等硬度以上的各种火成岩和变质岩的表面加工。

经过表面加工的饰面石材可采用细粒金钢石小圆盘锯切割成一定规格的成品。

3. 检验与包装

加工好的产品先检验尺寸、颜色、花纹及拼花效果等，然后方可包装。必要时要按实际使用状态（铺地或贴墙）检验其拼花效果，当地使用的，可用缓冲衬垫和专用钢架包装出厂；运往外地的，应用各种缓冲衬垫垫好，外包塑料薄膜，装入木框架箱出厂。

包装大理石时应避免用草绳、木丝、油纸作包装材料，以减少淋雨后对饰面石材的污染，尤其要注意浅色大理石的包装。

实训任务

将学生4~5人划分为一组；老师以图片或实物形式给出不同岩石，学生根据所学知识判断岩石种类，写出形成原因。

2.2 天然装饰石材

在建筑装饰工程中常用的天然石材有天然大理石和天然花岗石。

2.2.1 天然大理石

1. 天然大理石的概念和特点

“大理石”是以云南省大理县的大理城而命名的。建筑装饰工程上所指的大理石是广义的，除指大理岩外，还泛指具有装饰功能，可以磨平、抛光的各种碳酸盐类的沉积岩和与其有关的变质岩，如石灰岩、白云岩、砂岩、灰岩等。

大理石的化学成分有 CaO、MgO、SiO_2 等，其中 CaO 和 MgO 的总含量占 50% 以上，故大理石属碱性石材。纯白色的大理石成分较为单纯，但大多数大理石是两种或两种以上成分混杂在一起的，因成分复杂，所以颜色变化较多，深浅不一，有多种光泽，形成大理石独特的天然美。

大理石一般都含有杂质，尤其是含有较多的碳酸盐类矿物，在空气中受硫化物及水汽的作用，容易发生腐蚀。腐蚀的主要原因是城市工业所产生的 SO_2 与空气中的水分接触生成亚硫酸、硫酸等所谓酸雨，酸雨与大理石中的方解石反应，从而使大理石表面强度降低，变色掉粉，很快失去光泽，影响其装饰性能。所以除少数大理石，如汉白玉（图 2-12）、艾叶青（图 2-13）等质纯，杂质少，比较稳定耐久的品种可用于室外，绝大多数大理石品种只适用于室内。

图 2-12 汉白玉

图 2-13 艾叶青

大理石质地比较密实，抗压强度较高，吸水率低，表面硬度一般不大，属中硬石材。天然大理石易加工，耐磨、耐久性好，可以保存 100 年以上；开光性好，常被制成抛光板材，其色调丰富、材质细腻，极富装饰性。

2. 我国天然大理石的主要品种

我国大理石矿产资源极其丰富，储量大、品种多，总储量居世界前列。据不完全统计，国产大理石有 400 余个品种。全国大理石的估算远景储量在 240 亿 m^3 以上，全国 27 个省、市具有大理石资源。国内大理石生产厂家较多，主要分布在云南大理，北京房山，湖北大冶、黄石，河北曲阳，山东平邑，浙江杭州等地区，我国常见大理石品种如图 2-14 所示。

目前开采利用的大理石主要有三种，即云灰大理石、白色大理石和彩色大理石。

（1）云灰大理石

云灰大理石因多呈石灰色或在云灰底上泛起朵朵酷似天然云的彩状花纹而得名，有的看上去像青云直上，有的像乱云飞渡，有的如乌云滚滚，有的若浮云漫天。其中花纹似水波纹的称为水花石，水花石的常见图案有“微波荡漾”“烟波飘渺”“水天相连”“惊涛骇浪”，如图 2-15 所示。云灰大理石加工性能特别好，主要用于制作建筑饰面板材，是目前采用最多的一种大理石。

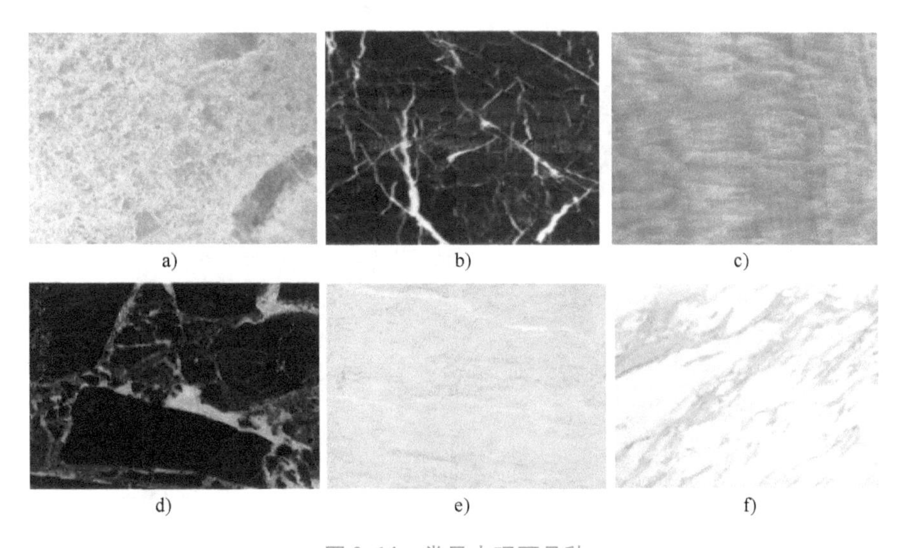

图 2-14 常见大理石品种
a）莱阳绿 b）桂林黑 c）松香黄 d）铁岭红 e）米黄 f）风雪

(2) 白色大理石

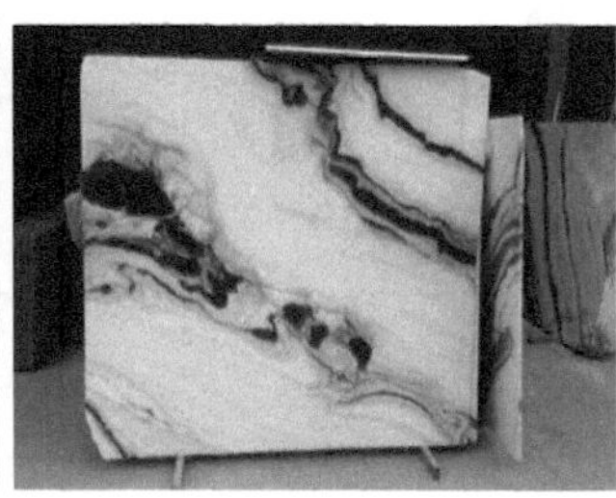

图 2-15 云灰大理石

白色大理石洁白如玉，晶莹纯净，故又称汉白玉、苍山白玉或白玉（图 2-12）。汉白玉是大理石中的另一名贵品种，是古老的碳酸盐类岩石（距今 5.7 亿年），与后期花岗石侵入体接触，在高温条件下变质而成的。汉白玉的矿物结晶颗粒很细，极为均匀，色彩鲜艳洁白（乳白、玉白色），质地细腻而坚硬，耐风化，是大理石中可用于室外的少数品种之一。汉白玉易加工成材，磨光后光泽绚丽。不但是建筑装饰中的高档饰面材料，也是工艺美术、雕塑等艺术造型的上等材料，其应用如图 2-16 所示。

(3) 彩色大理石

彩色大理石产于云灰大理石中，是大理石中的精品。它的表面经过研磨、抛光，呈现色彩斑斓、千姿百态的天然图画，极为罕见。

目前，国际市场上彩色大理石有米黄色、纯白色、奶油色、纯黑色、深绿色和浅绿色，其中米黄色大理石最为畅销。一些黄色石材品种销路极好，极大量用于各种工程之中，特别是在中国和美国，其价格较高。

图 2-16 汉白玉的应用

3. 天然大理石板材的分类、规格、等级和标记

(1) 分类与规格

根据《天然大理石建筑板材》(GB/T 19766—2016) 规定，大理石板材按矿物组成分为方解石大理石（代号为 FL)、白云石大理石（代号为 BL）和蛇纹石大理石（代号为 SL)；按形状分为毛光板（代号为 MG)、普型板（代号为 PX)、圆弧板（代号为 HM）（图 2-17）和异型板（代号为 YX)；按表面加工分为镜面板（代号为 JM）和粗面板（代号为 CM)。

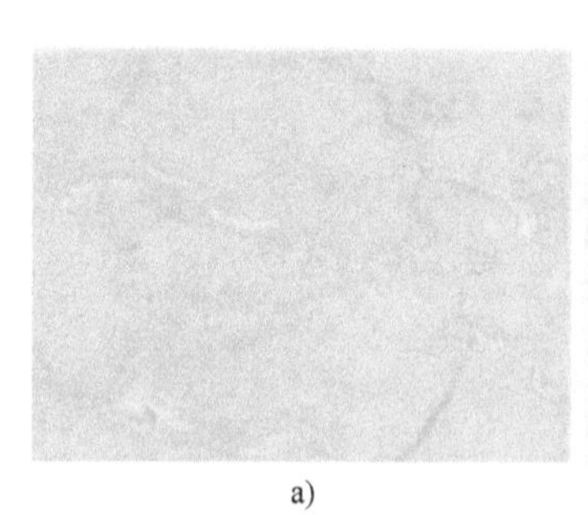
a)

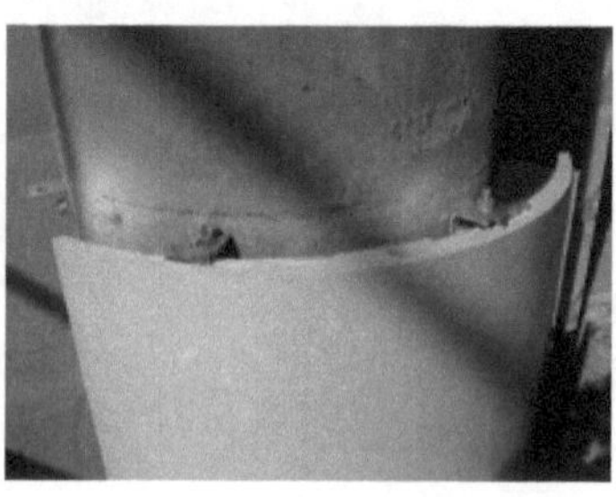
b)

图 2-17 大理石板材分类

a) 普型板 b) 圆弧板

大理石普型板的尺寸系列见表 2-2，圆弧板、异型板和特殊要求的普型板规格尺寸由供需双方协商确定。

表 2-2 大理石普型板尺寸系列 （单位：mm）

边长系列	300[a]、305[a]、400、500、600[a]、700、800、900、1000、1200
厚度系列	10[a]、12、15、18、20[a]、25、30、35、40、50

注：[a] 为常用尺寸。

(2) 等级和标记

根据《天然大理石建筑板材》(GB/T 19766—2016) 规定，天然大理石按加工质量和外观质量可分为 A、B、C 三个等级。

对大理石板材的标记顺序为名称、类别、规格尺寸、等级、标准编号。例如，用北京房山汉白玉大理石荒料加工的 600mm × 600mm × 20mm、普型、A 级、镜面板材的标记表示为房山汉白玉大理石（或 M1101) BL PX JM 600 × 600 × 20 A GB/T 19766—2016。

4. 天然大理石板材的外观质量要求与物理性能

(1) 外观质量要求

1) 同一批板材的色调应基本调和，花纹应基本一致。测定时将所选定的协议样板与被检板材同时平放在地面上，距板材 1.5m 处站立目测。

2) 板材正面的外观缺陷应符合表 2-3 的规定。用游标卡尺测量缺陷的长度、宽度，测量值精确到 0.1mm。

3) 板材允许粘接和修补，粘接和修补后应不影响板材的装饰效果，不降低板材的物理性能。

表 2-3 天然大理石板材外观质量要求

缺陷名称	规定内容	技术指标		
		A	B	C
裂纹	长度≥10mm 的条数/条	0		

（续）

缺陷名称	规定内容	技术指标		
		A	B	C
缺棱[a]	长度≤8mm，宽度≤1.5mm（长度≤4mm，宽度≤1mm不计），每米长允许个数/个	0	1	2
缺角[a]	沿板材边长顺延方向，长度≤3mm，宽度≤3mm（长度≤2mm，宽度≤2mm不计），每块板允许个数/个	0	1	2
色斑	面积≤6cm^2（面积<2cm^{2}不计），每块板允许个数/个	0	1	2
砂眼	直径<2mm	0	不明显	有，不影响装饰效果

注：[a]对毛板不做要求。

（2）物理性能

板材的物理性能应符合表2-4的规定，工程对板材物理性能项目及指标有特殊要求的，按工程要求执行。

表2-4 天然大理石板材物理性能要求

项目			技术指标		
			方解石大理石	白云石大理石	蛇纹石大理石
体积密度/(g/cm^3)		≥	2.60	2.80	2.56
吸水率（%）		≤	0.50	0.50	0.60
压缩强度/MPa ≥	干燥		52	52	70
	水饱和				
弯曲强度/MPa ≥	干燥		7.0	7.0	7.0
	水饱和				
耐磨性[a]/(1/cm^3)		≥	10	10	10

注：[a]仅适用于地面、楼梯踏步、台面等易磨损部位的大理石石材。

知识链接

天然大理石建筑板材的尺寸允许偏差、平面度允许公差、角度允许公差等技术要求遵循《天然大理石建筑板材》（GB/T 19766—2016）的相关规定。

5. 天然大理石板材的储存和应用

（1）天然大理石板材的储存

由于天然大理石板材表面光亮、细腻、易受污染和划伤，所以大理石板材应在室内储存，室外储存时应加遮盖，如图2-18所示。存放时应按品种、规格、等级或工程部位分别码放。板材直立码放时，应光面相对，倾斜度不大于15°，层间加垫隔离，垛高不得超过1.5m；平放时，地面必须平整，垛高不得超过1.2m。若为包装箱，码放高度不得超过2m。

图2-18 天然大理石板材的储存

（2）天然大理石板材的应用

大理石板材价格高，属于高档建筑装饰材料，一般常用于宾馆、展览馆、影剧院、商场、机场、车站等公共建筑的室内墙面、柱面、栏杆、窗台板、服务台面等部位（图 2-19）；还常用于碑、塔、雕像等纪念性建筑物；也有装饰等级较高的住宅用大理石做客厅的地面装饰。但由于大理石的耐磨性相对较差，因此在人流较大的场所不宜将其作为地面装饰材料。另外，它也可用于制作各种人造石雕工艺品，如壁画是家具镶嵌的珍贵材料。大理石在开采加工过程中产生的碎石、边角余料，除常用于人造石、水磨石、米粉、石粉的生产外，还可用作涂料、塑料、橡胶等行业的填料。

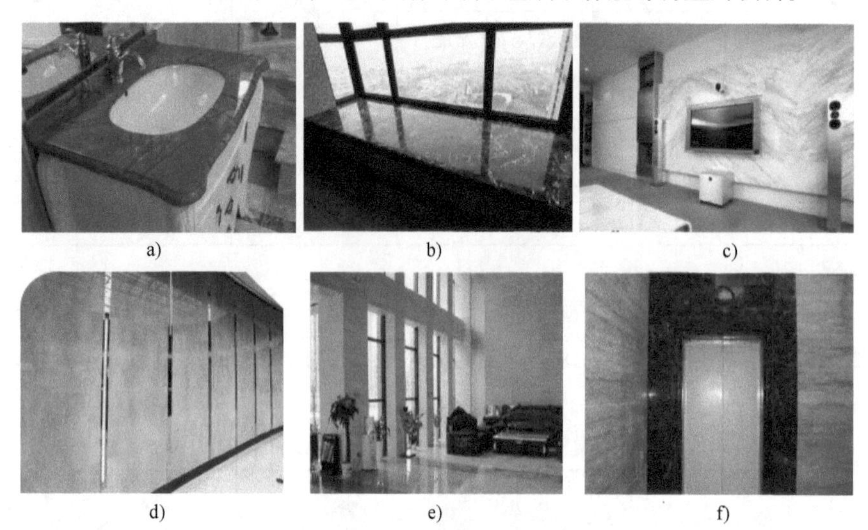

图 2-19 天然大理石板材的应用

a）卫生间台面 b）窗台板 c）背景墙 d）墙面 e）柱面 f）电梯门套

大理石由于耐酸腐蚀能力较差，除个别品种外，一般只适用于室内。

2.2.2 天然花岗石

1. 天然花岗石的概念和特点

花岗石属于深成岩，是岩浆岩中分布最广的岩石，其主要矿物组成为石英、长石和少量云母及暗色矿物。花岗石的颜色取决于所含成分的种类和数量。

商业上所说的花岗石，是以花岗岩为代表的一类装饰石材，包括各种岩浆岩和花岗岩的变质岩，如辉长岩、闪长岩、辉绿岩、玄武岩、安山岩等，一般质地较硬。

花岗石构造致密，强度高，密度大，吸水率极低，材质坚硬，耐磨、耐酸，属酸性硬石材。花岗石的化学成分有 SiO_2、Al_2O_3、CaO、MgO、Fe_2O_3 等，其中 SiO_2 的含量常为 60% 以上，因此其耐酸、抗风化、耐久性好，使用年限长。但其质脆，耐火性差，当温度达到 800℃以上时，由于花岗石中所含石英发生晶型转变，造成体积膨胀，导致石材爆裂，失去强度。从外观特征看，花岗石常呈整体均粒状结构，称为花岗结构。品质优良的花岗石，石英含量高，云母含量少，结晶颗粒分布均匀，纹理呈斑点状，有深浅层次，这些特点构成该类石材的独特视觉效果，这也是从外观上区别花岗石和大理石的主要特征。花岗石的颜色主要由正长石的颜色和云母、暗色矿物的分布情况而定，有黑白、黄麻、灰色、红黑、红色等。

2. 我国天然花岗石的主要品种

我国花岗石资源极为丰富，储量大，分布地域广阔，花色品种达 150 种以上，花岗石产量较大的山东花岗石有 80 余种，分白、黑、灰、绿、浅红、花六大类，已探明花岗石储量为 280 亿 m^3。我国花岗石主要有北京的白虎涧、济南的济南青、青岛的黑色花岗石、四川石棉的石棉红、湖北的将军红、山西灵邱的贵妃红等品种。山东荣成的石禹红、新疆的天山蓝、四川雅安的中国红、山西浑源青磁窑的太白青、河北阜平的阜平黑、内蒙古丰镇的丰镇黑、河北易县的易县黑等名贵品种可以与世界的名牌（克拉拉白、印度红、巴西蓝）相媲美。我国天然花岗石的主要品种如图 2-20 所示。

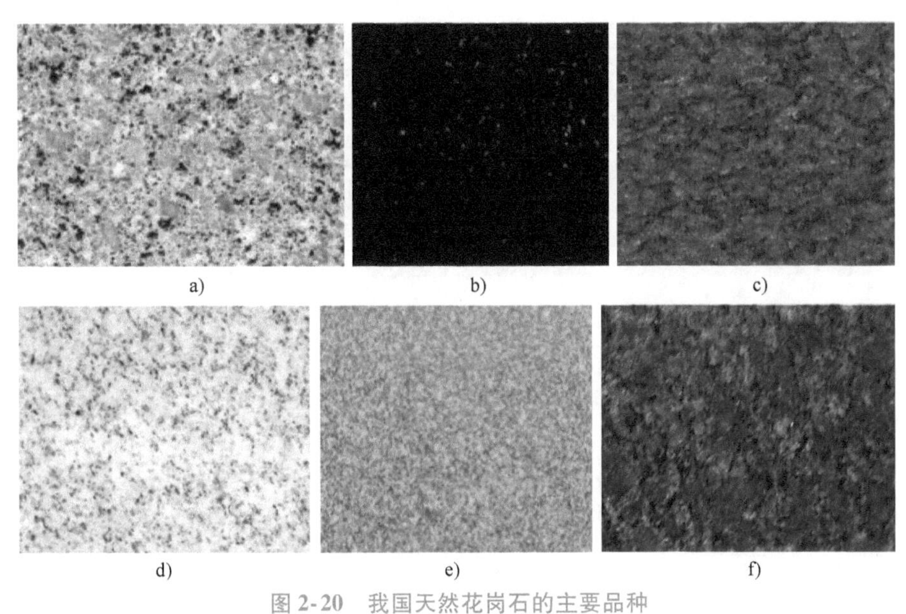

图 2-20 我国天然花岗石的主要品种

a）蓝宝石 b）济南青 c）将军红 d）莱州白 e）莱州青 f）贵妃红

在世界石材贸易市场中，花岗石产品所占的比例不断增长，约占世界石材总产量的36%。在国际上，花岗石板材可分为三个档次：高档花岗石抛光板，主要品种有巴西黑、非洲黑、印度红等，这一类产品的主要特点是色调纯正、颗粒均匀，具有高雅、端庄的深色调；中档花岗石板材，主要有粉红色、浅紫罗兰色、淡绿色等，这一类产品多为粗、中粒结构，色彩均匀，变化少；低档花岗石板材，主要为灰色、粉红色等色泽一般的花岗石及灰色片麻岩等，这一类产品的特点是色调较暗淡、结晶粒欠均匀。

3. 天然花岗石板材的分类、规格、等级和标记

天然花岗石建筑板材的分类、规格、等级和标记遵循《天然花岗石建筑板材》（GB/T 18601—2009）的相关规定。

（1）分类与规格

天然花岗石板材按表面加工强度可分为细面板（YG，表面平整、光滑的板材）、镜面板（JM，表面平整，具有镜面光泽的板材）和粗面板（CM，表面平整、粗糙，具有较规则加工条纹的机刨板、剁斧板、锤击板、烧毛板等），如图2-21所示；按形状可分为毛光板（MG）、普型板（PX，正方形或长方形板材）、圆弧板（HM）和异型板（YX，其他形状的板材），如图2-22所示；按用途可分为一般用途（用于一般性装饰用途）和功能用途（用于结构性承载用途或特殊功能要求）。

规格板的尺寸系列见表2-5。圆弧板、异型板和特殊要求的普型板规格尺寸由供需双方协商确定。

表 2-5 天然花岗石板材的标准规格 （单位：mm）

边长系列	300[a]、305[a]、400、500、600[a]、800、900、1000、1200、1500、1800
厚度系列	10[a]、12、15、18、20[a]、25、30、35、40、50

注：[a] 为常用规格。

（2）等级

天然花岗石板材按加工质量和外观质量分为：

1）毛光板按厚度偏差、平面度公差、外观质量等将板材分为优等品（A）、一等品（B）、合格品（C）三个等级。

2）普型板按规格尺寸偏差、平面度公差、角度公差、外观质量等将板材分为优等品（A）、

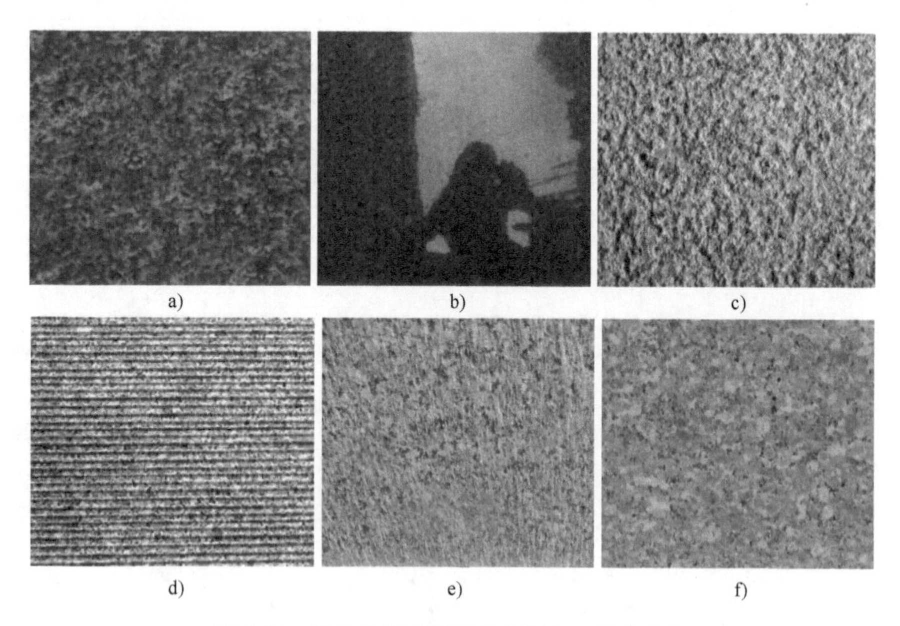

图 2-21 天然花岗石板材按表面加工强度分类

a）细面板 b）镜面板 c）粗面板（锤击板） d）粗面板（机刨板） e）粗面板（剁斧板） f）粗面板（烧毛板）

图 2-22 天然花岗石板材按形状分类

a）毛光板 b）普型板 c）圆弧板 d）异型板

一等品（B）、合格品（C）三个等级。

3）圆弧板按规格尺寸偏差、直线度公差、线轮廓度公差、外观质量等将板材分为优等品（A）、一等品（B）、合格品（C）三个等级。

（3）标记

1）名称：采用《天然石材统一编号》（GB/T 17670—2008）规定的名称或编号。

2）板材的标记顺序：名称、类别、规格尺寸、等级、标准编号。例如，用山东济南青花岗石荒料加工的600mm×600mm×20mm、普型、镜面、优等品板材标记为：济南青花岗石（G3701）PX JM 600×600×20 A GB/T 18601—2009。

4. 天然花岗石板材的外观质量要求与物理性能

（1）外观质量

1）同一批板材的色调应基本调和，花纹应基本一致。

2）板材正面的外观缺陷应符合表 2-6 的规定，毛光板外观缺陷不包括缺棱和缺角。

表 2-6　天然花岗石板材的外观质量要求

<table>
<tr><th>名　称</th><th>规定内容</th><th>优等品</th><th>一等品</th><th>合格品</th></tr>
<tr><td>缺棱</td><td>长度≤10mm，宽度≤1.2mm（长度＜5mm，宽度＜1.0mm 不计），周边每米长允许个数/个</td><td rowspan="5">0</td><td rowspan="3">1</td><td rowspan="3">2</td></tr>
<tr><td>缺角</td><td>沿板材边长，长度≤3mm 宽度≤3mm（长度≤2mm，宽度≤2mm 不计），每块板允许个数/个</td></tr>
<tr><td>裂纹</td><td>长度不超过两端顺延至板边总长度的 1/10（长度＜20mm 不计），每块板允许条数/条</td></tr>
<tr><td>色斑</td><td>面积≤15mm×30mm（面积＜10mm×10mm 不计），每块板允许个数/个</td><td rowspan="2">2</td><td rowspan="2">3</td></tr>
<tr><td>色线</td><td>长度不超过两端顺延至板边总长度的 1/10（长度＜40mm 不计），每块板允许条数/条</td></tr>
</table>

注：干挂板材不允许有裂纹存在。

（2）物理性能

1）镜面光泽度。含云母较少的天然花岗石具有良好的开光性，但含云母（特别是黑云母）较多的天然花岗石因云母较软，抛光研磨时云母易脱落，形成凹面，不易有镜面光泽。《天然花岗石建筑板材》（GB/T 18601—2009）规定，镜面板材的镜向光泽度应不低于 80 光泽单位，特殊需要和圆弧板由供需双方协商确定。

2）物理力学性能。天然花岗石建筑板材的物理力学性能应符合表 2-7 的规定；工程对石材物理性能项目及指标有特殊要求的，按工程要求执行。

表 2-7　天然花岗石板材的物理力学性能

<table>
<tr><th colspan="2" rowspan="2">项　目</th><th colspan="2">技术指标</th></tr>
<tr><th>一般用途</th><th>功能用途</th></tr>
<tr><td colspan="2">体积密度/(g/cm³)，≥</td><td>2.56</td><td>2.56</td></tr>
<tr><td colspan="2">吸水率（%），≤</td><td>0.60</td><td>0.40</td></tr>
<tr><td>压缩强度/MPa，≥</td><td>干燥
水饱和</td><td>100</td><td>131</td></tr>
<tr><td rowspan="2">弯曲强度/MPa，≥</td><td>干燥</td><td rowspan="2">8.0</td><td rowspan="2">8.3</td></tr>
<tr><td>水饱和</td></tr>
<tr><td colspan="2">耐磨性[a]/(1/cm³)，≥</td><td>25</td><td>25</td></tr>
</table>

注：[a]使用在地面、楼梯踏步、台面等严重踩踏或磨损部位的花岗石石材应检验此项。

3）天然放射性。经检验证明绝大多数的天然石材中所含的放射物质极微，不会对人体造成任何危害。但部分花岗石产品放射性指标超标，在长期使用过程中会对环境造成污染，因此有必要给予控制。《建筑材料放射性核素限量》（GB 6566—2010）中规定，装饰装修材料（花岗石、建筑陶瓷、石膏制品等）中以天然放射性核素镭-226、钍-232、钾-40 的放射性比活度和外照射指数的限值分为 A、B、C 三类：A 类装饰装修材料的产销与使用范围不受限制；B 类装饰装修材料不可用于Ⅰ类民用建筑的内饰面，但可用于Ⅱ类民用建筑、工业建筑内饰面及其他一切建筑物的外饰面；C 类装饰装修材料只可用于建筑物的外饰面及室外其他用途。

放射性水平超过以上限值的花岗石和大理石产品，其中的镭、钍等放射元素在衰变过程中将产生天然放射性气体氡。氡是一种无色、无味的气体，特别是易在通风不良的地方聚集，可导致肺、血液、呼吸道发生病变。

目前，国内使用的众多天然石材产品，大部分是符合 A 类装饰装修材料要求的，但不排除有少量的 B、C 类装饰装修材料。因此装饰工程中应选用经放射性测试，且发放了放射性产品合格证的产品。此外，在使用过程中，还应经常打开居室门窗，促进室内空气流通，使氡稀释，达到减少污染的目的。

5. 天然花岗石板材的储存和应用

（1）天然花岗石板材的储存

天然花岗石板材的储存方法与天然大理石的储存方法基本相同。

知识链接

天然花岗石建筑板材的尺寸允许偏差、平面度允许公差、角度允许公差等技术要求应遵循《天然花岗石建筑板材》（GB/T 18601—2009）的相关规定。

（2）天然花岗石板材的应用

花岗石自古就是优良的建筑石材，是公认的高级建筑结构材料和装饰材料，但由于其开采运输困难，修琢加工及铺贴施工耗工费时，因此造价较高，一般只用于重要的大型建筑中。花岗石剁斧板材多用于室外地面、台阶、基座等处；机刨板材一般用于地面、台阶、基座、踏步等处；粗磨板材和火烧板材常用于墙面、柱面、台阶、基座、纪念碑等；磨光板材因其具有色彩绚丽的花纹和光泽，故多用于室内外地面、墙面、柱面等的装饰，以及用于旱冰场地面、纪念碑等。我国各大城市的大型建筑广泛采用花岗石作为建筑物立面的主要材料，如图 2-23 所示。

a) b) c) d) e) f)

图 2-23 天然花岗石板材的应用

a）室外地面 b）室外台阶 c）室内地面 d）柱面 e）纪念碑 f）墙面

实训任务

某酒店工程项目，地下 2 层，地上 20 层。根据设计，本工程外立面四层及四层以下为石材幕墙，四层以上为真石漆涂料，室内酒店大堂墙面、柱面为石材干挂，一层地面为石材面层地面，厨房、客房卫生间、窗台板部分使用石材。请你根据所给施工要求，选用适合的装饰石材，掌握天然石材的性能、技术要求及选用。

2.3 人造装饰石材

天然石材虽有许多优良的性能，但由于其资源分布不均，加工后成品率低，因此成本较高，尤其是一些名贵品种价格更显昂贵。在大型装饰工程中，石材的成本常常对总工程造价起决定性作用。为适应现代装饰业的需要，人造装饰石材应运而生。

2.3.1 人造装饰石材的概念

人造装饰石材是以水泥或不饱和聚酯为胶黏剂，配以天然大理石或方解石、白云石、硅砂、玻璃粉等无机粉料，以及适当的阻燃剂、稳定剂、颜料等，经配料混合、浇筑、振动、压缩、挤压等方法成型固化制成的一种人造材料。它具有重量轻、强度大、厚度薄、色泽鲜艳、花色繁多、装饰性好、耐腐蚀、耐污染、便于施工、价格便宜等优点。由于人造装饰石材的颜色、花纹、光泽等可以仿制成天然大理石、花岗石和玛瑙等的装饰效果，故又称为人造大理石、人造花岗岩石或人造玛瑙等。

2.3.2 常见人造装饰石材的类型

按照生产材料和制造工艺的不同，可将人造装饰石材分为五类。

1. 水泥型人造装饰石材

水泥型人造装饰石材是以各种水泥为胶凝材料，天然砂为细集料，碎大理石、碎花岗石、工业废渣等为粗集料，经配料、搅拌、成型、加压蒸养、磨光、抛光而制成。这种人造石材成本低但耐酸腐蚀能力较差，若养护不好，易产生龟裂。

用铝酸盐水泥作为胶凝材料的人造装饰石材性能最为优良，因为铝酸盐水泥（亦称矾土水泥）的主要矿物组成为 $CaO \cdot Al_2O_3$（简写为 CA）。CA 水化时产生了氢氧化铝凝胶，氢氧化铝凝胶在硬化过程中可以不断填充到人造装饰石材的毛细孔中，形成致密结构，因而表面光亮，呈半透明状。同时花纹耐久，抗风化、耐火性、耐冻性、防火性等性能优良。铝酸盐水泥的缺点是：为克服表面返碱，需加入价格较高的辅助材料；底色较深，颜料需要量加大，使成本增加。

水泥型人造装饰石材的物理力学性能和表面的花纹色泽等装饰性能比天然石材稍差，但具有生产工艺简单、投资少、利润高、成本回收快等特点，其常见品种有水磨石、花阶砖等，如图 2-24 所示。

a)

b)

图 2-24 水泥型人造装饰石材
a）水磨石地面 b）花阶砖地面

2. 聚酯型人造装饰石材

聚酯型人造装饰石材多是以不饱和聚酯为胶凝材料，配以天然大理石、花岗石、石英砂或氢氧化铝等无机粉状、粒状填料，经配料、搅拌、浇筑成型，在固化剂、催化剂作用下发生固化，再经脱模、抛光等工序制成，如图 2-25 所示。目前，我国多用此法生产人造石材。聚酯型人造装饰石材在制作过程中，调整各材料的配比、颜色、操作程序及方法，可制作出大理石、花岗

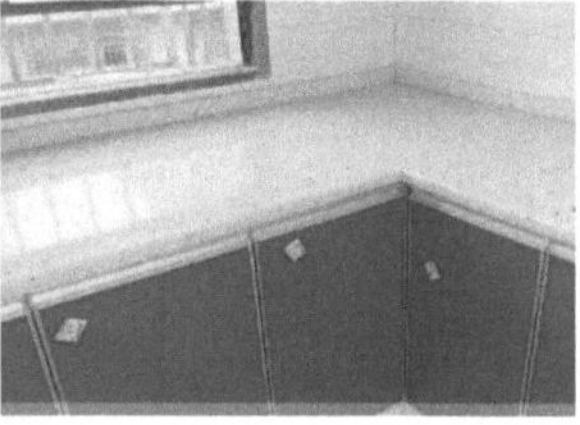

图 2-25 聚酯型人造装饰石材

石、玉石等不同花色的成品，装饰效果十分逼真，仿真性能良好。此法生产的人造石材花纹图案可由设计者自行控制确定，重现性好。而且人造大理石重量轻、强度高、厚度薄、耐腐蚀性好、抗污染、并有较好的可加工性、易于成型、施工方便，但价格相对较高一些。缺点是填料级配若不合理，产品易出现翘曲变形。

聚酯型人造装饰石材可用于室内外墙面、柱面、楼梯面板、服务台面等部位。

3. 超薄复合型人造装饰石材

超薄复合型人造装饰石材的面层为3~5mm的高档大理石，基层为化学与物理性能都与面层非常接近的普通大理石，以专门的黏合剂（不饱和树脂）经高压与面层黏合而成。

超薄复合人造装饰石材板耐高温高压，光洁度高，防滑、防渗透，弯曲强度超过两倍厚度的通体石材，根据其性能和技术指标判断，属于A类装饰材料。A类装饰材料的产销与使用不受限制，总厚度12mm的复合石材是用于高层建筑幕墙的优质材料。

超薄复合人造装饰石材与天然石材相比有许多优点，主要表现为：色彩均匀，无色差，其面层经选取加工，无材质差异；外观高雅，规格齐全，色彩与花色丰富；适于大面积使用，能充分体现设计的构思和创意；经加工处理，克服了面层石材原有的裂纹和缺陷，材质均匀，抗折性、抗压性与施工机械性能均优于天然石材；在保留了大理石高贵典雅材质的同时，又注重颜色的均匀和协调；无论从规格还是格调上，都能使设计更富变化；主要原料天然大理石碎矿，经物理化学处理，清除了天然石料中的硫化物和其他有害杂质，属于绿色环保型高级建材。

天然石材是一种不可再生的材料，采用超薄复合石材板，1m^3荒料可生产90m^3以上的复合石材，比传统石材利用率高三倍以上，价格却比同品种、同性能的传统石材低30%以上，因此，其生产符合国家“建设资源节约型社会”的产业政策。超薄复合石材板可以将石材加工的边角废料再利用，可根据设计要求生产拼花超薄复合石材板、马赛克超薄复合石材板。近年还出现了以超薄石材作面层的石材复合瓷砖、石材玻璃复合板、石材铝塑板复合板、复合蜂窝石材板、复合轻体保温板等（图2-26），其用途越来越广泛。

a)　b)　c)　d)　e)　f)

图2-26　超薄复合型人造装饰石材

a）大理石花岗石复合板　b）石材复合瓷砖　c）石材玻璃复合板
d）石材铝塑板复合板　e）复合蜂窝石材板　f）复合轻体保温板

4. 烧结型人造装饰石材

烧结型人造装饰石材的生产方法与陶瓷工艺相似，是将长石、石英、辉绿石、方解石等粉料和赤铁矿粉，以及一定量的高岭土共同混合，一般配比为石粉60%，黏土40%，采用混浆法制备坯料，用半干压法成型，再在窑炉中以1000℃左右的高温焙烧而成，如图2-27所示。烧结型人造装饰石材的装饰性好，性能稳定，但需经高温焙烧，因而能耗大，造价高。

5. 微晶玻璃型人造装饰石材

微晶玻璃型人造装饰石材又称微晶板、微晶石，是由矿物粉料经高温融烧而成，由玻璃相和结晶相构成的复相人造装饰石材，如图 2-28 所示。

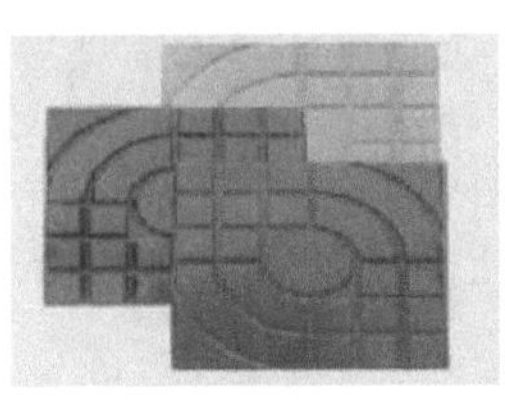

图 2-27 烧结型人造装饰石材

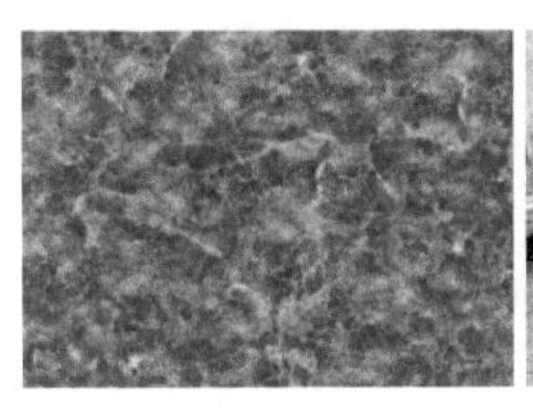

图 2-28 微晶玻璃型人造装饰石材

微晶玻璃型人造装饰石材按外形分为普形板和异形板，按表面加工程度分为镜面板和亚光板。

微晶玻璃型人造装饰石材具有天然大理石的柔和光泽，色差小、颜色多、装饰效果好、强度高、硬度高、吸水率极低、耐磨、抗冻、耐污、耐风化、耐酸碱、耐腐蚀、热稳定性好。微晶玻璃型人造装饰石材分为优等品（A）和合格品（B）。微晶玻璃型人造装饰石材适用于室内外墙面、地面、柱面、台面。

2.3.3 人造装饰石材的特点

人造装饰石材具有良好的美感、质感、板面平整洁净、色调均匀一致、纹理清晰雅致、光泽柔和晶莹、色彩绚丽璀璨、质地坚硬细腻、不吸水防污染、耐酸碱抗风化、绿色环保、无放射性污染等优良的理化性能，这些都是天然石材所不可比拟的。

1. 优点

1）健康、环保。在原材料的采购上，经过筛选剔除天然石中含有的放射性元素，加入不饱和聚酯树脂，这种树脂不含有对人体有害的甲醛元素，属于环保材料。在安装、铺贴上，人造石材可以直接铺贴在与人接触密切的卧室。

2）色差可控。花纹颜色稳定，平整度高，适合大面积铺贴。

3）易加工。产品密实度高，结构均匀细腻，可以加工成各种异形配件。

4）易翻新。耐磨性能好，可多次翻新，装饰效果持久恒新。

5）抗污性能好。产品经过高压振动成型，无气孔，低吸水率，防渗透，不滋生细菌。

6）花色丰富、纹理细腻。花纹调配性强，产品品种多样，可满足各种不同装饰风格的需要。

7）抗折强度高。

8）施工方便。人造石材运输时不需要用背网，大面积铺贴不用排版对色，可以按照客户的不同喜好，调制不同的色调和花纹等。

9）节约资源，变废为宝。目前我国天然石材资源虽然十分丰富，但是浪费惊人，成材率仅为 30% 左右。其余的成为大量碎石，除少量利用外，大部分成为废石被处理掉，造成资源的大量浪费，而这些碎石可以成为人造装饰石材的主要原料，实现变废为宝。

2. 缺点

1）不能在紫外线下使用。

2）高温、高湿环境下慎用。

3）硬度低。

4）耐酸、碱性差。

2.4 天然石材的选用与选购

2.4.1 天然石材的选用

天然石材有不同的品种，其性能变化较大；而且由于天然石材密度大，其运输也不方便；再加上石材的材质坚硬，所以加工较困难，成本高。因此在建筑设计和施工中，应根据适用性和经济性等原则选择石材，既要发挥天然石材的优良性能，体现设计风格，又要经济合理。一般来说，天然石材的选用要考虑以下几方面问题。

1. 石材的多变性

同一类岩石，品种和产地不同，性能上往往相差很大。石材的性能，既包括石材的物理力学性能（强度、耐水性、耐久性等），也包括石材的装饰性能（色调、光泽、质感等）。因此在选择石材时，一定要确定该石材的质量是否完全符合各天然石材所规定的各项技术要求，并且在同一装饰工程部位上应尽可能选用同一矿山的同一种岩石。

2. 石材的装饰性

由于天然石材成本较高，因此在选择天然石材装饰时一定要慎重。不能单凭几块样板就草率决定，因为单块石材的装饰效果与整个饰面的装饰效果会有差异。若要大面积铺贴石材可借鉴已用类似石材装饰好的建筑饰面，避免因炫彩不当，达不到设计要求而造成浪费。

3. 石材的适用性

在装饰工程中，用于不同部位的装饰石材，对其性能和装饰效果有不同的要求。应用于地面的石材，主要考虑其耐磨性，同时兼顾防滑性；用于室外的饰面石材，要求其耐风雨侵蚀的能力强，经久耐用；用于室内的饰面石材，主要考虑其光泽、花纹和色调等美观性。

4. 石材的安全性

由于天然石材是构成地壳的基本物质，因此可能含有放射性的物质。在选择天然石材时，必须按国家标准规定正确使用。研究表明，一般红色品种的花岗石放射性指标都偏高，并且颜色越红紫，放射性比活度越高，花岗石放射性比活度的一般规律为红色 > 肉红色 > 灰白色 > 白色 > 黑色。

2.4.2 天然石材的选购

在选择天然石材装饰材料时，应充分考虑装饰的整体效果，如地面、墙面、柱体等不同部位。天然大理石磨光板有美丽多姿的花纹，如似青云飞渡的云彩花纹，似天然图画的彩色纹理。大理石还被广泛地用于高档卫生间、洗手间的洗漱台台面和各种家具的台面。磨光花岗石板材表面平整光滑、色彩斑斓、质感坚实、华丽庄重、装饰性好。在选择天然石材装饰材料时，还应对石材的表面是否平整，棱角有无缺陷，有无裂纹、划痕，有无砂眼，色调是否纯正等方面进行筛选。

天然石材的主要危害是放射性，在购买时要向经销商索要该产品放射性的检测报告书，注意一定要与所选定的品种相对应，因为同一品牌不同型号的产品质量可能不一样。

购买石材时应注意以下几个方面：

1）天然石材色泽不均匀，且易出现瑕疵，所以在选材上要尽量选择色彩协调的，并注意分批验货时最好逐块比较。

2）由于开采工艺复杂，往往又经过长途运输，所以大幅面石材最易出现裂纹，甚至断裂，这也是选材时要注意的重点。

3）选购中可以用手感觉石材表面粗糙度，掌握几何尺寸是否标准，检查纹理是否清楚。

4）石材板材的外观质量主要通过目测来检查，优等品的石材板材不允许有缺棱、缺角、裂纹、色斑、色线及坑窝等质量缺陷，其他级别石材允许有少量缺陷存在，级别越低，允许值越高。

实训任务

将学生4~5人划分为一组，每组同学去材料市场进行石材选购，要求有实训图片及记录，形成实训报告。通过实训了解天然石材的性能、价格，能够根据石材选用原则进行石材选购。

本章小结

本章以造岩矿物和天然岩石的形成和分类为切入点，给出装饰工程常用天然石材，即天然大理石和天然花岗石的定义。进而引出各自的性质特点：天然大理石质地比较密实，抗压强度较高，吸水率低，表面硬度一般不大，属于中硬石材；天然花岗石致密，强度高、密度大，吸水率极低，材质坚硬、耐磨，属于硬石材。故大理石主要应用于室内墙地面装饰，但不宜用于人流较多场所的地面，大理石由于耐酸腐蚀能力较差，除个别品种外，一般只适用于室内；天然花岗石主要应用于砌筑和地面。天然石材在选用时要注意石材的多变性、装饰性、适用性、经济性、工艺性能、安全性。人造装饰石材以其独特的应用和加工性能成为近代装饰石材中的重要品种。

思考与练习

1. 岩石按地质形成条件可分成几类？简述它们之间的变化关系。列出常用岩石品种的名称。
2. 分析造岩矿物、岩石、石材之间的相互关系。
3. 岩石的性质对石材的使用有何影响？举例说明。
4. 饰面石材的表面加工方法主要有哪几种？
5. 什么是装饰工程所指的大理石和花岗石？其主要性能特点是什么？指出各自常用品种的名称。
6. 为什么大理石饰面板材不宜用于室外？

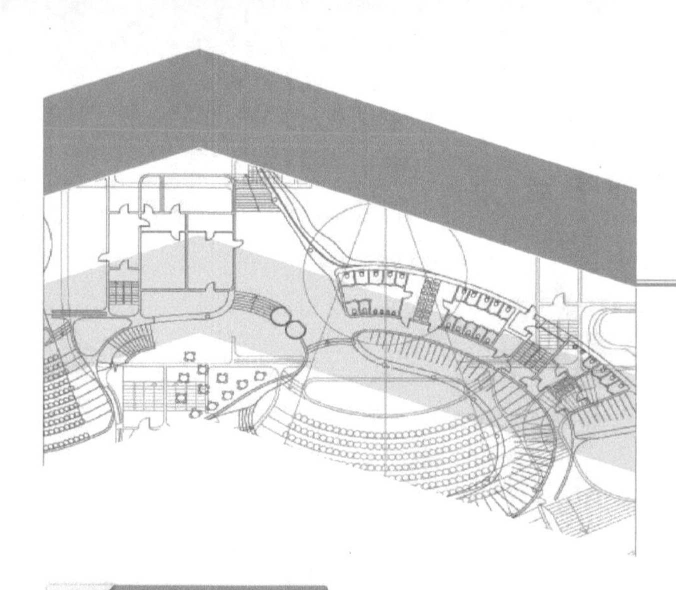

第三章

建筑装饰陶瓷

知识目标

了解陶瓷的特点、分类及其组成材料。

掌握建筑装饰陶瓷的种类和基本性质。

掌握釉面内墙砖、陶瓷墙地砖、陶瓷锦砖、建筑琉璃制品的种类、性能以及它们在建筑装饰中的应用。

能力目标

能够根据建筑陶瓷的特点、技术要求及不同装饰需要合理选择建筑装饰陶瓷制品。

能在选购建筑装饰陶瓷时对其进行质量鉴别。

在建筑装饰工程中，陶瓷是最古老的装饰材料之一。陶瓷主要包括各类内墙釉面砖、外墙砖和地砖、陶瓷锦砖等，其中应用最为广泛的是釉面砖和墙地砖。

建筑装饰陶瓷坚固耐用，并具有良好的装饰效果，且陶瓷具有耐火、耐水、耐磨、耐腐蚀、易清洗、易于施工的性能，因此被广泛应用于各种场所。在民用住宅中，如厨房、卫生间、阳台甚至客厅、走廊地面都大面积采用墙地砖这种材料；建筑装饰陶瓷在影剧院、商场、会议中心等大型公用场所也得到了广泛应用，如图3-1所示。

图3-1　建筑装饰陶瓷的应用

3.1　陶瓷的基本知识

3.1.1　陶瓷的概念和分类

随着建筑技术的快速发展，建筑装饰陶瓷的品种、花色越来越多，其性能也更加优良。为了适应市场需求，我国引进先进技术与设备，使得我国陶瓷生产工艺提高，产品质量达到了国际先进水平。

陶瓷是指以黏土、长石、石英为主要原料制造的用于覆盖墙面和地面的板状和块状的建筑陶瓷制品。陶瓷按吸水率可以分为低吸水率砖、中吸水率砖、高吸水率砖；按成型方法可以分为挤压砖、干压砖；根据原料成分与工艺的区别，陶瓷可分为陶质制品、瓷质制品、炻质制品。

1. 陶质制品

陶质制品主要以陶土、砂土为原料配以少量的瓷土或熟料等经1000℃的温度烧制而成。陶为多孔结构、通常吸水率较大、断面粗糙无光、敲击时声音喑哑、外表可施釉处理。根据原料土杂质的含量不同，可分为粗陶和精陶两种。粗陶的坯料由含杂质较多的砂黏土组成，表面不施釉，建筑上用的黏土砖、瓦及日用缸器均属于粗陶；建筑饰面用的釉面内墙砖及卫生洁具等为精陶，如图3-2所示。

2. 瓷质制品

瓷质制品是以粉碎的岩石粉为主要原料，经过1300～1400℃的温度烧制而成。瓷质制品结构致密，基本不吸水，色洁白，强度高，耐磨，具一定半透明性，表面施釉。根据原料土化学成分与工艺制作的不同，瓷质制品可分为粗瓷和细瓷。日用餐茶具、陈设瓷、工业用瓷等均属于瓷质制品，如图3-3所示。

图3-2 精陶制品的应用

图3-3 瓷质制品的应用

3. 炻质制品

介于陶质与瓷质之间的一类陶瓷制品就是炻器，也称半瓷。炻与陶的区别在于陶的坯体多孔，而炻的结构比陶质致密，吸水率小；炻与瓷的区别主要是瓷的坯体致密，炻的吸水率大于瓷。炻可分为粗炻和细炻；粗炻是指建筑装饰上用的外墙面砖、地砖及陶瓷锦砖；细炻多为日用器皿、陈列用品等。驰名中外的宜兴紫砂是一种不施釉的有色细炻制品，如图3-4所示。

3.1.2 陶瓷的主要组成材料

1. 黏土

陶瓷生产使用的原料很多，一种是天然矿物原料，一种是通过化学方法加工处理的化工原料。天然黏土是生产陶瓷的主要原料，黏土中的成分决定着陶瓷的质量和性能。

图3-4 宜兴紫砂的应用

（1）黏土的组成

黏土是由天然岩石经长期风化而成的，它是由多种矿物组合而成。组成黏土的矿物称为黏土矿物，常见的黏土矿物有高岭石、蒙脱石、云母等。黏土中含有多种杂质，如石英、铁矿物、碳酸盐、长石、碱及有机物。杂质的种类和含量，对黏土的可塑性、焙烧温度及制品的性能有很大的影响。例如，含石英较多的黏土，其可塑性较差；黏土中如果铁矿物含量较大，会影响其烧结坯体的颜色。

（2）黏土的分类

陶瓷工业中通常按黏土的杂质含量、耐火温度及用途等，将黏土以下分为四种，见表3-1。

表3-1 黏土的分类

分类	定义
高岭土	高岭土也称瓷土，是高纯度的黏土，熔烧后呈白色，其颗粒较粗，塑性差，焙烧温度高，是制造瓷器的主要原料，因此有“瓷土”之称
易熔黏土	易熔黏土也称砂质黏土，其含有大量的细砂、尘土、有机物和铁矿物等杂质，熔烧后呈红色，是生产砖瓦及粗陶制品的原料，因此有“硅土”之称
难熔黏土	难熔黏土也称微晶高岭土和陶土，其杂质含量较少，比较纯净，熔烧后呈淡灰色、淡黄色和红色，是生产陶制品的主要原料，因此有“陶土”之称
耐火黏土	耐火黏土也称耐火泥，这种黏土含杂质较少，耐火温度高，熔烧后呈淡黄至黄色，是生产耐火、耐酸陶瓷制品的主要原料，因此有“火泥”之称

(3) 黏土的特性

黏土的特性包含以下三种，见表3-2。

表3-2　黏土的特性

分　类	定　义
可塑性	可塑性是指黏土加适量的水调和后，能用来塑造成各种形状和尺寸的坯体，而不发生裂纹破损的性质
收缩性	塑制成型的黏土坯在干燥的过程中，产生的体积收缩称为“干缩”，在焙烧的过程中产生的体积收缩称为“烧缩”
烧结性	黏土坯体在焙烧的过程中产生一系列物理和化学变化，随着焙烧温度的提高，最终使得坯体孔隙率变小，体积缩小且密实，强度随之增大，这一过程称为烧结

黏土的可塑性是陶瓷制品中一项重要的技术性质。影响黏土可塑性的因素很多，主要有矿物成分的含量，颗粒形状、细度与级配，以及调和时加水量的多少等。若矿物含量多、石英含量少、颗粒细且级配好，黏土吸附水均匀，则其可塑性就越好。

在黏土的收缩特性中，黏土的干缩是一种物理状态的变化，主要是在干燥过程中黏土所含自由水蒸发，其颗粒间距缩小，致使坯体体积缩小的变化。而黏土的烧缩是一种物理和化学变化同时进行的过程，主要是黏土所含结晶水、化合水被分离蒸发，其易熔物质熔化后填充在未熔颗粒的空隙中，使得坯体体积缩小，其值通常比干缩值小得多。

黏土坯体在焙烧的过程中产生一系列物理和化学变化，随着焙烧温度的提高，黏土中的游离水不断蒸发，使得坯体中孔隙增多；当温度继续提高到一定值时，各黏土矿物结晶水脱出，此时黏土的孔隙率最大，称为强度不高的多孔体；温度继续再提高时，形成新的矿物，使得黏土具有强度、耐水性、耐热性，而此时黏土中的易熔物质开始熔化，形成液相熔融物，流入黏土不熔颗粒间的空隙中将其黏结，使得坯体孔隙率变小，体积缩小且密实，强度随之增大，这一过程称为烧结。

黏土的烧结程度随焙烧温度的升高而增加，温度越高形成的熔融物越多，制品的密实度越大、强度越高、吸水率越小。当焙烧温度高至某一值时，使黏土中未融化颗粒间的空隙基本上被熔化物充满时，即达到完全烧结，这时的温度称为烧结极限温度。

2. 釉

釉是以石英、长石、高岭土等为主要原料，再配合其他多种成分研制成浆体，喷在陶瓷坯体的表面，经高温焙烧时，能与坯体表面之间发生相互反应而在坯体表面形成一层连续玻璃质层，使得陶瓷表面具有玻璃一般的光泽和透明性。图3-5为彩釉的盘子和碗。常见的釉的分类见表3-3。

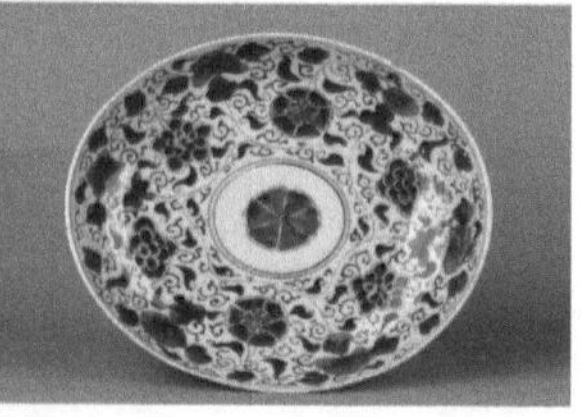

图3-5　彩釉的应用

表3-3　釉的分类

分类方法	种　类
按化学成分	长石釉、石灰釉、滑石釉、混合釉、铅硼釉、食盐釉、铅釉、硼釉、土釉
按坯体种类	陶质釉、瓷质釉、炻质釉
按烧成温度	易熔釉、高温釉、中温釉
按制备方法	生料釉、熔块釉
按外部特征	透明釉、乳浊釉、电光釉、无光釉、结晶釉、砂金釉、裂纹釉、珠光釉、流动釉、色釉

一般情况，烧结的陶瓷坯体表面粗糙无光，这不仅影响美观和力学性能，而且也容易沾污和吸湿。当陶瓷坯体表面施釉以后，其表面平滑光亮、不吸水、不透气，提高了制品的艺术性和机械强度，同时对釉层下的图案画面有保护及透视作用，并能防止彩料中有毒元素溶出。因此，陶瓷表面装饰不仅能美化外观，同时很多装饰手段对陶瓷制品也能起到一定的保护作用，从而有效

地把制品的艺术性和实用性有机结合起来。常见的陶瓷表面装饰方法除了施釉以外，还有以下几种方法，见表3-4。

表3-4 常见的陶瓷表面装饰方法

方法	定义
彩绘	在陶瓷表面绘制彩色图案花纹，分釉上彩绘、釉下彩绘
流动釉饰	在陶瓷坯体表面施易熔的釉料，达到烧成温度时再有意将其过烧，因过烧而使釉料沿坯体表面向下流动，形成一种活泼自然的艺术条纹的釉饰效果
无光釉饰	将陶瓷在釉烧温度下烧成后经缓慢冷却，可获得不强烈反光的釉面，表面无玻璃光泽、但较平滑，显现出丝状或绒状的光泽，具有特殊的艺术美感的一种装饰
裂纹釉饰	选用比陶瓷坯体热膨胀系数大的釉，焙烧后使制品迅速冷却，可使陶瓷釉面产生裂纹，获得一种特殊的纹理表面装饰
光泽釉饰	在经釉烧过的陶瓷釉面上，喷涂一薄层金属或金属氧化物彩料，经600～900℃焙烧后形成一层能映现出光亮的彩虹颜色的装饰层
贵金属装饰	通常采用金、银、铂、钯等贵金属在陶瓷釉面上装饰，如画面描金
结晶釉饰	在含氧化铝低的釉料中加入ZnO、MnO_2、TiO_2等结晶形成剂，并使它们达到饱和程度，在烧制过程中严格控制后形成明显粗大结晶的釉层
沙金釉饰	釉内氧化铁微晶呈现金子光泽的一种特殊釉

3.2 常用的建筑装饰陶瓷制品

建筑装饰陶瓷制品种类很多，目前市场应用中常见的有釉面内墙砖、陶瓷墙地砖、陶瓷锦砖、建筑琉璃制品等。

3.2.1 釉面内墙砖

釉面内墙砖又称瓷砖、瓷片或釉面陶土砖，简称釉面砖。它是以耐火黏土为主要原料，加叶蜡石、高岭土等掺料和助熔剂，研磨成浆体，经榨泥、烘干、通过模具成薄片坯体后再烘干、素烧、施釉等工序制成的。

1. 釉面内墙砖的种类和特点

釉面砖因其有很多优点而被广泛应用（图3-6）。随着陶瓷砖加工工艺技术的提高和人们越来越多的需求，釉面砖的种类也越来越多。釉面砖的主要种类及其特点见表3-5，釉面砖的种类如图3-7所示。

图3-6 釉面砖的应用

表3-5 釉面砖的主要种类及其特点

种类		特点
白色釉面砖		色纯白，釉面光亮、清洁大方
彩色釉面砖	有光彩色釉面砖	釉面光亮晶莹，色彩丰富雅致
	无光彩色釉面砖	釉面半无光，不晃眼，色泽一致，柔和
装饰釉面砖	花釉砖	是在同一砖上施以多种彩釉经高温烧成；色釉互相渗透，花纹千姿百态，装饰效果良好
	结晶釉砖	晶花辉映，纹理多姿
	斑纹釉砖	斑纹釉面，丰富生动
	仿大理石釉砖	具有天然大理石花纹，颜色丰富，美观大方

（续）

种类		特点
字画釉面砖	瓷砖画	以各种釉面砖拼成各种瓷砖画，或根据已有画稿烧制成釉面砖，拼装成各种瓷砖画；清晰美观，永不褪色
	色釉陶瓷字	以各种色釉、瓷土烧制而成；色彩丰富，光亮美观，永不褪色
图案砖	色地图案砖	是在有光或无光的彩色釉面砖上装饰各种图案，经高温烧成，具有浮雕、缎光、绒毛、彩漆等效果
	白色图案砖	是在白色釉面砖上装饰各种图案经高温烧成，纹理清晰

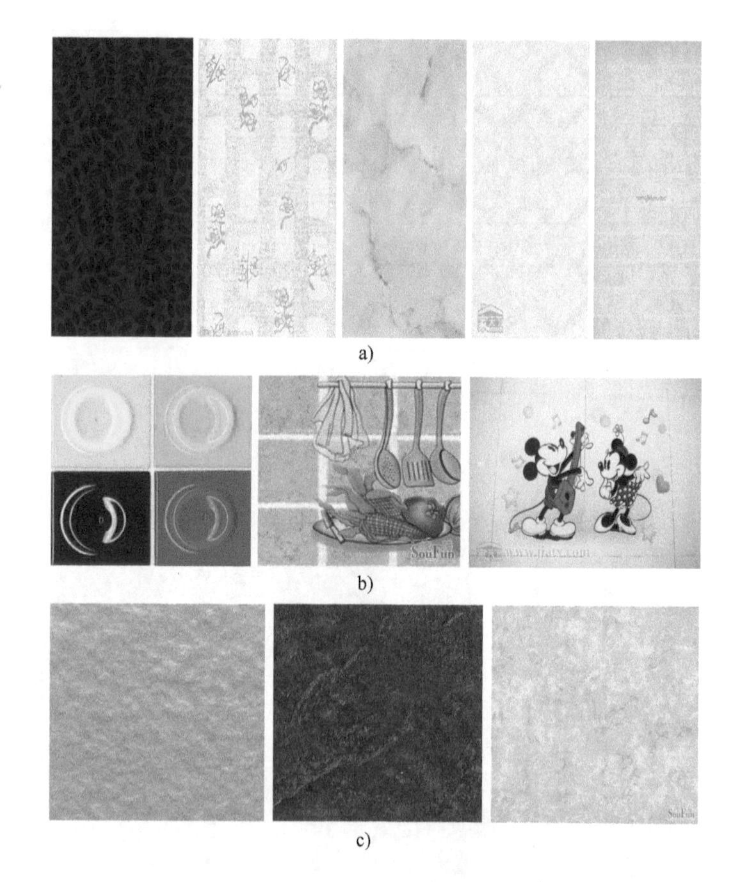

图3-7　釉面砖的种类

a）长方形釉面砖　b）花片形釉面砖　c）正方形釉面砖

2. 釉面内墙砖的形状和常用规格

釉面内墙砖按形状可分为通用砖和异形砖，见表3-6。

表3-6　釉面内墙砖按形状的分类

分类	应用
通用砖	一般用于大面积地面的铺贴，有正方形砖和长方形砖
异形砖	多用于墙面阴阳角和各收口部位的细部构造处理，也称配件砖

3. 釉面内墙砖的技术性能要求

（1）釉面砖执行标准

目前釉面砖执行《陶瓷砖》（GB/T 4100—2015）标准。

（2）釉面砖的表面质量

检验陶质砖的表面缺陷（釉裂、裂纹、缺釉等）时，应用肉眼观察被检组表面的可见缺陷，表面质量以表面无缺陷砖的百分数表示，应至少有95%的砖的主要区域表面无明显缺陷。

检验方法：应在照度为300lx的照明条件下，在距试样1m处目测检验，肉眼观察被检组（边长小于600mm的砖，每种类型至少取30块整，且面积不小于1m^2；边长不小于600mm的砖，每种类型至少取10块整砖，且面积不小于1m^2）。色差是决定釉面陶质砖质量的重要技术指标，色差的测定以《陶瓷砖试验方法　第16部分：小色差的测定》（GB/T 3810.16—2016）的规定为准。

（3）釉面砖的物理、力学性能

釉面砖的物理和力学性能直接影响其使用性能，因此根据国家标准规定应满足下列性能要求，见表3-7。

表3-7　釉面砖的主要物理、力学性能

项　目	性能要求
吸水率	平均值大于10%，单个值不小于9%
抗冻性	经过20次冻融循环不出现裂纹
耐磨性	仅指地砖，通常依据耐磨试验砖面层出现磨损痕迹时的研磨次数，将地砖耐磨性能分为四级
耐急冷急热性	经3次冷热循环不出现炸裂或裂纹
耐化学腐蚀性	依据试验分为五个等级
抗弯强度	平均不低于24.5MPa

4. 釉面内墙砖的特性与应用

釉面砖具有很多良好的性能，不仅色泽柔和、表面光亮、色彩和图案丰富生动，同时具有防水、防潮、耐污、耐腐蚀、易清洗，有一定的抗急冷急热性能。因此有很好的装饰效果，常用于实验室、精密仪器车间、医院、游泳池，或是厨房、浴室、卫生间等场所的室内墙面和台面的饰面材料。例如，用于厨房墙面装饰的釉面砖，不仅易于清洗，而且还兼有防火功能。

釉面砖不宜用于室外装饰，因其属于多孔精陶制品，吸水率大，在室外会受到湿度、温度影响及日晒雨淋的作用。因为釉面层结构致密、吸湿膨胀系数小，吸水后会产生膨胀，坯体内应力发生变化会导致釉层开裂；当釉面砖发生冻融循环现象时，釉层开裂更为严重，故釉面砖不适宜用于室外装饰，即使特殊的场所，如地下走廊、建筑墙柱脚等部位，也应选择吸水率低于5%的釉面砖。

随着建筑技术和建筑业的迅速发展，世界各国的釉面砖产品质量无论是花色、还是品种、功能都有突破性的进展，比如德国生产的新型吸音面砖，它的吸音率高达95%，可以消除噪音，深受建筑装饰行业的认可。

3.2.2　陶瓷墙地砖

陶瓷墙地砖为陶瓷外墙面砖和室内外陶瓷铺地砖的统称。由于外墙砖在使用过程中要受风吹日晒、冷热冻融等自然因素的作用，因而要求外墙砖不仅具有装饰功能，而且要满足一定的抗冻性、抗风化和耐污染等性能要求。地砖则要求具有一定的抗冲击性和耐磨性能。陶瓷墙地砖质地密实、强度高，热稳定性、耐磨性以及抗冻性能均良好，正好满足既可用于外墙又可用于地面的要求，因此称为陶瓷墙地砖。

1. 陶瓷墙地砖的种类和特点

陶瓷墙地砖多属于粗炻类建筑陶瓷制品，可以根据配料和制作工艺制成不同表面质感的制品。陶瓷墙地砖的种类和特点见表3-8，其中外墙贴面砖的种类、性能和用途见表3-9。

表 3-8　陶瓷墙地砖的种类和特点

分类方式	种类	特点
用途	外墙贴面砖	坚固耐用、色彩鲜艳、易清洗、防火、防水、耐磨、耐腐蚀、维修费用低
	室内外地砖	强度高、耐磨性好、吸水率低、抗污力强；品种主要有彩釉地砖、无釉亚光地砖、广场砖、瓷质砖等
施釉	彩色釉面陶瓷砖	彩釉砖色彩瑰丽、丰富多彩、具有极强的装饰性和耐久性；结构致密、抗压强度高、易清洗、装饰性好
	无釉陶瓷墙地砖	简称无釉砖，吸水率低，其颜色以素色和有色斑点为主，表面有平面、浮雕面和防滑面等多种形式
成型	干压砖	是将混合好的粉料置于模具中，在一定压力下压制而成的陶瓷墙地砖，一般陶瓷墙地砖都属于干压砖
	挤压砖	是将可塑性坯料经过挤压机挤出成型，再将所成型的泥条按砖的预定尺寸进行切割，劈离砖属于挤压砖

表 3-9　外墙贴面砖的种类、性能和用途

种类		性能	用途
名称	特点		
表面无釉外墙面砖（墙面砖）	有白色、浅黄、深黄、红、绿色等	质地坚硬，吸水率小，色调柔和，耐水抗冻，经久耐用，防火，易清洗等	用于建筑物外墙，作为装饰及保护墙面之用
表面有釉外墙面砖（彩釉砖）	有红、蓝、绿、金砂釉、黄、白等		
线砖	表面有凸起线条，有釉，并有黄绿等		
外墙立体面砖（立体彩釉砖）	表面有釉，做成各种立体图案		

2. 陶瓷墙地砖的技术性能要求

陶瓷墙地砖的物理、力学性能见表 3-10。

表 3-10　陶瓷墙地砖的物理、力学性能

项目	性能要求
吸水率	不大于 10%
抗冻性	经过 20 次冻融循环不出现裂纹
耐磨性	仅指地砖，依据耐磨试验砖面层出现磨损痕迹时的研磨次数，将地砖耐磨性能分为四级
耐急冷急热性	经 3 次冷热循环不出现炸裂或裂纹
耐化学腐蚀性	依据试验分为五个等级
抗弯强度	平均不低于 24.5MPa

3. 陶瓷墙地砖的特性与应用

随着陶瓷墙地砖表面施釉工艺的不断提高，彩色陶瓷釉面砖的表面有平面、立体浮雕面、镜面、防滑亚光面，还有纹点和仿大理石、花岗岩图案；有的使用各种装饰釉作釉面，色彩瑰丽，丰富多彩，具有很好的装饰性和耐久性，因此被广泛用于各类建筑物的外墙、柱面装饰和地面装饰，如图 3-8 所示。陶瓷墙地砖一般用于装饰等级要求较高的工程。用于不同部位墙地砖应考虑其

图 3-8　陶瓷墙地砖的应用

特殊的性能要求，例如，用于铺地的彩色釉面砖应考虑其耐磨性，用于寒冷地区的砖应考虑抗冻性好的墙地砖。

无釉陶瓷墙地砖根据其性能，适用于商场、饭店、游乐场等人流密集的建筑物室内外地面；特别是小规格的无釉细炻砖常用于公共建筑的大厅和室内外广场的地面铺贴，不同颜色和图案的组合，形成朴实大方，高雅的风格；各种防滑无釉细炻砖也广泛用于民用住宅的室内外平台、浴室等地面装饰。

4. 新型陶瓷墙地砖

随着科技的进步，陶瓷墙地砖的品种越来越多，目前市场上常用的新型建筑陶瓷制品有劈离砖、玻化砖、渗花砖、仿古砖、金属光泽釉面砖、陶瓷壁画壁雕等。

（1）新型陶瓷墙地砖的种类

新型陶瓷墙地砖的种类见表3-11。

表3-11 新型陶瓷墙地砖的种类

种　类	定　义
劈离砖	是以软质黏土、页岩、耐火土为主要原料，再加入色料等，经称量配比、混合细碎、脱水炼泥、真空挤压成型、干燥、高温烧结而成。由于成型时为双砖背联坯体，烧成后再劈成两块，故又称劈离砖
玻化墙地砖	也称彩胎砖或抛光砖，是以优质瓷土为原料，高温焙烧而成的一种不上釉瓷质饰面砖，有抛光和不抛光两种
渗花砖	是在玻化砖生产的基础上，运用先进的制作工艺，通过二次渗花技术，把天然石材的纹路和花色渗入坯体中，达到天然石材的外观效果
仿古砖	一种是直接采用瓷质砖坯体原料，烧成后的吸水率3%左右，即瓷砖仿古砖；另一种是吸水率在8%左右，类似一次烧成水晶地板砖，即炻质仿古砖
金属光泽釉面砖	是采用一种新的彩饰方法，将釉面砖表面热喷涂着色工艺处理，呈金黄、银白等多种色泽的一种装饰砖
陶瓷壁画壁雕	以陶瓷面砖、陶板等装饰板材，经镶拼制作而成，具有较高艺术价值的一种现代建筑装饰

（2）新型陶瓷墙地砖的特性与应用

1）劈离砖。劈离砖坯体密实，抗压强度高，吸水率小，耐酸碱，表面硬度大，性能稳定，色彩多种多样，有红、黄、青、白、褐五大色系，表面质感也变幻多样。表面施釉的光泽晶莹，富丽堂皇；无釉的古朴大方，纹理表现力强，无眩光。劈离砖主要用于建筑内外墙装饰，也适用于车站、机场、餐厅等场所的室内地面铺贴材料。厚型砖也可适用于花园、广场等场所的地面铺设，形态古朴典雅，如图3-9所示。

图3-9 劈离砖的应用

2）玻化墙地砖。玻化墙地砖有银灰、斑点绿、珍珠白、黄、浅蓝、纯黑等多种色调，砖面可以呈现不同的纹理、斑点，使其形酷似天然石材。玻化墙地砖主要适用于各类大中型商业建筑、观演建筑的室内外墙面和地面的装饰，也适用于民用住宅的室内地面装饰，如图3-10所示。

3）渗花砖。渗花砖多为无釉磨光、抛光产品，其花纹自然、图案清晰、明亮如镜，质感和性能都优于天然石材。由于花色渗入坯体深处，所以经久耐磨，不褪色，是一种高级装饰材料。渗花砖主要用于商业建筑、写字楼、饭店和娱乐场所的室内外地面及墙面装饰，如图3-11所示。

图 3-10　玻化墙地砖的应用

图 3-11　渗花砖的应用

4）仿古砖。仿古砖本质上是一种釉面砖，其表面一般采用亚光釉或无光釉，产品不磨边，砖面采用凹凸模具。仿古砖主要适用于公共建筑的室内外墙面和地面的铺设，以及现代住宅的室内墙面和地面，如图 3-12 所示。

5）金属光泽釉面砖。金属光泽釉面砖是一种高级的墙体装饰材料，色泽灿烂辉煌，抗风化，耐腐蚀，历久常新，适用于高级宾馆、饭店、酒吧、商店柱面及门面装饰，如图 3-13 所示。

图 3-12　仿古砖的应用

图 3-13　金属光泽釉面砖的应用

6）陶瓷壁画壁雕。陶瓷壁画壁雕是经过放大、制版、刻画、配釉、施釉和焙烧等一系列工序，同时采用漫、点、涂、喷和填等多种工艺，使制品具有神形兼备的艺术效果。陶瓷壁画壁雕主要适用于镶嵌在大厦、宾馆、酒楼等高层建筑物上，也可镶嵌于公共场所，如机场的候机室、车站的候车大厅、大型会议室等公共设施的装饰，如图 3-14 所示。

图 3-14　陶瓷壁画壁雕的应用

知识链接

钒钛装饰板是我国研制和生产出的一种仿黑色花岗岩的陶瓷饰面板。该种饰面板比天然黑色花岗岩更黑、更硬、更薄、更亮，且它的抗压强度、抗弯强度、密度、吸水率均好于天然花岗岩。它主要适用于宾馆、饭店、办公楼等大型建筑内外墙面、地面的装饰。

3.2.3　陶瓷锦砖

陶瓷锦砖俗称马赛克，采用优质瓷土烧制而成，可上釉或不上釉，我国的产品一般都不上釉。陶瓷锦砖通常是由各种颜色、多种几何形状的小块瓷片铺贴在牛皮纸上形成色彩丰富、图案繁多的装饰砖上，故又称纸皮砖，如图 3-15 所示。

图 3-15　陶瓷锦砖

1. 陶瓷锦砖的种类和规格

陶瓷锦砖经过现代工艺的打造，在色彩、质地、规格上都呈现出多元化的发展趋势，而且品质优良，分类见表 3-12。陶瓷锦砖的规格较小，直接铺贴困难，要先铺贴在牛皮纸上，所形成的每张产品称为“联”。联的边长有284.0mm、295.0mm、305.0mm、325.0mm四种。每40张为一箱，每箱约3.7m^2。

陶瓷锦砖的一般规格有20mm×20mm、25mm×25mm、30mm×30mm，厚度为4～4.3mm。目前，常见的陶瓷锦砖形状有正方形、长方形、对角、六角、半八角和长条对角等形状。

表3-12 陶瓷锦砖的种类

分类方式	种类
表面性质	有釉锦砖
	无釉锦砖
砖联	单色锦砖
	拼花锦砖
尺寸偏差和外观质量	优等品
	合格品

2. 陶瓷锦砖的技术性能要求

陶瓷锦砖的吸水率小于0.2%、经过3次急冷急热循环，有釉陶瓷锦砖不出现炸裂或裂纹，对无釉陶瓷锦砖不做要求。同时陶瓷锦砖具有耐酸、耐碱、耐火、耐磨、不渗水、防滑、抗压强度高、易清洗等性能。

3. 陶瓷锦砖的特性与应用

陶瓷锦砖质地坚实、色彩鲜艳、可拼出风景、动物、花草及各种抽象图案。陶瓷锦砖施工方便，通常在室内装饰中，适用于浴厕、厨房、阳台、客厅等处的地面或墙面；在室外建筑装饰中，也被广泛用于墙面、地面、外墙中。

彩色陶瓷锦砖还可以用以镶拼壁画，用于拼贴壁画的锦砖，尺寸越小，画面失真程度越小，效果越好。由于其装饰和艺术效果良好，近年来设计拼成文字，花边，形似天坛、长城等风景名胜和各种动物花鸟的图案，形成了一种独特的锦砖壁画艺术，如图3-16所示。

图3-16 陶瓷锦砖的应用

3.2.4 建筑琉璃制品

建筑琉璃制品是一种釉制品，用难熔黏土制成坯体成型后，经过干燥、素烧、表面施釉、高温釉烧制这些工序而成的制品。建筑琉璃制品的发展历史很悠久，从北魏年间就有琉璃瓦的生产，到后来在山西特别盛行，晋南的三彩法花尤称著于世。近现代，在北京、西安、苏州等地，建筑琉璃制品广泛应用于具有民族风格的建筑结构中。

1. 建筑琉璃制品的种类和规格

建筑琉璃按用途可分为建筑琉璃制品、建筑装饰雕塑琉璃制品和琉璃工艺美术品三大类。建筑琉璃制品的种类很多，有琉璃瓦、琉璃砖、琉璃兽、琉璃花窗与栏杆饰件，还有琉璃桌、绣墩、花盆、花瓶等琉璃工艺品，如图3-17所示。

2. 建筑琉璃制品的特性与应用

建筑琉璃制品属于高级建筑饰面材料，其质地致密，表面光滑、耐污、经久耐用；且表面有多种纹饰，色彩瑰丽、造型各异，能够充分体现中国传统建筑风格和民族特色。例如，建筑琉璃制品是古代宫殿式建筑常用的屋面材料，有板瓦、筒瓦、滴水、勾头等部件；在现代建筑中，用于建筑的檐口、栏杆、阳台以及建筑立面的局部点缀，如图3-18所示，形成一种传统风格和现代艺术结合的建筑装饰。

图 3-17　建筑琉璃制品

图 3-18　建筑琉璃制品的应用

3.3　建筑装饰陶瓷材料的选购

目前，市场上建筑装饰陶瓷材料品种繁多，色彩丰富，品质不一，价格差别也很大，所以在材料选购上不能仅凭借观感质量。以陶瓷墙地砖为例说明，瓷砖的品质一般划分为五级：优等品、一等品、二等品、三等品和等外品。在选购瓷砖时，除了检查产品是否具有厂家生产许可证、产品合格证、商标和质检标签外，还应注意以下几点。

1. 观察外形

陶瓷墙地砖的外观质量标准见表 3-13。

表 3-13　陶瓷墙地砖的外观质量标准

缺陷名称	优等品	一等品	合格品
背面磕碰	深度为砖厚的 1/2	不影响使用	不影响使用
开裂、夹层、釉裂	不允许	不允许	不允许
色差	基本一致	不明显	不严重
剥边、落脏、釉泡、斑点、坯粉釉、波纹、缺釉、棕眼、裂纹、正面磕角	目测距离砖面 1m 无可见缺陷	目测距离砖面 2m 无可见缺陷	目测距离砖面 3m 无可见缺陷

1）看外观是否平直。选购时应从包装箱内拿出多块砖放在地面上对比，看是否平坦一致，对角处是否嵌接，没有误差的是上品。好的瓷砖要边直面平，这样的产品变形小，施工方便，铺贴后平整美观。

2）看表面。看表面是否有斑点、裂纹、波纹、剥皮、缺釉等；看侧面与背面是否有妨碍釉结构的明显附着釉及其他影响使用的缺点；看产品背面是否有清晰的商标图案等。

3）看花色图案。好的产品花色图案细腻、逼真，没有明显的缺色、断线、错位等。

4）看背面颜色。全瓷砖的背面应呈现乳白色，而釉面砖的背面应是红色的。

2. 用尺测量

瓷砖在铺贴时采取无缝铺贴工艺，对瓷砖的尺寸精度要求很高，应使用钢尺检测不同砖块的边长是否一致。

3. 提角敲击

选购时可用手指垂直提起瓷砖的边角，让瓷砖轻松下垂，用另一只手指敲瓷砖中下部，声音清亮响脆的是上品，声音沉闷混浊的是下品。

4. 背部湿水

选购时可将瓷砖背部朝上，滴入少许清水，如果水渍扩散面积较小则为上品，反之则为次品。这是因为优质瓷砖密度高，吸水率低，而劣质瓷砖密度低，吸水率高。

5. 检测报告

查阅产品的检测报告，并向商家索取相关质量检测报告，其放射性应控制在国家标准范围内。

实训任务

参观陶瓷面砖制品市场或工厂，要求认识陶瓷釉面砖、彩色釉面外墙砖、陶瓷锦砖等产品，熟悉其外观及特征，以及构造方面的差别，参观时完成表3-14。

表3-14 陶瓷面砖制品调查表

序号	产品名称	规格尺寸	质量等级	产品价格	生产厂家	应用范围

本章小结

本章主要介绍陶瓷装饰材料的概念、分类、性质及其应用，以及常见的建筑装饰陶瓷制品。通过学习，了解陶瓷装饰材料的概念、分类、性质及其应用；掌握各种陶瓷墙面、地面装饰材料的特性及其应用。能够在建筑装饰设计与施工中正确选择陶瓷装饰材料。

思考与练习

1. 釉面内墙砖有哪些品种？各有什么特点？
2. 新型陶瓷墙地砖有哪些品种？各有什么特点？

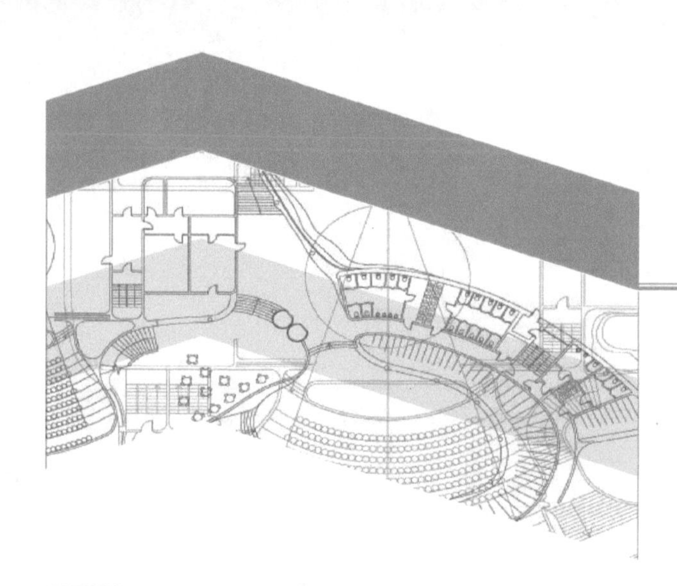

第四章

建筑装饰木材

知识目标

通过对本章的学习，要求掌握树木的分类、木材的构造和主要物理力学性质；熟悉常见的人造板材相关知识；熟悉常见木地板的特性；了解新型的功能木质材料。

能力目标

能够描述木材的宏观和微观构造与木材的基本性质；在掌握木质装饰材料基本知识的同时，要能通过查询相关资料、图片，到商场辨析实物，了解市场价格，对木质装饰材料有更加客观的认识。

4.1 木材的基本知识

木材由无数细胞组成，木材细胞的形状、大小不一，受自然生长条件的限制，不同种类的木材之间差别很大，且木材易发生开裂、翘曲，易受生物菌类腐蚀，易燃。与其他装饰材料相比，木材具有天然的色泽和美丽的花纹，装饰性强，且容易着色和油漆；具有较高的强重比，它的强度和重量的比值较高，大于一般的钢铁；具有绝缘性，对电、热的传导性极小，用作木地板既保温又绝缘；木材经过化学和塑料渗透辐射固化处理改性后，具有很好的耐湿防水和防腐性能，且有极高的强度；既有一定硬度，又具有一定的可塑性，容易接受各种刨削和机械加工；易于连接，用胶、钉、螺丝及榫都很容易牢固地相互连接。

4.1.1 木材的分类

1. 按树木分类

木材是由树木加工而成，树木的种类很多，但总体上从树叶的外观形状可将其分为针叶材（图4-1）和阔叶材（图4-2）两大类，有关针叶材和阔叶材的特点、用途、树种见表4-1。

2. 按用途和加工程度分类

木材按用途和加工程度的不同分为原条（图4-3）、原木（图4-4）和板方材（图4-5～图4-6），其中板方材在建筑工程中的应用最为广泛，分类详见表4-2。

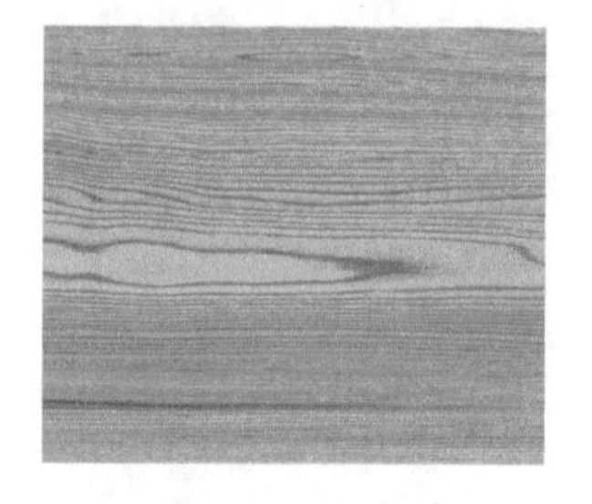

图4-1 针叶材

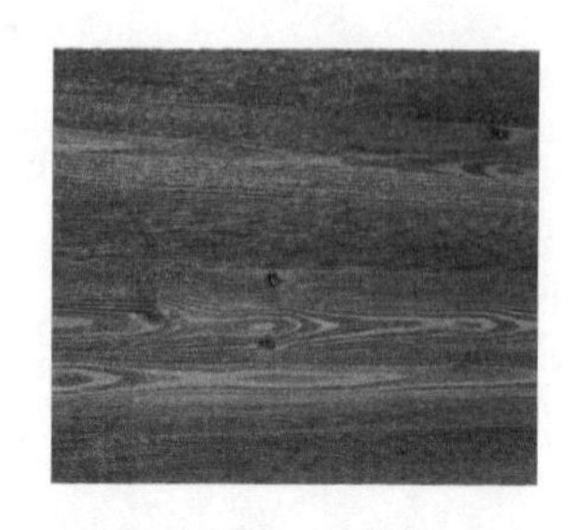

图4-2 阔叶材

表 4-1 针叶材和阔叶材的特点、用途、树种

种类	特点	用途	树种
针叶材（软木材）	大多数为常绿树，其树干直而高大，纹理顺直，木质较软，易加工。其表观密度小，强度较高，胀缩变形小	建筑工程中的主要用材，主要用于木制包装、桥梁、造船、电杆、坑木、枕木、桩木、机械模型等	杉木、红松、白松、黄花松、马尾松、落叶松、柏木等
阔叶材（硬木材）	大多数为落叶树，树叶宽大呈片状，树干通直部分较短，木材较硬，加工比较困难。其表观密度较大，易胀缩、翘曲、开裂	常用作室内装饰、家具、次要承重构件、胶合板等建筑工程等	胡桃木、柚木、桦木、榆木、水曲柳等

图 4-3 原条

图 4-4 原木

图 4-5 板材

图 4-6 方材

表 4-2 木材按用途和加工分类

分类	说明		用途
原条	去皮、根、树梢的伐倒木，尚未按一定尺寸加工成规定的材类		进一步加工
原木	原条被截成规定直径和长度的木段		直接用原木：用于屋架、檩条、椽木、木桩、电杆等 加工用原木：用于锯制成锯材，制作胶合板材等
板方材	板材（宽度为厚度的 3 倍或 3 倍以上）	薄板：厚度为 12～21mm	门芯板、隔断、木装修
		中板：厚度为 25～30mm	屋面板、装修、地板
		厚板：厚度为 40～60mm	门窗
	方材（宽度小于厚度的 3 倍）	小方：截面积在 $50cm^2$ 以下	椽条、隔断木筋、吊顶格栅
		中方：截面积在 50～$100cm^2$	支撑、格栅、扶手、檩条
		大方：截面积在 101～$225cm^2$	屋架、檩条
		特大方：截面积在 $226cm^2$ 以上	木屋架、钢木屋架

4.1.2 木材的构造

1. 宏观构造

木材的宏观构造是指在肉眼或借助10倍放大镜所能见到的木材构造特征。木材的构造特征是识别木材的依据，在木材生产、流通、贸易领域中对木材检验、鉴定与识别及木材的合理加工利用等均有重要意义。

（1）木材的三切面

从不同的方向锯切木材，可以得到不同的切面。利用各切面上细胞及组织所表现出来的特征，可识别木材并研究木材的性质和用途。木材的三切面分别是横切面、径切面和弦切面，如图4-7所示。

1）横切面：与树干主轴或木纹相垂直的切面。横切面是最基本的一个切面。从横切面上能够观察到生长轮或年轮，许多木射线，组成木材各类轴向细胞的排列形式，端面情况和尺寸大小。

2）径切面：平行于树干长轴方向，与树干半径方向一致，或者通过髓心的切面。从径切面上可以观察到生长轮或年轮成互相平行的线条，各类轴向细胞的长度、宽度及组成木材横向细胞的长度和高度。

3）弦切面：平行于树干长轴方向，与树干半径方向垂直的纵剖面。弦切面上可观察到轴向细胞的长度、宽度以及横向细胞的高度和宽度；生长轮或年轮在弦切面上呈“V”字形。

（2）边材与心材

靠近树皮材色较浅的部分称为边材。边材所含水分较多，易干燥，易湿润，起支持、输导、储藏功能，边材容易翘曲变形，抗蚀性不如心材。

靠近髓心材色较深的部分称为心材。心材由边材转变而来，边材经过一段时间后它的生活细胞逐渐缺氧死亡，失去生活的机能，而被形成层新分生的木质部细胞挤向髓心方向，同时木材的材色变深，水分减少，并且心材中无活细胞存在。心材含水量较少，不易翘曲变形，抗蚀性较强。木材的边材与心材如图4-8所示。

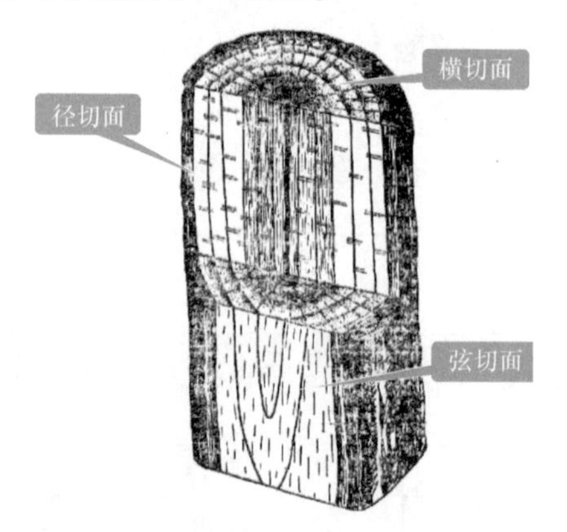

图4-7 木材的三切面

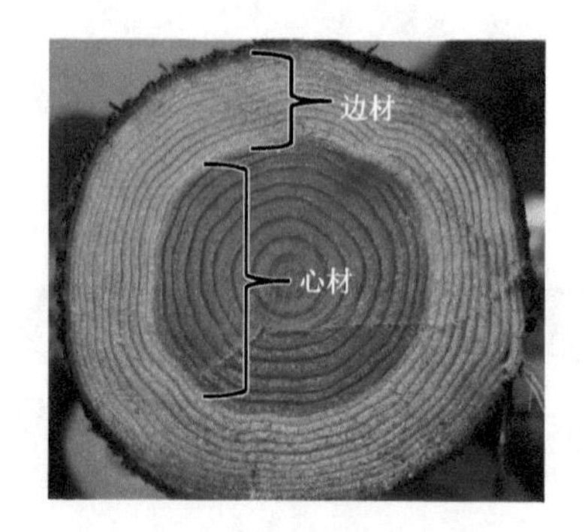

图4-8 木材的边材与心材

（3）早材与晚材

温带或寒带的树种，通常在生长季节早期所形成的木材，由于细胞分裂速度快，所形成的细胞腔大、壁薄，材质较松软，材色浅，称为早材。

秋季营养物质流动减弱，形成层细胞活动逐渐减低，细胞分裂衰退，形成了腔小壁厚的细胞，这部分材色深，组织较致密，称为晚材。木材的早材与晚材如图4-9所示。

晚材率是指晚材占年轮的比例，是衡量木材强度大小的一个重要标志。其计算公式为

$$P=(b/a)\times 100\%$$

式中 P——晚材率；

b——一个年轮中晚材的宽度（cm）；

a——年轮总宽度（cm）。

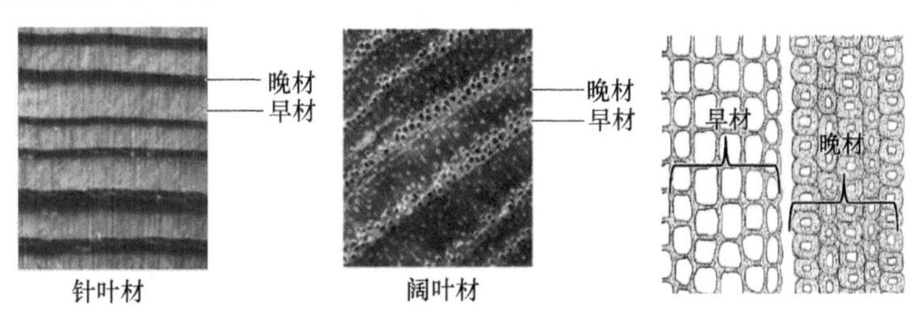

图 4-9　木材的早材与晚材

2. 微观构造

木材的微观构造是指借助光学显微镜观察到的木材组织。在显微镜下，可以看到木材是由无数管状细胞紧密结合而成的。每个细胞都由细胞壁和细胞腔组成，细胞壁由若干层细胞纤维组成，纤维之间有微小的空隙，能渗透和吸附水分，其纵向连接较横向牢固。细胞的组织结构在很大程度上决定了木材的性质，细胞壁越厚，细胞腔越小，木材越密实，其表观密度和强度也越高，胀缩变形也越大，如图 4-10 所示。

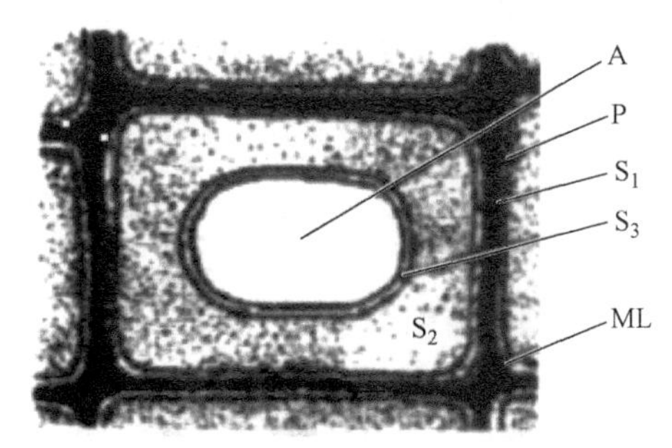

图 4-10　木材的微观构造

A—胞腔　P—初生壁　S_1—外层次生壁

S_2—中层次生壁　S_3—内层次生壁　ML—胞间层

4.1.3　木材的主要性质

1. 木材的密度

木材的密度是指单位体积的木材的质量，单位为 g/cm^3 或 kg/m^3。木材的密度为 $1.48 \sim 1.56g/cm^3$，平均约为 $1.55g/cm^3$。木材的密度与木材的许多物理性质都有密切的关系。木材是由木材实质、水分及空气组成的多孔性材料，其中，空气对木材的质量无影响，但是木材中水分的含量与木材的密度有密切关系。

木材的密度随其所含水分的增减而变化。因此，木材的密度应标明其体积在测定时的木材的含水率，即绝干时的体积 V_0 所得密度为绝干密度，被水饱和时的体积 V_s 所得密度为基本密度，气干时含水率为 m 时的体积 V_s 所得密度为气干密度（一般气干密度是指含水率为 15% 时的木材密度）。若要比较木材的密度，必须使其含水率相等。

2. 木材的含水率

木材的含水率是指木材中所含水分的质量占木材干燥质量的百分数。木材中水分主要有三种状态，分别是自由水、吸着水和结合水，如图 4-11 所示。

自由水是指以游离态存在于木材细胞的胞腔、细胞间隙和纹孔腔这类大毛细管中的水分，包括液态水和细胞腔内水蒸气两部分。自由水对木材重量、燃烧性、渗透性和耐久性有影响，对木材体积稳定性、力学、电学等性质无影响。

吸着水是指以吸附状态存在于细胞壁微纤丝之间的水分。吸着水对木材物理力学性质和木材加工利用有着重要的影响。

结合水是指与木材细胞壁物质组成呈牢固的化学结合状态的水。这部分水分含量极少，而且相对稳定，是木材的组成成分之一。

木材细胞壁内充满吸附水时达到饱和状态，而细胞腔和细胞间隙中没有自由水时的含水率，称为纤维饱和点。木材的纤维饱和点因树种而异，一般介于 25% ~ 35% 之间，平均为 30%。木材的纤维饱和点是木材物理力学性质发生变化的转折点。木材含水率在纤维饱和点以上变化时，木材的形体、强度、电、热性质等都几乎不受影响。反之，当木材含水率在纤维饱和点以下变化时，上述木材性质就会因含水率的增减产生显著而有规律的变化。

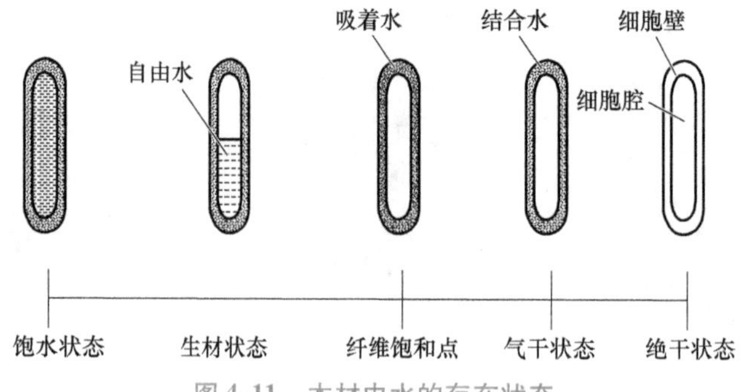

图 4-11 木材中水的存在状态

木材在大气中吸收或蒸发水分，与周围空气的相对湿度和温度相适应而达到恒定的含水率，称为平衡含水率。平衡含水率随地区、季节及气候等因素而变化，在10%~18%之间。木材在进行干燥时必须使其终含水率低于使用环境平衡含水率2%~3%才能保证木材制品的使用质量。例如，内蒙古地区的年平衡含水率是10%左右，那么用于内蒙古地区使用的木材制品的终含水率要达到7%~8%，才不至于使木材制品出现开裂变形的缺陷。

3. 木材的干缩湿胀

木材的干缩湿胀是指木材在绝干状态至纤维饱和点的含水率区域内，水分的解吸或吸着会使木材细胞壁产生干缩或湿胀的现象。当木材的含水率高于纤维饱和点时，含水率的变化并不会使木材产生干缩和湿胀。

木材的干缩分为纵向干缩与横向干缩两大类，如图4-12所示。纵向干缩是沿着木材纹理方向的干缩，其收缩率数值较小，仅为0.1%~0.3%，对木材的利用影响不大。横纹干缩中，径向干缩是横切面上沿直径方向的干缩，其收缩率数值为3%~6%；弦向干缩是沿着年轮切线方向的干缩，其收缩率数值为6%~12%，是径向干缩的1~2倍。所以木材一般容易出现径向和弦向的端裂现象。

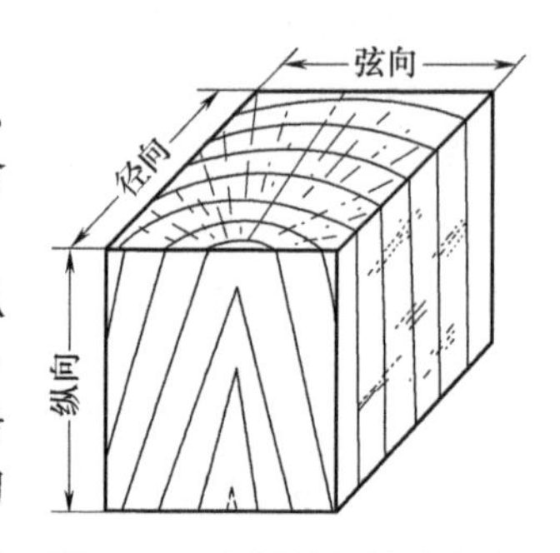

图 4-12 木材的干缩方向

4. 木材的力学强度

木材的强度根据受力状态分为抗拉强度、抗压强度、抗弯强度和抗剪强度四种，如图4-13所示。

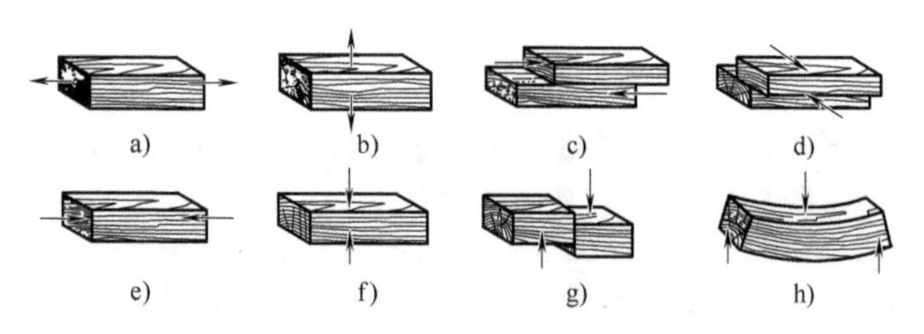

图 4-13 木材的受力状态

a）顺纹受拉 b）横纹受拉 c）顺纹受压 d）横纹受压 e）顺纹受剪 f）横纹受剪 g）横截木纹受剪 h）横向受弯

由于木材具有特殊的构造特征，致使各向强度有差异，其抗拉、抗压、抗剪强度有顺纹强度（作用力方向与纤维方向平行）和横纹强度（作用力方向与纤维方向垂直）之分。木材强度中以顺纹抗拉强度为最大。假设顺纹抗压强度为1，木材力学强度间的关系见表4-3。

表 4-3 木材力学强度间的关系

抗压强度		抗拉强度		抗剪强度		抗弯强度	
顺纹	横纹	顺纹	横纹	顺纹	横纹	顺纹	横纹
1	1/10~1/3	2~3	1/20~1/3	1/7~1/3	1/2~1	1.5~2	1.5~2

4.2 常见的木质装饰制品

4.2.1 人造板

人造板是以原木或其他植物纤维材料为原料，经机械加工分离成各种形状的组元后，再经胶接压制成的板材。常见的人造板有胶合板、细木工板、刨花板和纤维板。

1. 胶合板

胶合板是用原木旋切成单板，再用胶黏剂按奇数层，以各层纤维互相垂直的方向，黏合热压而成的人造板材。胶合板由表板、中心层和芯板组成（图4-14），通常其表板和内层板对称地配置在中心层或板芯的两侧。胶合板的构成原则有对称原则、奇数层原则、纹细垂直原则。胶合板的生产工艺如图4-15所示。

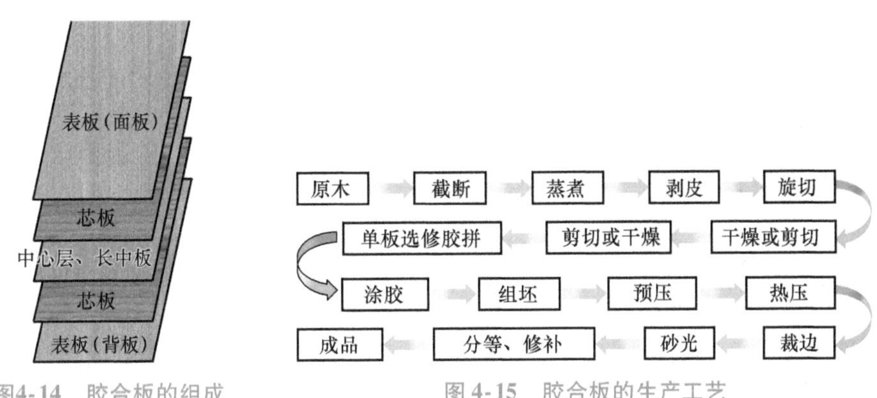

图4-14 胶合板的组成

图4-15 胶合板的生产工艺

（1）胶合板分类

1）按制作单板的方法分为旋切胶合板、刨切胶合板。

旋切胶合板主要用于家具内部部件的制作，如家具的侧山板、后身板、不重要的装饰部件；常用阔叶材制作，如椴木、杨木、桦木等。

刨切胶合板主要用于高档家具或装饰中的重要表面部件如门板、抽屉面板、厨柜门、门框等。由于珍贵树种的紧缺，现常用刨切单板覆贴在普通胶合板上制成装饰胶合板。常用珍贵阔叶材或花纹美丽的树种制作，如水曲柳、核桃木、柞木、榉木及从巴西、东南亚进口的热带树种。

2）按胶合板的性能分为阻燃胶合板、普通胶合板、特种胶合板，见表4-4。

表4-4 按胶合板的性能分类

分类		特性
阻燃胶合板		单板经阻燃处理，采用阻燃胶黏剂，燃烧性能达到B1级难燃标准，用于防火要求较高的场合，如娱乐场、歌舞厅等
普通胶合板	Ⅰ类耐气候胶合板	有耐久、耐煮沸或蒸汽处理和抗菌性，采用酚醛树脂或其他性能相当的胶合剂制成，用于室外工程
	Ⅱ类耐冷胶合板	可在冷水中浸渍，能经受短时间热水浸渍，有抗菌性能，不耐煮；胶合剂同上
	Ⅲ类耐潮胶合板	能耐短期冷水浸渍，采用低树脂含量的脲醛树脂胶、血胶或其他性能相当的胶合剂制成，用于室内装修
	Ⅳ类不耐潮胶合板	采用豆胶或其他性能相当的胶合剂制成，用于室内常态下使用
特种胶合板		用于特殊用途的场合，如防辐射、混凝土模板等

（2）胶合板的规格

薄木层数不同，最后形成的胶合板厚度有很大的区别，一般分为3mm、5 mm、9 mm、12 mm、15 mm、18 mm六种常见规格。胶合板的幅面尺寸见表4-5。

表 4-5　普通胶合板的幅面尺寸

宽度/mm	长度/mm				
	915	1220	1830	2135	2440
915	915	1220	1830	2135	—
1220	—	1220	1830	2135	2440

(3) 胶合板的特点与应用

胶合板幅面较大、平整易加工、材质均匀、不翘不裂、收缩性小，尤其是板面具有美丽的木纹，自然、真实，是较好的装饰板材之一。胶合板适用于建筑室内的墙面装饰，设计和施工时采取一定手法可获得线条明朗，凹凸有致的效果。胶合板广泛应用于家具制造方面，如橱、柜、桌、椅等；室内装修方面，如天花板、隔墙、墙裙；工程建筑中的模板、建筑构件。

2. 细木工板

细木工板（俗称大芯板、木工板）是具有实木板芯的胶合板，它将原木切割成条，拼接成芯，外贴面材加工而成，如图 4-16 所示。其竖向（以芯板材走向区分）抗弯压强度差，但横向抗弯压强度较高。细木工板的生产工艺如图 4-17 所示。

图 4-16　细木工板

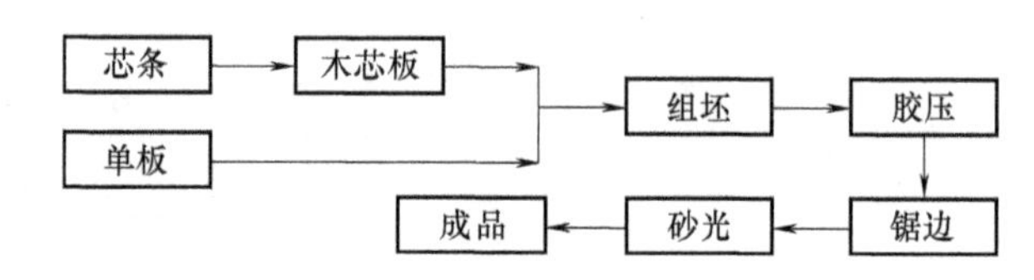

图 4-17　细木工板的生产工艺

(1) 细木工板的分类

细木工板的分类见表 4-6。

表 4-6　细木工板的分类

分类方式	具体分类	用途
按板芯结构	实心细木工板	用于面积大、承载力相对较大的装饰、装修
	空心细木工板	用于面积大而承载小的装饰、装修
按使用的胶合剂	室外用细木工板	室外装饰装修
	室内用细木工板	室内装饰装修

(2) 细木工板的规格

常用细木工板厚度为 12mm、14mm、16mm、19mm、22mm、25mm，具体尺寸规格及技术性能要求见表 4-7。

表 4-7　细木工板的规格与技术性能

规格	长度/mm						宽度/mm	厚度/mm
	915	1220	1520	1830	2135	2440		
	915	—	—	1830	2135	—	915	16/19
	—	1220	—	1830	2135	2440	1220	22/25
技术性能	含水率：(10±3)%							
	静曲强度：厚为 16mm，不低于 15MPa；厚度小于 16mm，不低于 12MPa							
	胶层剪切强度不低于 1MPa							

(3) 细木工板的特点与应用

细木工板具有天然木材纹理美观，强度高，握螺钉力好，不变形，吸声，绝热等特性。它适合做高档柜类、门窗、隔断、假墙、暖气罩、窗帘盒等。通常门套、窗套多用12mm厚的，家具用18mm厚的细木工板。细木工板怕潮湿，施工中应注意避免用在厨卫。

3. 刨花板

刨花板又称碎料板，是用木质碎料为主要原料，施加胶合材料和添加剂经压制而成的薄型板的统称。

（1）刨花板分类

1）按加压方法分为平压法、挤压法、辊压法、模压法。

2）按产品结构分为单层、多层（三、五、七）、渐变、定向、华夫板、空心、挤压法一次加工成的管状空心结构、平压法普通刨花板、瓦楞状空心结构、平压法二次加工刨花板等。

3）按产品密度分为低密度刨花板（0.25～0.40g/cm³）、中密度刨花板（0.40～0.80g/cm³）、高密度刨花板（0.80～1.20g/cm³）。

4）按使用的胶结材料分为脲醛树脂刨花板、酚醛树脂刨花板、异氰酸树脂刨花板、水泥刨花板、石膏刨花板、矿渣刨花板、菱苦土刨花板等。

5）按表面装饰分为有无饰面刨花板、PVC饰面刨花板、单板贴面刨花板、薄膜贴面刨花板、直接印刷刨花板、砂光刨花板、未砂光刨花板等。

6）按原料分为木材、甘蔗、亚麻、稻草、麦秸、花生壳、竹材、水泥、石膏等。

7）按产品用途分为普通刨花板、建筑刨花板、阻燃刨花板、防腐刨花板、特种刨花板。

（2）刨花板的规格

刨花板的规格较多，幅面尺寸多为915mm×1830mm，1000mm×2000mm，1220mm×2440mm，1220mm×1220mm，厚度多为4mm、8mm、10mm、12mm、14mm、16mm、19mm、22mm、25mm、30mm。

（3）常见的平压法刨花板的品种和用途

1）单层刨花板：刨花不分大小，拌胶后均匀地铺成板坯，压制成板，常用于建筑构件、包装箱等。

2）三（多）层刨花板：表层采用较薄、较小的特制微型刨花，芯层用较厚、较大的粗刨花。这种刨花板强度高，尺寸稳定性好，表面细致平滑，可进行各种表面装饰，它的芯层可以用较次的原料和较少的施胶量，用三个（多个）铺装头铺装。常用于家具、建筑物的壁板、构件和仪表箱等。

3）渐变结构刨花板：从刨花板的表面到中心，刨花逐渐由细小变至粗大，表、芯层没有明显的变化。这种刨花板表面比较细致平滑，强度较高，尺寸稳定性较好，用两个铺装头铺装。常用于家具、建筑、车厢、船舶和包装箱等。

4）定向结构刨花板（欧松板）（图4-18a）：是采用松木碎片加黏结剂在高温高压条件下制成。它与其他刨花板的不同之处是材质采用松木，黏结剂甲醛含量低于国家标准，板内部结构紧密，线膨胀系数小，结构稳定，抗冲击能力及抗弯强度、握钉力等方面均超过同类板材。它可用于门框、窗框、门芯板、暖气罩、窗帘盒、踢脚板、橱柜及地板基材。其特点和应用与刨花板基本相同。

5）华夫板和定向华夫板：用小径木刨成宽平的大片刨花压制成的板材。它的力学强度高于普通刨花板，抗弯强度和弹性模量可达到或接近同厚度的胶合板。在建筑上代替胶合板用作墙板、地板和屋面板，还可用作混凝土模板。

6）水泥刨花板（图4-18b）：用水泥作胶结材料压制成的人造板材，兼有水泥和木材的优点。它比混凝土轻，但又有一定的强度和刚度；耐水、耐久、阻燃和耐菌虫侵蚀性能优于木材；但是生产周期过长。它是新型建筑板材，可用作内、外墙板，地板，屋面板，天花板和建筑构件等。

7）矿渣刨花板：以矿渣水泥作胶结材料制成的人造板材，其性能与水泥刨花板相似，优点是热压成型，生产周期短。

8）石膏刨花板（图4-18c）：用石膏作胶结材料压制而成的人造板材，其生产周期短，生产成本低于水泥刨花板，且有一定的力学强度和阻燃性能，但耐水性不如水泥刨花板。常用作建筑板材，主要用作墙板和天花板。如板面做防水处理，可作外墙板。

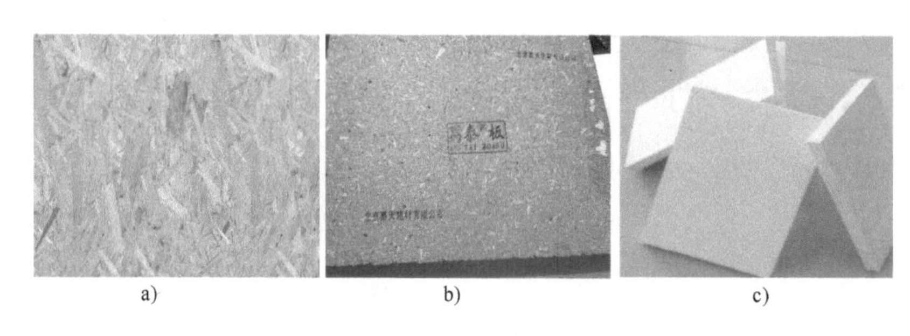

a)　　b)　　c)

图 4-18　刨花板

a）欧松板　b）水泥刨花板　c）石膏刨花板

4. 纤维板

纤维板是以木材、竹材或农作物秸秆等为主要材料，经削片、纤维分离、板胚成型，在压力和热的作用下，使纤维素、半纤维素和木质素塑化制成的一种板材，如图 4-19 所示。纤维板的生产工艺如图 4-20 所示。

图 4-19　纤维板

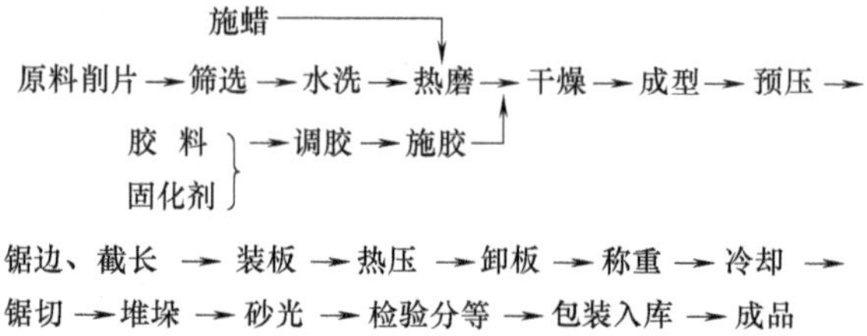

施蜡 → 热磨

原料削片 → 筛选 → 水洗 → 热磨 → 干燥 → 成型 → 预压 →

胶料、固化剂 → 调胶 → 施胶 → 干燥

锯边、截长 → 装板 → 热压 → 卸板 → 称重 → 冷却 →

锯切 → 堆垛 → 砂光 → 检验分等 → 包装入库 → 成品

图 4-20　纤维板的生产工艺

纤维板按纤维的密度可分为高密度纤维板（$>0.80\mathrm{g/cm^3}$）、中密度纤维板（$0.40\sim0.80\mathrm{g/cm^3}$）、低密度纤维板（$<0.40\mathrm{g/cm^3}$）。

（1）高密度纤维板

高密度纤维板的强度高、耐磨、不易变形，可用于建筑、车辆、船舶、墙壁、地面、家具等。硬质纤维板的幅面尺寸有 610mm × 1220mm、915mm × 1830mm、1000mm × 2000mm、915mm × 2135mm、1220mm × 1830mm、1220mm × 2440mm，厚度为 2.50mm、3.00mm、3.20mm、4.00mm、5.00mm。硬质纤维板按其物理力学性能和外观质量分为特级、一级、二级、三级四个等级，各等级应符合表 4-8 的规定。

表 4-8　各等级硬质纤维板的质量要求

缺陷名称	计量方法	允许限度			
		特级	一级	二级	三级
水渍	占板面积百分比（%）	不许有	≤2	≤20	≤40
污点	直径/mm	不许有		≤15	≤30，小于 15 不计
	每平方米个数/（个/m²）			≤2	≤2
斑纹	占板面积百分比（%）	不许有			≤5
黏痕	占板面积百分比（%）	不许有			≤1
压痕	深度或高度/mm	不许有		≤1.4	≤0.6
	每个压痕面积/mm²			≤20	≤400
	任意每平方米个数/（个/m²）			≤2	≤2
分层、鼓泡、裂痕、水湿、炭化、边角松软	—	不许有			

（2）中密度纤维板

中密度纤维板分为 80 型（0.80g/cm^3）、70 型（0.70g/cm^3）、60 型（0.60g/cm^3）。按胶黏类型分为室内用和室内外用两种。其密度适中，强度较高，结构均匀，易加工。广泛用于家具、建筑、民用电器等。中密度纤维板的长度为1830mm、2135mm、2440mm，宽度为1220mm，厚度为10mm、12mm、15（16）mm、18（19）mm、21mm、24（25）mm 等。中密度纤维板按外观质量分为特级品、一级品、二级品三个等级。

（3）低密度纤维板

低密度纤维板（< 0.40g/cm^3）的结构松软，故强度低，但吸声性和保温性好，主要用于吊顶等。

4.2.2 新型功能木质材料

采用化学的、物理的或机械的方法加工或处理木材和木质材料，能够赋予木材某些新的功能，或改良木材的某些缺点，或满足某些特殊用途的需要。由此产生了与原木材性质大有不同，但仍以木材或木质材料作为基材的功能木质材料，如塑合木、重组木、压缩木、木材－金属复合材料等。

1. 木塑复合材料

木塑复合材料简称 WPC，它是利用植物纤维填料和塑料为主要原料，应用塑料改性、植物纤维改性及改善界面相容性等技术手段，把废弃的天然植物纤维、废旧塑料与助剂一起熔融、混练制成颗料，再加工成型。WPC 与天然木材相比，具有各向同性、耐候性和尺寸稳定性好，产品不怕虫蛀、不易被真菌侵蚀、不易吸水和变形，机械性能好，更耐用、坚硬、耐磨，表面易于装饰，可印刷、油漆、喷涂、覆膜等处理，环保性能好，可生产各种颜色的产品等优点，如图4-21 所示。

2. 重组木

重组木是在不打乱木材纤维排列方向、保留木材基本特性的前提下，将木材碾压成“木束”重新改性组合，制成一种强度高、规格大、具有天然木材纹理结构的新型木材。重组木完全可以代替实木硬木，其性能优于实木硬木，如图 4-22 所示。

重组木采用速生林为原料，经过多种物理与化学工艺处理后，可以有效改变木材性能，改变其木质松软、密度小、易形变等缺陷，使其密度增大，强度增高，耐水性能、防腐性能和尺寸稳定性能得到显著提高。这种工艺可以有效地节约木材资源，形成速生林的循环利用，提高了木材的使用效率。

重组木可以与天然硬质实木相媲美，强度高于红木，防腐防水，可以广泛应用于实木门窗、户内外家具、园林小品、亲水栈道地板制作以及木制雕刻；同时可以作为改性硬质实木实现出口，扩大我国林业产品的对外出口。

图 4-21 木塑复合材料

图 4-22 重组木

3. 木材-金属复合材料

以木质材料与金属单元通过不同方法复合形成的材料，称为木材-金属复合材料。复合方法包括熔融注入、叠层胶合和化学镀等。木材-金属复合材料的质量轻、强重比高，保湿、隔音及装饰性好，并且具有很高的电磁屏蔽效能。它可广泛应用于国家安全机构及保密机构，以防止信息泄露而危害国家安全和损害企业利益；还可用于大型仪器如核磁共振和精密仪器室的建设，以防电磁污染和电磁干扰。

4.2.3　木地板

木地板弹性真实，脚感舒适，是热的不良导体，能起到冬暖夏凉的作用，还可调节室内温湿度。木地板呈现出的天然原木纹理和色彩图案，给人以自然、柔和、高贵典雅的质感，从而迎合了人们回归自然、追求质朴的心理，使其成为卧室、客厅、书房等地面装修的理想材料。木地板一般包括实木地板、实木复合地板、强化木地板。

1. 实木地板

实木地板是天然木材不经过任何粘贴处理，用机械设备加工而成的。

实木地板常见的有平口实木地板、企口实木地板、指接实木地板、集成实木地板、拼花实木地板，如图4-23所示。其一般规格长度在450～900mm，宽度在90～120mm，厚度在12～25mm。

平口实木地板由六面均为平直的长方形及六面体或工艺形多面体木地板。除作为地板外，也可作为拼花板、墙裙装饰及天花板吊顶等室内装饰。

企口实木地板在纵向和宽度方向都开有榫槽，榫槽一般都小于或等于板厚的1/3，槽略大于榫。绝大多数背面都开有抗变形槽。

指接实木地板是由等宽、不等长度的板条通过榫槽结合、胶黏而成的地板块，接成以后的结构与企口地板相同。

集成实木地板由等宽小板条拼接起来，再由多片指接材横向拼接。这种地板幅面大、尺寸稳定性好。

拼花实木地板由小块地板按一定图形拼接而成，其图案有规律性和艺术性。这种地板生产工艺复杂，精密度也较高。

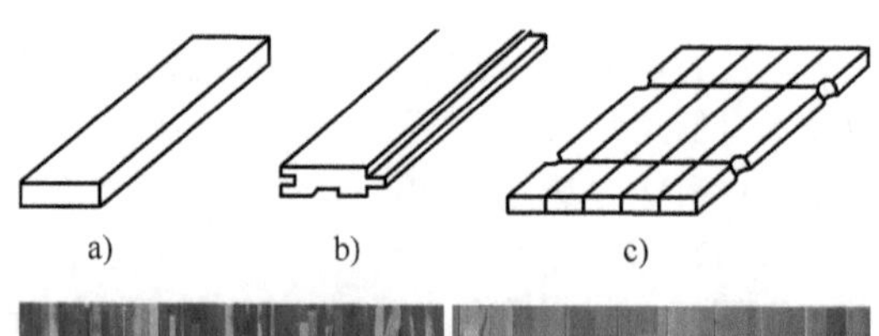

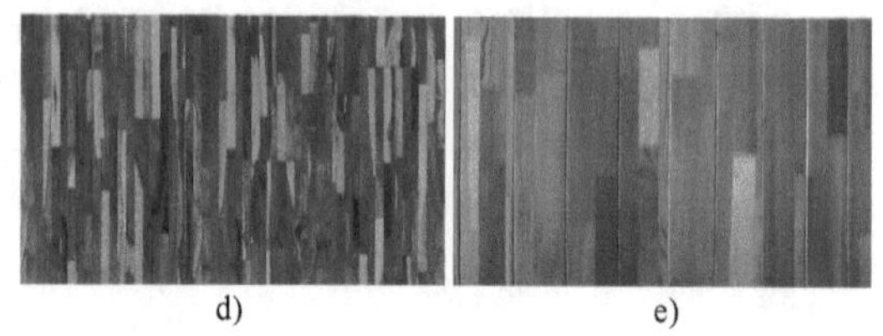

图4-23　实木地板

a）平口实木地板　b）企口实木地板　c）拼花实木地板
d）指接实木地板　e）集成实木地板

实木地板的特点是保持天然材料，材质性温和，脚感好，真实自然，表面涂层光洁，不含有胶黏剂，无污染，脚感是木地板中最舒适的。缺点是干缩湿涨，易变形，保养复杂。

2. 实木复合地板

实木复合地板分为多层实木复合地板和三层复合地板，如图4-24所示。一般规格长度为1200mm、1800mm，宽度为200mm，厚度为6mm、7mm、8mm等。

多层实木地板是以纵横交错排列的多层板为基材，选择优质珍贵木材为面板，经涂树脂胶后在热压机中通过高温高压制作而成。

三层复合地板是以实木拼板或单板为面板，以实木拼板为芯层，以单板为底层的三层结构实木复合地板。面层采用珍贵树种硬木，厚度一般为3.5mm和4mm，既保留了木材的天然纹理，又可经过多次砂磨翻新，确保地板的高档次和长期的使用期。如果面层很薄，表层漆膜损坏后就无法修复，缩短使用寿命。因此，面层板材越厚，耐磨损的时间就长，欧洲三层结构实木复合地板的面层厚度一般要求4mm以上。

由于木材纹理相互垂直胶结，实木复合地板减小了木材的胀缩率，尺寸稳定性比实木好；且花纹天然，质感良好，足感舒适。但是实木复合地板内含有一定甲醛，且易被划破。

3. 强化木地板

强化木地板又称浸渍纸层压木质地板，有三层结构，面层为含有耐磨材料的三聚氰胺树脂浸渍装饰纸，芯层为中、高密度纤维板或刨花板，底层为浸渍酚醛树脂的平衡纸。三层通过合成树脂胶热压而成。强化木地板的耐磨性与尺寸稳定性较好，花纹丰富，清洁方便，阻燃性强，抗静电，防虫蛀，安装简便快捷，但是脚感略硬，如图4-25所示。一般规格长度为1200～1300mm，宽度为191～195mm，厚度为7mm、8mm和12mm。

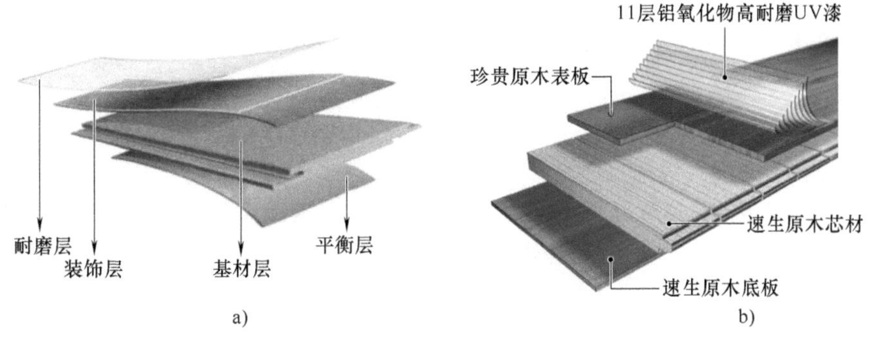

图 4-24 实木复合地板

a）多层实木复合地板 b）三层实木复合地板

强化地板的表层又称耐磨层，是采用极细的 Al_2O_3（俗称刚玉）或 SiO_2 覆盖在透明浸渍纸上，在工艺上既不遮盖装饰纸上的花纹和色泽，又能均匀且细密地附着在装饰纸的表面。强化地板的耐磨性直接取决于其表层 Al_2O_3 或 SiO_2 的用量，普通居室使用的强化地板，其表层 Al_2O_3 的用量多为 32g/m² 或 45g/m²，而用于人流量较大的公共场所的强化地板，其表层 Al_2O_3 的用量达 62g/m²。

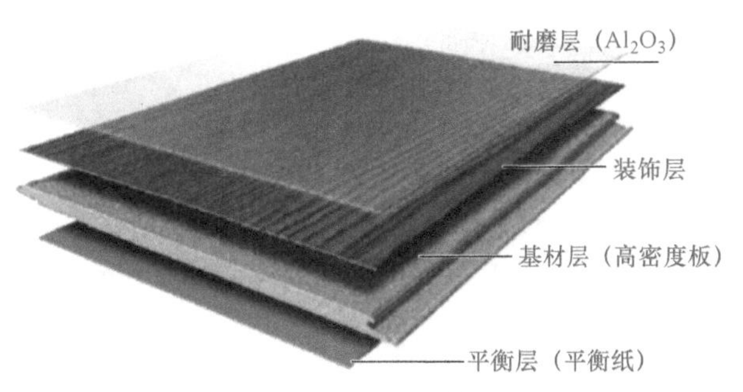

图 4-25 强化木地板

装饰层是用计算机仿真技术制作的印刷纸，可以是模仿各类树种的木纹装饰纸或模仿各种石材的石纹装饰纸或具有其他特殊图案的装饰纸。利用三聚氰胺树脂浸渍过的电脑木纹或图案装饰纸，具有较强的抗紫外线能力，经过长时间照射后不会引起褪色。装饰纸的定量一般在 70 ~ 90g/m²。

强化复合木地板的第三层是基材层即芯层，常采用 7 ~ 8mm 厚的中密度或高密度纤维板（MDF 或 HDF）。中密度纤维板密度需在 800kg/m³ 以上。

强化复合木地板的第四层是平衡层，一般采用具有一定强度的厚纸浸渍三聚氰胺树脂或酚醛树脂，平衡纸定量一般在 120g/m²。平衡纸的主要作用：①使产品具有平衡和稳定的尺寸，防止地板翘曲；②增强抗潮、抗湿性能，可以阻隔来自地面的潮气和水分，从而保护地板不受地面潮湿的影响，进一步强化了底层的防潮功能。

知识链接

竹地板：市面常见竹地板分为三类，包括多层黏接地板、单层侧拼地板和竹木复合地板。三种类型的加工方法不同，在原材料选择要求上也存在很大差异，价格区别很大。竹质薄片多层黏接地板选用的竹子要求相对较低，黏合次数较多，胶黏剂使用量相对较大。单层侧拼地板一般要求选用较粗的竹子经高温压制而成。竹木复合地板面层采用竹子，基层采用木材，所用木材大多为市面价格相对较低的针叶材树种。竹地板共有的特征是材料弹性较好、脚感舒适、表面竹质纹理清晰、色彩淡雅、装饰性强、防潮能力较好等。

软木地板：由阔叶树种——栓皮栎的树皮上采割而获得的“栓皮”。软木地板以栓皮为原料，经过粉碎、热压而成板材，再通过机械设备加工成地板。软木具有特殊的六边形棱柱体细胞结构，软木的特殊结构使其具有低密度、可压缩性、弹性、不透气、不透水、耐油、耐酸、导热系数低、吸振、吸声、摩擦系数大、耐磨等优点。因此软木地板具有质量轻、脚感软、弹性好、绝热、减振、吸声、耐磨等特点，可取代地毯。

4.3 木质装饰制品的选用

4.3.1 人造板材选用

1. 胶合板的选用要点

(1) 游离甲醛释放量

由于胶合板绝大多数是用脲醛树脂作为胶黏剂，因此，其游离甲醛释放量是一个很重要的环保指标，应符合《室内装饰装修材料 人造板及其制品中甲醛释放限量》(GB/T 18580—2001) 中的相关规定。

(2) 应用场所特殊要求

对防火要求高的场合，应选用阻燃胶合板；对防水要求较高的场合，应选用酚醛树脂为胶黏剂的胶合板。应根据设计要求，选择木材的花纹、颜色、纹理及表面油漆。高级装修应选用珍贵木材切片贴压的胶合板；表面处理不露木纹的，可选用一般胶合板。

2. 细木工板的选用要点

细木工板的执行标准为《细木工板》(GB/T 5849—2016)。

(1) 含水率要求

细木工板的含水率应与配用的木材含水率相同或基本接近。

(2) 游离甲醛释放量

选择细木工板产品要验证游离甲醛释放量，必须符合有关国家标准的规定。当直接用于室内时，细木工板游离甲醛释放量应小于等于1.5mg/L；经过饰面处理后方可允许用于室内时，其游离甲醛释放量应小于等于5.0mg/L。

3. 刨花板的选用要点

1) 控制游离甲醛释放量，注意环保要求。直接用于室内萃取（穿孔法）的游离甲醛释放量小于等于9mg/100g。

2) 连接时，不能使用普通木螺钉，而应使用人造板专用螺钉。

3) 刨花板一般用于基材。

4) 刨花板的质量标准应符合《刨花板》(GB/T 4897—2015) 中的相关规定。

4. 纤维板的选用要点

1) 纤维板的应用必须经表面处理。

2) 注意选用环保产品，甲醛释放量应符合《室内装饰装修材料 人造板及其制品中甲醛释放限量》(GB/T 18580—2001) 的相关规定。

3) 硬质纤维板适宜用作面板，中密度纤维板可作基材使用，质量标准应符合相关规定。

4.3.2 木地板的选用

1) 根据工程的档次、使用功能，确定地板的品种后再确定树种、花色、档次、规格，尽量选用知名品牌。注意仔细区分木地板材种。目前市场上木地板的树种繁多，名称也非常混乱。由于木材的生长环境不同，因此，相同树种的材质略有差别，原料价格也不一样，但并非进口的材质就一定比国产材质好。我国树种繁多，资源丰富，许多地区的树种既好，价格也比同类进口的材质低。另外，有的厂家为促进销售，将一些木材冠以珍贵木材的名字诱导消费者，如樱桃木、花梨木、柚木、紫檀等，消费者一定不要为销售商标称的名称所迷惑，要弄清真正的材质，以免出现误解。

2) 实木地板并非越长、越宽就越好，建议选择中短长度的地板，这样的地板不易变形；长度、宽度过大的木地板相对容易变形。

3) 木地板的含水率至关重要，国家标准规定木地板的含水率为8%~13%，所购地板的含水率应与当地平衡含水率一致。一般木地板的经销商应备有含水率测定仪，购买时，先测展厅中选定的木地板含水率，然后再测未开包装的同材种、同规格的木地板的含水率，如果相差在2%以内，则可认为合格。

4）注意比较加工精度。一般木地板开包后可取出10块左右在平地上徒手拼装，观察企口吻合、拼装间隙、相邻板间高度差，严格合缝、手感无明显高度差的地板可用。

5）检查基材质量。先查是否为同一树种，是否混种，地板是否有死节、虫眼、开裂、腐朽、菌变等缺陷。对于小活节和地板的色差不能苛求，由于木地板是天然木制品，客观上存在色差和花纹不均匀的现色，这是无法避免的，无需过分苛求无色差，只要在铺装时注意调整，也许还能带来艺术的美感。

6）强化木地板要按耐磨转数选用，耐磨值分高、中、低三个级别，通常住宅选用6000r以上，公共建筑必须在9000r以上。

7）强化木地板、实木复合地板、竹木地板甲醛含量应符合《室内装饰装修材料　人造板及其制品中甲醛释放限量》（GB/T 18580—2001）的相关规定。

8）不论是实木地板、强化木地板、实木复合地板还是竹木地板，一定要注意漆面质量。选购时，看漆膜是否均匀、饱满、光洁，应注意无气泡、漏漆和孔眼，还要注意耐磨性等。

实训任务

根据各自院校实际情况安排学生对校内及周边建筑物装饰所使用的木质材料进行调查分析。要求上交材料报告必须真实，其中包括木材种类、木制品品牌、型号、规格、特性、外表质感、色泽纹理。

本章小结

本章介绍了木材的基本知识和常见的木质装饰制品。木材的基本知识主要介绍了树木的分类，木材的构造，木材的主要技术性质，包括物理性质和力学性质。常见的木质装饰制品，主要介绍了人造板材的特性，包括胶合板、刨花板、纤维板、细木工板。此外，简单介绍了新型功能木质材料，包括木塑复合材料、重组木、木材－金属复合材料的基本知识。并介绍了实木地板、实木复合地板、强化木地板的特性。最后简单介绍了人造板材与木地板的选用要求。

思考与练习

1. 如何区别木材的三切面？
2. 简述木材细胞中水分的存在状态。
3. 什么是木材的纤维饱和点？对木材的性质有何影响？
4. 木材干缩湿胀有何特性？
5. 胶合板单板组成时应遵循哪些原则？
6. 简述强化木地板组成各层的功能与特性。

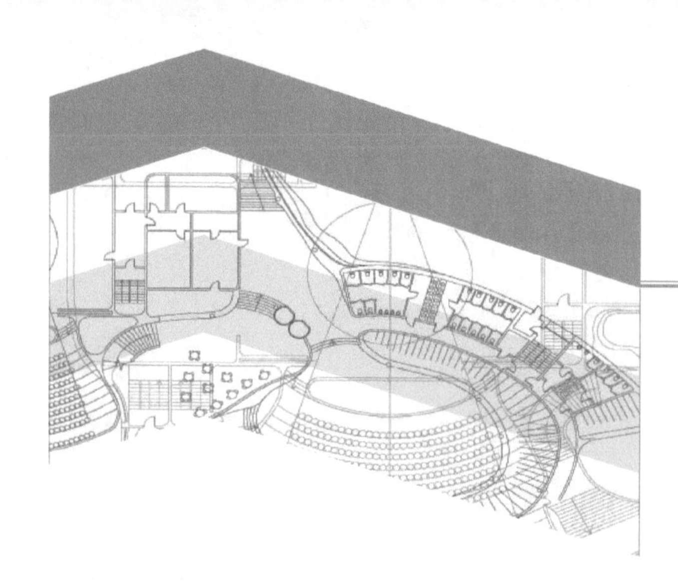

第五章

建筑装饰玻璃

知识目标

通过对本章内容的学习，了解玻璃的组成、性质和玻璃的分类；了解玻璃的原料、生产过程、生产方法；掌握平板玻璃的技术标准和制品的应用；掌握装饰玻璃、安全玻璃、节能玻璃的概念、性能和用途；了解玻璃锦砖、空心玻璃砖、微晶玻璃等玻璃制品的特点及用处。

能力目标

能描述玻璃的化学组成、基本性质与分类以及平板玻璃的种类、规格和用途；能够根据装饰玻璃、节能玻璃、安全玻璃的性质及使用部位正确选用；能够描述空心玻璃砖、玻璃锦砖、微晶玻璃的性能，正确使用相关制品。

玻璃是现代建筑十分重要的室内外装饰材料之一。随着现代建筑发展的需要，玻璃制品由过去单纯采光和装饰功能逐步向光控、温控、节能、降噪以及降低建筑物自重、改善建筑环境、提高建筑艺术等方面综合发展，为现代建筑设计和建筑装饰工程提供了更加宽广的选择余地。玻璃在建筑中的应用常见形式如图5-1所示。

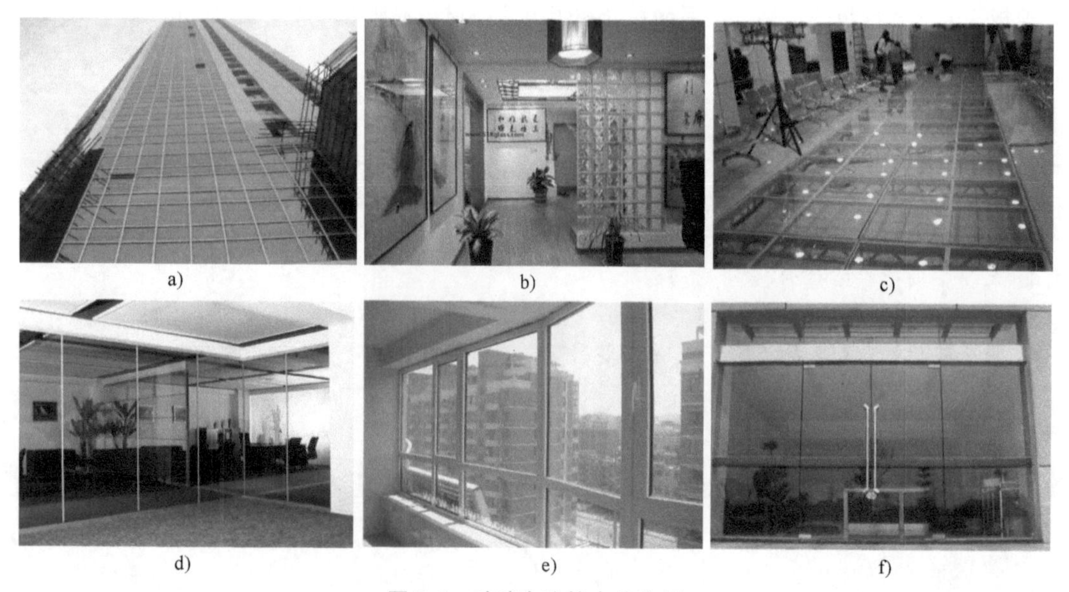

a) b) c) d) e) f)

图5-1 玻璃在建筑中的应用

a）玻璃幕墙 b）玻璃砖隔墙 c）玻璃地面 d）玻璃板隔墙 e）玻璃窗 f）玻璃门

5.1 建筑玻璃的基本知识

5.1.1 玻璃的概念和组成

玻璃是一种具有无规则结构的非晶态固体，没有固定的熔点，在物理和力学性能上表现为均质的各向同性。大多数玻璃都是由矿物原料和化工原料经高温熔融，然后急剧冷却而形成的。在形成的过程中，如加入某些辅助原料如助溶剂、着色剂等，可以改善玻璃的某些性能；如加入某些特殊物料或经过特殊加工，还可以得到具有特殊功能的特种玻璃。

建筑玻璃是以石英砂（SiO_2）、纯碱（Na_2CO_3）、石灰石（Ca_2CO_3）、长石等为主要原料，经1550～1600℃高温熔融、成型、冷却并裁割而得到的有透光性的固体材料，其主要成分是SiO_2（含量72%左右）、Na_2O（含量15%左右）和CaO（含量9%左右），另外还有少量的Al_2O_3、MgO等。这些氧化物在玻璃中起着非常重要的作用，见表5-1。

表5-1 玻璃中主要氧化物的作用

氧化物名称	所起作用	
	增加	降低
SiO_2	熔融温度、化学稳定性、热稳定性、机械强度	密度、热膨胀系数
Na_2O	热膨胀系数	化学稳定性、耐热性、熔融温度、析晶倾向、退火温度、韧性
CaO	硬度、机械强度、化学稳定性、析晶倾向、退火温度	耐热性
Al_2O_3	熔融温度、机械强度、化学稳定性	析晶倾向
MgO	耐热性、化学稳定性、机械强度、退火温度	析晶倾向、韧性

5.1.2 玻璃的基本性质

1. 玻璃的密度

玻璃的密度与其化学组成有关，普通玻璃的密度为2450～2550kg/m^3，其密实度D为1，孔隙率P为0，故可以认为玻璃是绝对密实的材料。

2. 玻璃的力学性质

玻璃的抗压强度高，一般为600～1200MPa，抗拉强度很小，为40～80MPa，故玻璃在冲击作用下易破碎，是典型的脆性材料。性脆是玻璃的主要缺点，脆性大小可用脆性指数（弹性模量与抗拉强度之比）来评定。脆性指数越大，说明玻璃越脆。玻璃的脆性指数为1300～1500（橡胶为0.4～0.6，钢材为400～600，混凝土为4200～9350）。玻璃的弹性模量为60000～75000MPa，莫氏硬度为6～7。

3. 玻璃的光学性质

太阳光由紫外光、可见光、红外光三部分组成。当太阳光照射到玻璃上时，玻璃会对太阳光产生吸收、反射、透射等作用。

（1）吸收

光线通过玻璃后，一部分光通量被玻璃吸收。玻璃对光线的吸收能力用光吸收比表示。光吸收比是指玻璃吸收的光通量与入射光通量的百分比。按入射光的不同光吸收比可分为可见光吸收比、太阳光直接吸收比等。玻璃的光吸收比主要与玻璃的组成、颜色、厚度及光的波长有关。普通无色玻璃对可见光的吸收比较小，但对红外光和紫外光的吸收比较大。各种着色玻璃可透过同色光线而吸收其他颜色光线。用于隔热、防眩作用的玻璃要求既能吸收大量的红外光，同时又能保持良好的透光性。

(2) 反射

光线被玻璃阻挡，按一定角度反射出，称为反射。玻璃对光的反射能力用反射比表示。反射比是指玻璃反射的光通量与入射光通量的百分比。

玻璃的反射比与玻璃的表面有关，而对光的波长没有选择性。普通平板玻璃的反射比较小，为5%~8%；而镀膜玻璃和热反射玻璃的反射比都较大，为15%~48%。用于遮光和隔热的玻璃要求具有较高的反射比。

(3) 透射

光线能透过玻璃的性质称为透射。玻璃透光能力的大小用透射比表示。透射比是指透过玻璃的光通量与入射光通量的百分比。玻璃的透射比是玻璃的重要性质，清洁无色玻璃对可见光的透射比可达85%~90%。玻璃的透射比主要与玻璃的化学组成、颜色、厚度及光的波长有关。同种玻璃厚度越大，透射比越小。无色玻璃的透射比高于着色玻璃和镀膜玻璃的透射比。用于采光照明的玻璃要求具有较高的投射比。

吸收比、反射比和透射比的和为100%。

4. 玻璃的化学性质

玻璃具有较高的化学稳定性，在通常情况下对水、酸以及化学试剂或气体具有较强的抵抗能力，能抵抗除氢氟酸以外的各种酸类的侵蚀。但是长期遭受侵蚀性介质的腐蚀，也能导致变质和破坏，如玻璃的风化和玻璃长期受水汽作用造成的玻璃发霉。

5. 玻璃的热工性质

玻璃是热的不良导体，玻璃的导热率一般为0.75~0.92W/(m . k)，约为铜的1/400。由于玻璃的导热性能差，当玻璃局部受急冷或急热时，不能及时传递到整块玻璃上，使玻璃产生内应力，从而造成破坏。

玻璃抵抗温度变化而不破坏的性能称为热稳定性。玻璃抗急热的破坏能力比抗急冷的破坏能力强，这是因为急热时受热表面产生压应力，而急冷时表面产生拉应力，玻璃的抗压强度远高于抗拉强度。

5.1.3 玻璃的分类

玻璃的品种和分类方式较多，常用的分类方法有以下几种。

1. 按化学组成分类

(1) 钠玻璃

钠玻璃又称钠钙玻璃，主要成分是SiO_2、Na_2O和CaO。它熔点低，易于熔制，由于其所含杂质较多，因此常带有绿色。与其他品种规格相比，钠玻璃的力学性质、热工性质、光学性质及化学稳定性质较差，多用于制造普通建筑玻璃和日用玻璃制品，故又称普通玻璃，如图5-2所示。普通玻璃在建筑工程中应用十分普遍。

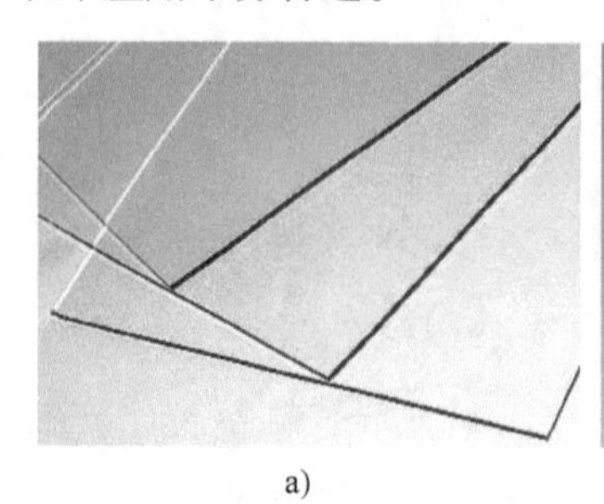

a)

b)

图5-2 钠玻璃

a) 普通玻璃 b) 日用玻璃制品

(2) 钾玻璃

钾玻璃是以K_2O代替钠玻璃中的部分Na_2O，并提高玻璃中SiO_2的含量而制成的。它硬而有光泽，故又称硬玻璃，其性质也较钠玻璃好。钾玻璃多用于制造化学仪器、用具及高级玻璃制品，如图 5-3 所示。

(3) 铝镁玻璃

铝镁玻璃是降低钠玻璃中碱金属和碱土金属氧化物的含量，引入 MgO，并以 Al_2O_3 替代部分 SiO_2 而制成的。它软化点低，析晶倾向弱，力学性质、光学性质和化学稳定性都有所提高，常用于制造高级建筑玻璃，如图 5-4 所示。

(4) 铅玻璃

铅玻璃又称铅钾玻璃或晶质玻璃，由 PbO、K_2O 和少量的 SiO_2 组成。它光泽透明、质软而易加工，对光的折射率和反射性能强，化学稳定性高。铅玻璃密度大，故又称重玻璃。它主要用于制造光学仪器、高级器皿和装饰品等，如图 5-5 所示。

图 5-3 化学仪器用玻璃（钾玻璃）

图 5-4 高级建筑用玻璃（铝镁玻璃）

图 5-5 光学仪器用玻璃（铅玻璃）

(5) 硼硅玻璃

硼硅玻璃又称耐热玻璃，由 B_2O_3、SiO_2 及少量 MgO 组成。它有较好的光泽和透明度，较强的力学性能、耐热性、绝缘性和化学稳定性，主要用于制造高级化学仪器和绝缘材料，如图 5-6 所示。

a)

b)

图 5-6 硼硅玻璃

a) 高级化学仪器 b) 绝缘子

(6) 石英玻璃

石英玻璃用纯 SiO_2 制成，具有很好的力学性质、热工性质，优良的光学性质和化学稳定性，并能透过紫外线，主要用于制造耐高温仪器、杀菌灯等特殊用途的仪器和设备，如图 5-7 所示。

2. 按功能分类

玻璃按功能可分为普通玻璃、装饰玻璃（磨砂玻璃、彩色玻璃、釉面玻璃、压花玻璃、喷花玻璃、刻花玻璃、彩绘玻璃、冰花玻璃、镭射玻璃等）、吸热玻璃、低辐射玻璃、热反射玻璃、隔热玻璃、防火玻璃、安全玻璃、漫射玻璃、镜面玻璃和中空玻璃等。

3. 按用途分类

玻璃按用途可分为建筑玻璃、器皿玻璃、光学玻璃、防辐射玻璃、窗用玻璃和玻璃构件等。

4. 按形状分类

玻璃按形状可分为平面玻璃、曲面玻璃、空心及实心玻璃砖、槽形或 U 形玻璃、玻璃瓦等。

a)

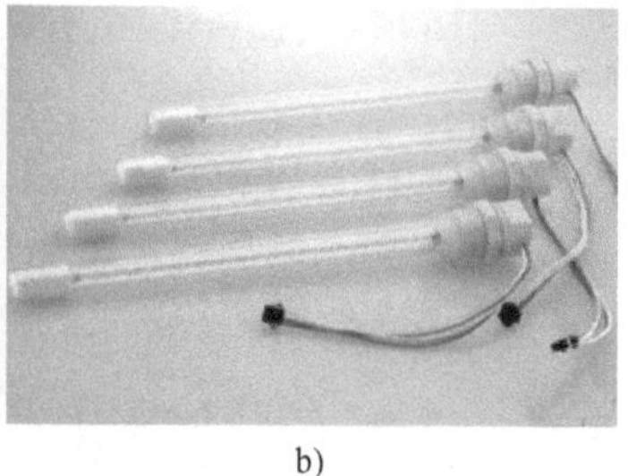
b)

图 5-7 石英玻璃
a）耐高温仪器 b）杀菌灯

实训任务

将学生 4 ~5 人分为一组，每组学生各自去建材市场进行调研，掌握玻璃的组成、基本性质及分类，要求有实训图片及记录，形成实训报告。

5.2 平板玻璃

5.2.1 平板玻璃的概念

平板玻璃是指未经深加工的净片玻璃，也称为白片玻璃、原片玻璃，如图 5-8 所示。按生产方法不同，平板玻璃可分为普通平板玻璃和浮法玻璃。平板玻璃是建筑玻璃中生产量最大、使用最多的一种，主要用于门窗，起采光（可见光透射比为 85% ~ 90%）、围护、保温、隔声等作用，也是进一步深加工成其他技术玻璃的原片。

图 5-8 平板玻璃

5.2.2 平板玻璃的生产方法与工艺

普通平板玻璃的制造方法有许多种，过去常用的方法有垂直引上法、平拉法、对辊法等，现在比较先进的方法是浮法，目前已基本取代其他方法。

浮法工艺是现代最先进的平板玻璃生产方法，具有产量高、质量好、品种多、规模大、生产效率高和经济效益好等优点，所以浮法玻璃生产技术发展得非常迅速，我国是世界上掌握浮法玻璃全部生产技术的少数国家之一。近三十年来，我国的浮法玻璃的产量已远远超过用其他方法生产玻璃的产量。

浮法玻璃的生产过程是将熔融的玻璃熔液，经过流槽砖进入盛有熔融锡液的锡槽中。由于玻璃液的密度较锡液小，玻璃熔液便浮在锡液表面上，在其本身的重力及表面张力的作用下，能均匀地摊平在锡液表面上。同时玻璃的上表面受到高温区的抛光作用，从而使玻璃的两个表面均很平整。然后经过定型、冷却后，进入退火窑退火、冷却，最后经切割成为原片。浮法玻璃的生产工艺如图 5-9 所示，生产线如图 5-10 所示。

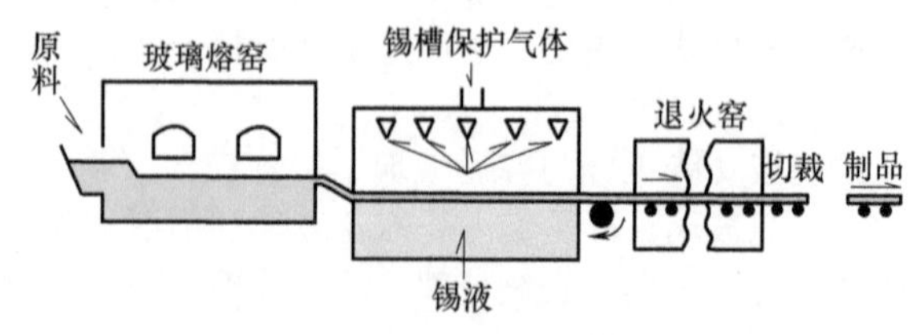

图 5-9 浮法玻璃的生产工艺

图 5-10 浮法玻璃的生产线

5.2.3 平板玻璃的规格

《平板玻璃》(GB 11614—2009) 规定，平板玻璃应裁切成矩形，平板玻璃按公称厚度分为 2mm、3mm、4mm、5mm、6mm、8mm、10mm、12mm、15mm、19mm、22mm、25mm。平板玻璃按外观质量分为合格品、一等品和优等品。

5.2.4 平板玻璃的性能特点

平板玻璃具有隔声和一定的保温性能；抗拉强度远小于抗压强度，是典型的脆性材料；通常情况下，平板玻璃具有较高的化学稳定性，但长期受侵蚀性介质的作用也能导致变质和破坏，如玻璃的风化和发霉都会导致外观的破坏和透光能力的降低；热稳定性较差，急冷急热易发生炸裂。

知识链接

平板玻璃的尺寸偏差，合格品、一等品、优等品的外观质量要求，本体着色平板玻璃可见光透射比、太阳光直接透射比、太阳能总透射比偏差等应符合《平板玻璃》(GB 11614—2009) 的相关规定。平板玻璃对角线差应不大于其平均长度的 0.2%，弯曲度应不超过 0.2%。

5.2.5 平板玻璃的应用

3～5mm 的平板玻璃一般直接用于有框门窗的采光，8～12mm 的平板玻璃可用于隔断、橱窗、无框门。净片玻璃的另外一个重要用途是作为钢化、夹层、镀膜、中空等深加工玻璃的原片。

5.3 装饰玻璃

5.3.1 磨（喷）砂玻璃

磨（喷）砂玻璃又称为毛玻璃，是经研磨或喷砂加工，使表面成为均匀粗糙的平板玻璃，如图 5-11 所示。用硅砂、金刚砂等作研磨材料，加水研磨制成的称为磨砂玻璃；用压缩空气将细砂喷射到玻璃表面而制成的，称为喷砂玻璃。

图 5-11 磨（喷）砂玻璃

由于磨（喷）砂玻璃表面粗糙，使透过的光线产生漫射，只能透光而不透视，作为门窗玻璃可使室内光线柔和，没有刺目之感。磨（喷）砂玻璃一般用于建筑物的卫生间、浴室、办公室等需要隐秘和不受干扰的房间；也可用于室内隔断和作为灯箱透光片使用。磨（喷）砂玻璃作为办公室门窗玻璃使用时，应注意将毛面朝向室内；作为浴室、卫生间门窗玻璃使用时应使其毛面朝外，以避免淋湿或沾水后透明。

磨（喷）砂玻璃一般为工厂产品，也可在现场加工。

5.3.2 彩色玻璃

彩色玻璃又称为有色玻璃或饰面玻璃。彩色玻璃分为透明、半透明和不透明三种。

透明的彩色玻璃是在平板玻璃中加入一定量的金属氧化物作为着色剂，按一般的平板玻璃生产工艺生产而成。彩色平板玻璃常用的金属氧化物着色剂见表5-2。

表5-2 彩色平板玻璃常用的金属氧化物着色剂

颜色	黑色	深蓝色	浅蓝色	绿色	红色	乳白色	桃红色	黄色
氧化物	过量的锰、铁或铬	三氧化二钴	氧化铜	氧化铬或氧化铁	硒或镉	氟化钙或氟化钠	二氧化锰	硫化镉

彩色平板玻璃的颜色有茶色、宝石蓝、海洋蓝、翡翠绿等，如图5-12所示。

图5-12 彩色平板玻璃的颜色

a）茶色 b）宝石蓝 c）海洋蓝 d）翡翠绿

半透明彩色玻璃又称为乳浊玻璃，是在玻璃原料中加入乳浊剂，经过热处理而成的。它不透视但透明，可以制成各种颜色的饰面砖或饰面板。

不透明彩色玻璃又称为饰面玻璃，可以采用在无色玻璃表面上喷涂高分子涂料或粘贴有机膜制得，如图5-13所示。它表面光洁、明亮或漫射无光，具有独特的装饰效果，还可以加工成钢化玻璃。

图5-13 不透明彩色玻璃

彩色平板玻璃可以拼成各种图案，并有耐腐蚀、抗冲刷、易清洗等特点，主要用于建筑物的内外墙、门窗装饰及对光线有特殊要求的部位。

5.3.3 釉面玻璃

釉面玻璃是指在按一定尺寸裁切好的玻璃表面上涂敷一层彩色易熔的釉料，经过烧结、退火或钢化等热处理，使釉层与玻璃牢固结合而制成的具有美丽的色彩或图案的玻璃制品，如图 5-14 所示。

图 5-14 釉面玻璃

釉面玻璃基片一般为平板玻璃，其特点为耐酸、耐碱、耐磨、耐水、图案精美、不褪色、不掉色、易于清洗、可按用户的要求或艺术设计图案制作。

釉面玻璃具有良好的化学稳定性和装饰性，可用于食品工业、化学工业、商业、公共食堂等的室内饰面层，以及一般建筑物门厅和楼梯间的饰面层和建筑物外饰面层，特别适用于防腐、防污要求较高部位的表面装饰。

5.3.4 压花玻璃

压花玻璃又称为花纹玻璃或滚花玻璃。压花玻璃有一般压花玻璃、彩色膜压花玻璃、真空镀膜压花玻璃等。

一般压花玻璃是在玻璃成型过程中，使塑性状态的玻璃带通过一对刻有图案花纹的辊子，对玻璃的表面连续压延而成。如果一个辊子带花纹，则生产出单面压花玻璃；如果两个辊子都带有花纹，则生产出双面压花玻璃。在压花玻璃有花纹的一面，用气溶胶对玻璃表面进行喷涂处理，玻璃可呈浅黄色、浅蓝色、橄榄色等。经过喷涂处理的压花玻璃立体感强，而且强度可提高50%～70%。压花玻璃由于表面凹凸不平使光线产生漫反射，因而压花玻璃具有透光而不透视的特点，并且呈低透光度，透光率为 60%～70%。同时其花纹图案多样，因此具有良好的装饰性，如图 5-15 所示。

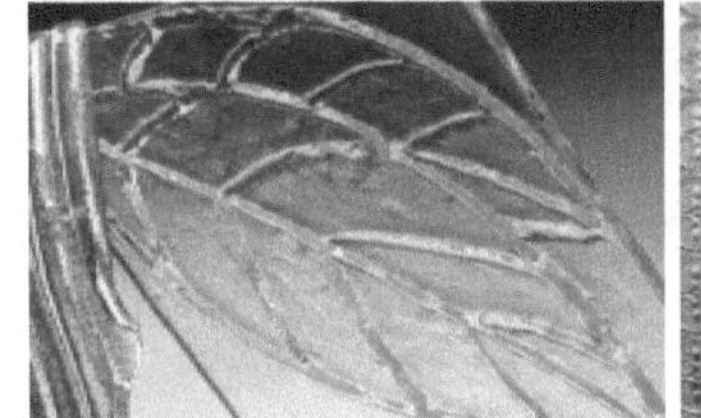

图 5-15 一般压花玻璃

彩色膜压花玻璃是采用有机金属化合物或无机金属化合物进行热喷涂而成。彩色膜的色泽、坚固性、稳定性均较好，如图 5-16 所示。彩色膜压花玻璃具有良好的热反射能力，而且花纹图案的立体感比一般的压花玻璃和彩色玻璃更强，给人们一种富丽堂皇的华贵艺术感觉。彩色膜压花玻璃适用于宾馆、饭店、餐厅、酒吧、浴室、游泳池、卫生间以及办公室、会议室的门窗和隔断等（图5-17），也可用来加工屏风、灯具等工艺品和日用品。

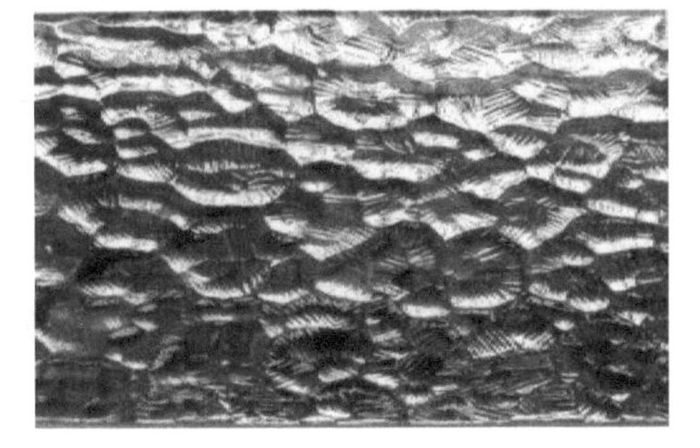

图 5-16 彩色膜压花玻璃

真空镀膜压花玻璃是经真空镀膜加工制成，给人以一种素雅、美观、清新的感觉，如图 5-18 所示。压花玻璃的花纹的立体感强，具有一定的反光性能，是一种良好的室内装饰材料。一般场所使用压花玻璃时可将其花纹面朝向室内；作为浴室、卫生间门窗玻璃时应注意其花纹面朝外。

图 5-17　压花玻璃的应用

图 5-18　真空镀膜压花玻璃

5.3.5　喷花玻璃

喷花玻璃又称为胶花玻璃，是在平板玻璃表面贴以图案，抹以保护面层，经喷砂处理而成。喷砂后形成透明与不透明相间的图案，如图 5-19 所示。喷花玻璃给人以高雅、美观的感觉，适用于室内门窗、隔断和采光。

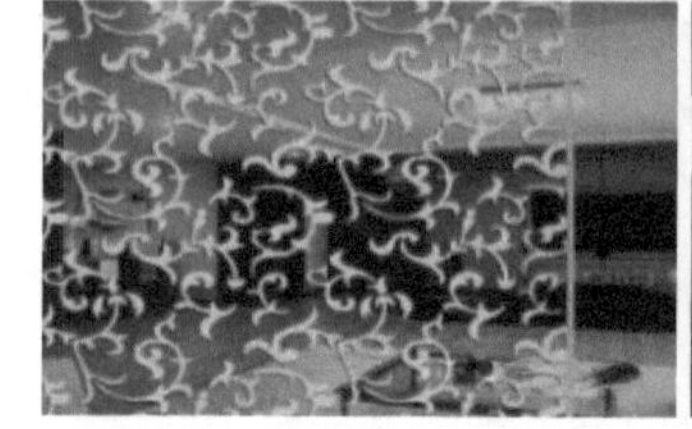

图 5-19　喷花玻璃

5.3.6　刻花玻璃

刻花玻璃是由平板玻璃经涂漆、雕刻、围蜡与酸蚀、研磨而成，如图 5-20所示。图案的立体感非常强，似浮雕一般，在室内灯光的照耀下，更是熠熠生辉。刻花玻璃主要用于高档场所的室内隔断或屏风。

图 5-20　刻花玻璃

5.3.7　彩绘玻璃

彩绘玻璃又称为喷绘玻璃，它是使用特殊颜料直接着色于玻璃，或者在玻璃上喷雕成各种图案再加上色彩制成的，可逼真地复制原图，而且画膜附着力强、耐候性好，可进行擦洗，如图 5-21所示。

图 5-21　彩绘玻璃

5.3.8　冰花玻璃

冰花玻璃是一种由平板玻璃经特殊处理形成的具有自然冰花纹理的玻璃，如图 5-22 所示。冰花玻璃对通过的光线有漫射作用，如用作门窗玻璃，犹如蒙上了一层纱帘，看不清室内的景物，却有着良好的透光性能，具有良好的艺术装饰效果。冰花玻璃具有花纹自然、质感柔和、透光不透明、视感舒适等特点。

图 5-22　冰花玻璃

冰花玻璃可用无色平板玻璃制造，也可用茶色、蓝色、绿色等彩色玻璃制造。冰花玻璃的装饰效果优于压花玻璃，给人以典雅清新之感，是一种新型的室内装饰玻璃。冰花玻璃可用于宾馆、酒楼、饭店、酒吧等场所的门窗、隔断、屏风和家庭装饰。

5.3.9　镜面玻璃

镜面玻璃即镜子，是指玻璃表面通过化学（银镜反应）或物理（真空镀铝）等方法形成反射率极强的镜面反射的玻璃制品。为提高装饰效果，在镀镜之前可对原片玻璃进行彩绘、磨刻、喷砂、化学蚀刻等加工，形成具有各种花纹图案或精美字画的镜面玻璃。

一般的镜面玻璃具有三层或四层结构；三层结构的面层为玻璃，中间层为镀铝膜或镀膜，底层为镜背漆；四层结构为玻璃、Ag、Cu、镜背漆。高级镜子在镜背漆之上加一层防水能增强对潮湿环境的抵抗能力，提高耐久性。

在装饰工程中，常利用镜子的反射、折射来增加空间感和距离感，或改变光照效果。常用的镜子有以下几种。

1. 明镜

明镜为全反射镜，用作化妆台、壁面镜屏。一般厚度为 2mm、3mm、5mm、6mm、8mm，前四种厚度用得最多。顶棚及柜门要用 2mm、3mm 厚的镜子，如用 5mm 厚的镜子要多加贴布以防滑落，并用金属栓或压条补强。大片质轻而薄的镜子较易变形，故化妆台或墙壁面宜用 5mm、6mm 厚的镜子，如图 5-23 所示。

图 5-23　明镜

2. 墨镜

墨镜也称黑镜，呈黑灰色，其颜色可分为深黑灰、中黑灰、浅黑灰。墨镜是在玻璃表面镀一层 Phs 膜而制成的，特点是反射率低，即使是在灯光照射下也不至于太刺眼，有神秘的气氛感。墨镜一般用于餐厅、咖啡厅、商店、旅馆等的顶棚、墙壁或隔屏等，如图 5-24 所示。墨镜在施工前应擦拭干净，才可检查镜面是否有瑕疵，若有小瑕疵可用报纸擦拭，再用黑色油性签字笔涂刷刮痕处即可。

3. 彩绘镜、雕刻镜

制镜时，于镀膜前在玻璃表面上绘出要求的彩色花纹图案，镀膜后即成为彩绘镜（图 5-25）。如果镀膜前对玻璃原片进行雕刻，则可制得雕刻镜（图 5-26）。

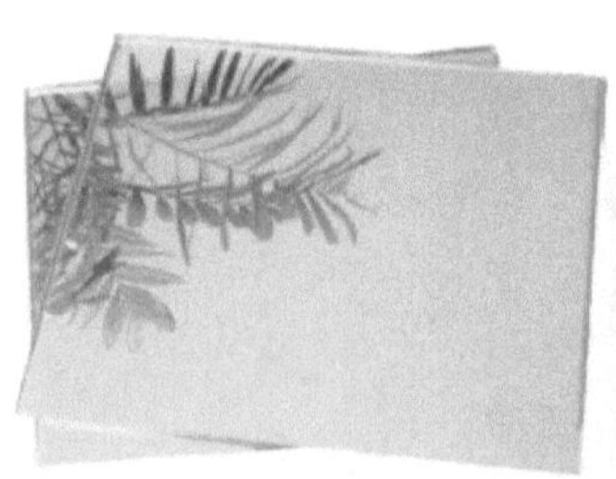

图 5-24 墨镜

图 5-25 彩绘镜

图 5-26 雕刻镜

5.3.10 镭射玻璃

镭射玻璃又称为全息玻璃或镭射全息玻璃，是一种应用最新全息技术开发而成的创新装饰玻璃产品。在玻璃或透明有机涤纶薄膜上涂敷一层感光层，利用激光在其上刻划出任意的几何光栅或全息光栅，镀上铝或银再涂上保护漆，这就制成了镭射玻璃。它在光线照射下，能形成衍射的彩色光谱，而且随着光线的入射角或人眼观察角的改变而呈现出变幻多端的迷人图案。在同一块玻璃上可形成上百种图，使普通玻璃在白光条件下出现五光十色的三维立体图像，如图 5-27 所示。

图 5-27 镭射玻璃

镭射玻璃的特点：当它处于任何光源的照射下，都将因衍射的作用而产生色彩的变化，而且在同一受光点或受光面而言，加上玻璃本身的色彩及射入的光源，致使无数小透镜形成多次棱镜折射，从而产生五彩缤纷的光辉。镭射玻璃是国际上刚刚兴起的一种新型装饰玻璃，有着较高的装饰效果，是其他材料无法比拟的。

镭射玻璃适用于酒店、宾馆及各种商业、文化娱乐厅、办公楼、写字间、大堂等的装饰装修及家庭居室的美化，如内墙面、柱面、艺术屏风等。曲面镭射玻璃可制成大面积夹层玻璃幕墙、住宅屋顶、灯饰装饰品等。

5.4 节能装饰型玻璃

门窗是建筑节能的薄弱环节和关键部位，节能玻璃在一定程度上降低了门窗的耗能。所谓节能玻璃实际上是玻璃除传统的采光功能外，还具有一定的保温、隔热、隔声等功能。目前建筑上常用的节能装饰型玻璃有吸热玻璃、热反射玻璃和中空玻璃等。

5.4.1 吸热玻璃

1. 吸热玻璃的概念

吸热玻璃是一种能控制阳光中热能透过的玻璃，能吸收大量红外线、近红外线辐射能，并保持较高可见光透过率的平板玻璃。吸热玻璃通常带有一定的颜色，所以也称为着色玻璃，如图 5-28 所示。生产吸热玻璃的方法有两种：一是在普通玻璃的原料中加入一定量的有吸热性能的着色剂；另一种是在平板玻璃表面喷镀一层或多层金属或金属氧化物薄膜而制成。

图 5-28　吸热玻璃

2. 吸热玻璃的性能特点

与普通玻璃相比，吸热玻璃具有以下特点：

1）能吸收一定量的太阳辐射热。吸热玻璃主要是遮蔽辐射热，其颜色和厚度不同，对太阳的辐射热吸收程度也不同。一般来说，吸热玻璃只能通过大约 60% 的太阳辐射热。

2）吸收太阳的可见光。吸热玻璃比普通玻璃吸收的可见光要多得多。6mm 厚的古铜色着色玻璃吸收太阳的可见光是同样厚度的普通玻璃的 3 倍。这一特点能使透过玻璃的光线变得柔和，能有效地改善室内色泽。

3）能吸收太阳的紫外线。吸热玻璃能有效地防止紫外线对室内家具、日用器具、商品、档案资料与书籍等的褪色和变质。

4）具有一定的透明度，能清晰地观察室外景物。

5）色泽经久不变，能增加建筑物的外形美观。

3. 吸热玻璃的应用

吸热玻璃可用于既有采光要求又有隔热要求的建筑门窗及外墙，一般多用作建筑物的门窗或玻璃幕墙，如图5-29 所示。此外它还可以按不同的用途进行加工，制成磨光、夹层、中空玻璃等。

图 5-29　吸热玻璃的应用

5.4.2 热反射玻璃

1. 热反射玻璃的概念

热反射玻璃是由无色透明的平板玻璃镀覆一层或多层诸如铬、钛或不锈钢等金属或其化合物组成的薄膜而制得，又称为镀膜玻璃或阳光控制膜玻璃，如图 5-30 所示。生产这种镀膜玻璃的方法有热分解法、喷涂法、浸涂法、金属离子迁移法、真空镀膜、真空磁控溅射法、化学浸渍法等。

2. 热反射玻璃的性能特点

与普通平板玻璃相比，热反射玻璃具有以下特点：

1）对光线的反射和遮蔽作用，又称为阳光控制能力。镀膜玻璃对可见光的透过率可控制在20%～65%的范围内，它对太阳光中热作用强的红外线和近红外线的反射率高达30%以上，而普通玻璃只有7%～8%。这种玻璃可在保证室内采光柔和的条件下，有效地屏蔽进入室内的太阳辐射能。

2）热反射玻璃的镀膜层具有单向透视性。在装有热反射玻璃幕墙的建筑里，白天人们从室外（光线强烈的一面）向室内（光线暗弱的一面）看去，由于热反射玻璃的镜面反射特性，看到的是街道上流动着的车辆和行人组成的街景，而看不到室内的人和物，但从室内可以清晰地看到室外的景色。夜间正好相反。

3）热反射玻璃具有强烈的镜面效应，因此也称为镜面玻璃。用这种玻璃作玻璃幕墙，可将周围的景观及天空的云彩映射在幕墙之上，构成一幅绚丽的图画，使建筑物与自然环境达到完美和谐，如图5-31所示。

图5-30　热反射玻璃

图5-31　热反射玻璃的镜面效应

3. 热反射玻璃的应用

热反射玻璃可用作建筑门窗玻璃、幕墙玻璃，还可以用于制作高性能中空玻璃。热反射玻璃是一种较新的材料，具有良好的节能和装饰效果，但在使用时应注意，如果镀膜玻璃幕墙使用不恰当或使用面积过大也会造成光污染，影响环境的和谐。单面镀膜玻璃在安装时，应将膜层面向室内，以提高膜层的使用寿命和取得节能的最佳效果。

5.4.3　低辐射玻璃

低辐射玻璃是镀膜玻璃的一种，是对波长4.5～25μm的红外线有较高的反射比的镀膜玻璃，也称Low-E玻璃（Low-E coated glass）。它可以使70%以上的太阳可见光和近红外光透过，有利于自然采光，节省照明费用。玻璃的镀膜对阳光中和室内物体所辐射的热射线均可有效阻挡，因而可使室内夏季凉爽而冬季则有良好的保温效果，总体节能效果明显。此外，低辐射膜玻璃还具有较强的阻止紫外线透射的功能，可以有效地防止室内陈设物品、家具等受紫外线照射产生老化、褪色等现象。

知识链接

低辐射玻璃的尺寸偏差、外观质量、光学性能、颜色均匀性，辐射率、耐磨性、耐酸性、耐碱性应符合《镀膜玻璃　第2部分：低辐射镀膜玻璃》（GB/T 18915.2—2013）的相关规定。

低辐射镀膜玻璃一般不单独使用，往往与普通平板玻璃、浮法玻璃、钢化玻璃等配合，制成高性能的中空玻璃。由于低辐射镀膜玻璃具有良好的太阳光取暖效果和保温效果，因此特别适合用于制作寒冷地区的建筑门窗等，它可明显提高室内温度，降低采暖费用。

5.4.4　中空玻璃

1. 中空玻璃的结构

中空玻璃是由两片或多片平板玻璃用边框隔开，中间充以干燥的空气或惰性气体，四周边缘部分用胶结或焊接方法密封而成的，如图5-32所示。为防止空气结露，边框内常放有干燥剂。中空玻璃按玻璃层数，有双层和多层之分，一般是双层结构。

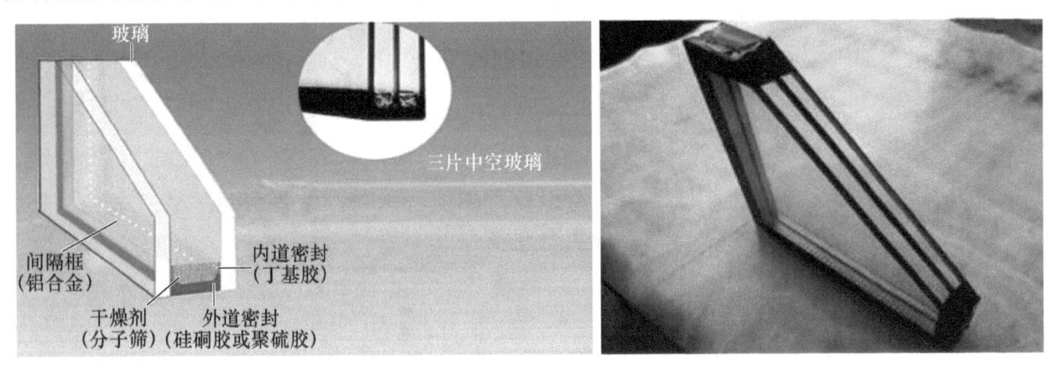

图5-32 中空玻璃的构造

制作中空玻璃的原片可采用平板玻璃、镀膜玻璃、夹层玻璃、钢化玻璃、防火玻璃和压花玻璃等，所用玻璃应符合相应标准要求。《中空玻璃》（GB/T 11944—2012）规定，按形状中空玻璃分为平面中空玻璃和曲面中空玻璃；按中空腔内气体不同可分为普通中空玻璃（中空腔内为空气的中空玻璃）和充气中空玻璃（中空腔内冲入氩气、氪气等气体的中空玻璃）。

2. 中空玻璃的性能特点

(1) 光学性能

中空玻璃的光学性能取决于所用的玻璃原片，由于中空玻璃所选用的玻璃原片可具有不同的光学性能，因此制成的中空玻璃的可见光透过率、太阳能反射率、吸收率及色彩可在很大范围内变化，从而满足建筑设计和装饰工程的不同要求。

(2) 热工性能

由于中空玻璃的中间有真空或惰性气体，所以它比单层玻璃具有更好的保温隔热性能。如厚度为3~12mm的无色透明玻璃，其传热系数为6.5~9.5W/(m^2·K)，而以6mm厚玻璃为原片，玻璃间隔（即空气层厚度）为6mm和9mm的普通中空玻璃，其热导率分别为3.4W/(m^2·K)和3.1W/(m^2·K)，可见热导率减少了一半。由双层低辐射玻璃制成的高性能中空玻璃，隔热保温性能更佳，尤其适用于寒冷地区和需要保温隔热、降低采暖能耗的建筑物。

(3) 防结露功能

建筑物外维护结构结露的原因一般是在室内一定的相对湿度下，当玻璃表面达到某一温度时，出现结露，直至结霜（0℃以下），这一结露的温度称为露点。玻璃结露后将严重地影响透视和采光，并引起其他不良效果。由于中空玻璃内部存在着可以吸附水分子的干燥剂，气体是干燥的，在温度降低时，中空玻璃的内部也不会产生凝露的现象，同时，在中空玻璃的外表面结露点也会升高。

(4) 隔声性能

中空玻璃具有良好的隔声性能，一般可使噪声下降30~40dB，即能将街道汽车噪声降低到学校安静教室的程度。

(5) 装饰性能

由于中空玻璃是由各种原片玻璃制成，所以具有品种繁多、色彩鲜艳等优点，其装饰效果好。

(6) 安全性

在使用相同厚度的原片玻璃的情况下，中空玻璃的抗风压强度是单片玻璃的1.5倍。

知识链接

中空玻璃的密封性、结露性、耐紫外线照射、耐气候循环和高温、湿循环等性能及尺寸允许偏差必须符合《中空玻璃》（GB/T 11944—2012）的规定。

3. 中空玻璃的应用

由于国家强制实行建筑节能，中空玻璃又是较好的节能材料，现已被广泛地应用于严寒地区、寒冷地区和夏热冬冷地区建筑的门窗、外墙等。

中空玻璃是在工厂按尺寸生产的，现场不能切割加工。

实训任务

将学生4～5人分为一组，每组学生去建材市场进行调研，掌握常见节能玻璃的种类、性能及应用，要求有实训图片及记录，形成实训报告。

5.5 安全玻璃

安全玻璃是指与普通玻璃相比，力学强度高，抗冲击能力好，击碎时碎块不会伤人，防盗、防火等若干方面特性显著的玻璃。安全玻璃的主要品种有钢化玻璃、夹丝玻璃、夹层玻璃和防火玻璃。根据生产时所用的玻璃原片不同，安全玻璃也可具有一定的装饰效果，如图5-33所示。

a)

b)

图5-33 安全玻璃

a）玻璃栏板 b）玻璃楼梯

5.5.1 钢化玻璃

钢化玻璃又称为强化玻璃，它具有较高的抗弯强度和抗冲击能力，克服了普通玻璃性脆、易碎的最大缺陷。钢化玻璃是平板玻璃的二次深加工产品。

1. 钢化玻璃的分类

钢化玻璃按生产方法分为物理钢化玻璃和化学钢化玻璃两种。

物理钢化又称为淬火钢化，它是将普通玻璃在加热炉中加热到接近玻璃软化点温度保持一段时间，使之消除内应力，之后移出加热炉并立即用多头喷嘴向玻璃吹以常温空气使之迅速均匀冷却，冷却到室温后即成为高强度的钢化玻璃。物理钢化玻璃强度提高是因为在受到突然冷却时，玻璃的两个表面先冷却硬化，当玻璃内部逐渐冷却并产生收缩时，已硬化的两个表面对内部收缩起到阻止作用，从而在玻璃的两个表面产生压应力，而在内部产生拉应力，但玻璃内部无缺陷存在不会造成破坏，从而达到了提高玻璃强度的目的。

物理钢化玻璃表面的预加压应力分布均匀，一旦发生局部破损即会引起应力重分布，从而导致钢化玻璃在顷刻间破碎成无数无尖锐棱角的小颗粒，但可避免因碎片飞溅引起的人身伤害，故属于安全玻璃。物理钢化玻璃不能进行现场切割，必须按要求的尺寸向厂家定做加工。

化学钢化玻璃是通过改变玻璃表面的化学组成来提高玻璃强度的方法制得的。化学钢化一般是应用离子交换法进行，其方法是将含碱金属离子钠（Na^+）或钾（K^+）的酸盐玻璃，浸入到熔融状态的锂（Li^+）盐中，使玻璃表层的Na^+或K^+与Li^+发生交换，在表面形成Li^+离子交换层，由于Li^+的膨胀系数小于Na^+和K^+，从而在冷却过程中造成外层收缩小，而内层收缩较大的情况，当冷却到常温后，玻璃便处于内层受拉应力，外层受压应力的状态，其效果类似于物理钢化玻璃，因此也就提高了玻璃的强度。

国家标准《建筑用安全玻璃　第2部分：钢化玻璃》（GB 15763.2—2005）规定：钢化玻璃按生产工艺分类可分为垂直法钢化玻璃（在钢化过程中采取夹钳吊挂的方式生产出来的钢化玻璃）和水平法钢化玻璃（在钢化过程中采取水平辊支撑的方式生产出来的钢化玻璃）。

钢化玻璃按形状可分为平板钢化玻璃和曲面钢化玻璃，如图5-34所示。

a)

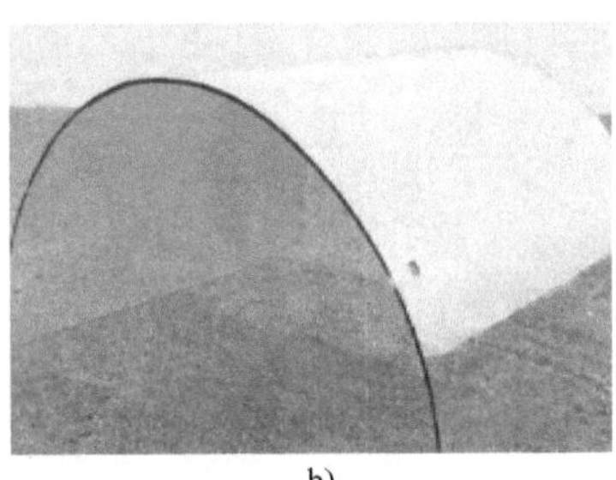
b)

图5-34　钢化玻璃

a）平板钢化玻璃　b）曲面钢化玻璃

2. 钢化玻璃的性能特点

（1）机械强度高

钢化玻璃抗折强度可达125MPa以上，比普通玻璃大4~5倍；抗冲击强度也很高，用钢球法测定时，0.8kg的钢球从1.2m的高度落下，玻璃可保持完好。

（2）安全性好

经过物理钢化的玻璃，一旦局部破损，便发生“应力崩溃”现象，破裂成无数的玻璃小块，这些玻璃碎片因块小且没有尖锐棱角，所以不宜伤人，因此成为应用广泛的安全玻璃。

（3）弹性好

钢化玻璃的弹性比普通玻璃大得多，如一块1200mm×350mm×6mm的钢化玻璃，受力后可发生高达100mm的弯曲度，当外力撤除后，仍能恢复原状，而普通玻璃的弯曲变形只能有几毫米。

（4）热稳定性好

钢化玻璃强度高，热稳定性好，在受急冷急热作用时，不易发生炸裂。这是因为钢化玻璃表层的压应力可抵消一部分因急冷急热面产生的拉应力。钢化玻璃耐热冲击，最大安全工作温度为288℃，能承受204℃的温度变化，故可用于高温环境下的门窗、隔断等处。

（5）可发生自爆

钢化程度高的物理化玻璃，内应力很高，在偶然因素作用下内应力的平衡状态会产生瞬间失衡而自动破坏，称为钢化玻璃的自爆。

知识链接

钢化玻璃的尺寸偏差、抗冲击性、碎片状态、霰弹袋冲击性能、外观质量要求等均应符合《建筑用安全玻璃　第2部分：钢化玻璃》（GB 15763.2—2005）的相关规定。平面钢化玻璃的弯曲度，弓形时应不超过0.3%，波形时应不超过0.2%；表面应力不应小于90MPa；钢化玻璃应耐200℃温差不破坏。

3. 钢化玻璃的应用

由于钢化玻璃具有较好的机械性能和热稳定性，所以在建筑工程、交通及其他领域内得到了广泛的应用。平面钢化玻璃常用于建筑物的门窗、隔墙、幕墙及橱窗、家具等，曲面钢化玻璃常用于汽车、火车、船舶、飞机等方面。

钢化玻璃采用平板玻璃作为原片，也可使用吸热玻璃、彩色玻璃、压花玻璃等作为原片，制作出有特殊功能的钢化玻璃。使用时应注意的是钢化玻璃不能切割、磨削，边角亦不能碰击挤压，需按现成的尺寸规格选用或提出具体设计图样进行加工定制。用于大面积玻璃幕墙的玻璃在钢化程度上要予以控制，即其应力不能过大，以避免受风荷载引起振动而自爆。

5.5.2 夹丝玻璃

1. 夹丝玻璃的概念

夹丝玻璃也称钢丝玻璃，是玻璃内部夹有金属丝网的玻璃，如图 5-35 所示。生产时将平板玻璃加热到红热状态，再将预热的金属丝网压入而制成夹丝玻璃；或在压延法生产线上，当玻璃液通过两压延辊的间隙成型时，送入经过预热处理的金属丝网，使其平行地压在玻璃板中而制成夹丝玻璃。由于金属丝与玻璃黏结在一起，而且受到冲击荷载作用或温度剧变时，玻璃裂而不散，碎片仍附在金属丝上，避免了玻璃碎片飞溅伤人，因而其属于安全玻璃。

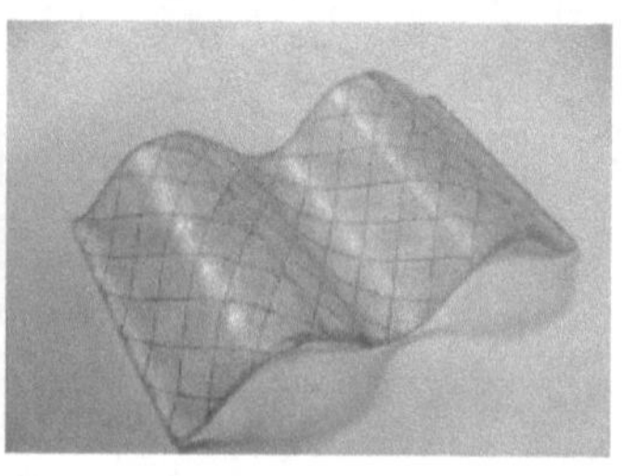

图 5-35　夹丝玻璃

2. 夹丝玻璃的性能特点

1）安全性和防火性。夹丝玻璃在遭受冲击或温度剧变时，由于金属丝网的存在，破而不缺，裂而不散，能避免带尖锐棱角的玻璃碎片飞出伤人，并仍能隔绝火焰，起到防火作用，具有良好的安全性和防火性。

2）强度低。夹丝玻璃中金属丝网的存在降低了玻璃的匀质性，因而夹丝玻璃的抗折强度和抗冲击能力与普通玻璃基本一致，或有所下降。特别是在切割处其强度约为普通玻璃的 50%，使用时应注意。

3）耐急冷急热性能差。因金属丝网与玻璃的热膨胀系数和导热系数相差较大，故夹丝玻璃在受到温度剧烈作用时会因两者的热性能相差较大而产生开裂、破损。因夹丝玻璃耐极冷极热性较差，故其不易用于两面温差较大、局部受冷热交替作用的部位，如冬季室外冰冻、室内采暖，或夏季暴晒、暴雨外门窗处，以及火炉或暖气罩附近等。

4）因对夹丝玻璃的切割会造成丝网边缘外漏，容易锈蚀。外漏丝网锈蚀后会沿着丝网逐渐向内部延伸，锈蚀物体积增大将玻璃胀裂，呈现出自边而上的弯弯曲曲的裂纹。故夹丝玻璃切割后，切口处应做防锈处理，以防锈裂，同时还应防止水进入门窗框槽内。

知识链接

夹丝玻璃所用的金属丝网和金属丝线分为普通钢丝和特殊钢丝两种。普通钢丝的直径为 0.4mm 以上，特殊钢丝的直径为 0.3mm 以上。夹丝玻璃应采用经过处理的点焊金属丝网。夹丝玻璃的外观质量如气泡、花纹变形、异物、裂纹等均应符合《夹丝玻璃》[JC 433—1991(1996)] 的相关规定。优等品夹丝玻璃的金属丝应完全夹入玻璃内，不允许金属网脱焊，不允许断线，不允许有接头。

3. 夹丝玻璃的应用

夹丝玻璃分为夹丝压花玻璃和夹丝磨光玻璃两类，夹丝玻璃应用于建筑的天窗、采光屋顶、阳台及有防盗、防抢功能要求的营业柜台的遮挡部位。当夹丝玻璃用作防火玻璃时，要符合相应耐火极限的要求。

夹丝玻璃可切割，当切割时玻璃已断，金属丝仍相互连接，需要反复折多次才能掰断。此时要特别小心，防止两块玻璃互相在边缘挤压，造成微小缺口或裂口，引起使用时破损。也可采用双刀切法，即用玻璃刀相距5～10mm平行切两刀，将两个刀痕之间的玻璃用锐器小心敲碎，然后用剪刀剪断金属丝，将玻璃分开。断口处裸露的金属丝要做防锈处理，以防锈蚀造成体积膨胀引起玻璃“锈裂”。

5.5.3 夹层玻璃

1. 夹层玻璃的概念

夹层玻璃是由两片或多片玻璃之间夹透明、有弹性、黏结力强、耐穿透性好的薄膜中间层，一般为PVB（聚乙烯醇缩丁醛）、EVA（乙烯-聚醋酸乙烯共聚物），经过特殊的高温预压（或抽真空）及高温高压工艺处理后，使玻璃和中间膜永久黏合为一体的复合玻璃产品，如图5-36所示。用于生产夹层玻璃的原片可以是平板玻璃、夹丝玻璃、钢化玻璃、彩色玻璃、表面改性（如镀膜）玻璃等。

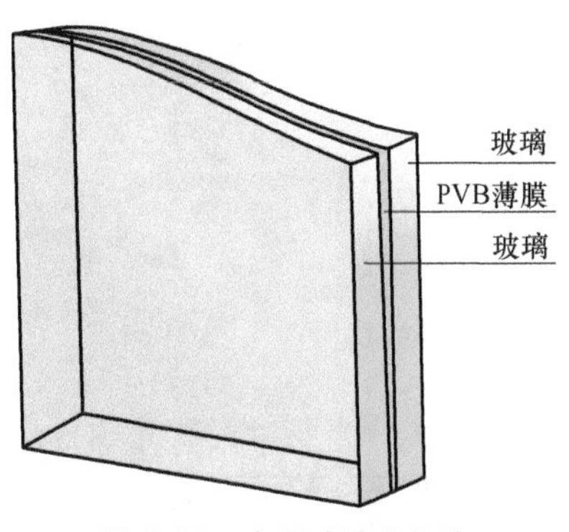

图5-36 夹层玻璃的构造

2. 夹层玻璃的性能特点

夹层玻璃的透明度好，抗冲击性能要比一般平板玻璃高好几倍。用多层普通玻璃或钢化玻璃复合起来，可制成防弹玻璃。由于PVB胶片的黏合作用，玻璃即使破碎时，碎片也不会飞散伤人，如图5-37所示。通过采用不同的原片玻璃，夹层玻璃还可具有耐久、耐热、耐湿、耐寒等性能。

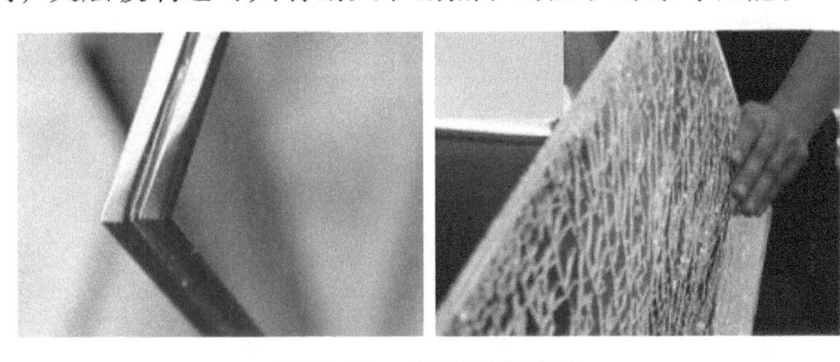
图5-37 夹层玻璃破碎

知识链接

建筑用夹层玻璃尺寸偏差、可见光透射比、可见光反射比、抗风压性能、耐热性、耐湿性、耐辐照性、落球冲击剥离性、耐霰弹袋冲击性能等均应符合《建筑用安全玻璃 第3部分：夹层玻璃》（GB 15763.3—2009）的相关规定。平面夹层玻璃的弯曲度，弓形时应不超过0.3%，波形时应不超过0.2%。原片材料使用有非无机玻璃时，弯曲度由供需双方商定。

夹层玻璃的外观质量要求：不允许存在裂纹，爆边长度或宽度不得超过玻璃的厚度，存在的划伤和磨伤应不影响使用，不允许存在脱胶、起泡、中间层杂质及其他可观察到的不透明物等。

3. 夹层玻璃的应用

夹层玻璃有着较高的安全性，一般用作高层建筑的门窗、天窗、楼梯栏板和有抗冲击作用要求的商店、银行的橱窗、隔断及水下工程等安全性能高的场所或部位等。夹层玻璃不能切割，需要选用定型产品或按尺寸定制。

5.5.4 钛化玻璃

钛化玻璃也称永不碎裂铁甲箔膜玻璃，是将钛金箔膜紧贴在任意一种玻璃基材之上，使之结合成一体的新型玻璃。钛化玻璃具有高抗碎、高防热及防紫外线等功能。不同的基材玻璃与不同的钛金箔膜可组合成不同色泽、不同性能、不同规格的钛化玻璃。

钛金箔膜又称铁甲箔膜，是一种由 PET（季戊四醇）与钛复合而成的复合箔膜，经由特殊的黏合剂，可与玻璃结合成一体，从而使玻璃变成具有抗冲击、抗贯穿，不破裂成碎片，无碎屑，同时防高温、防紫外线及防太阳能的最安全玻璃。

钛化玻璃常见的颜色有无色透明、茶色、茶色反光、铜色反光等，如图 5-38 所示。钛化玻璃与其他安全玻璃性能的比较见表 5-3。

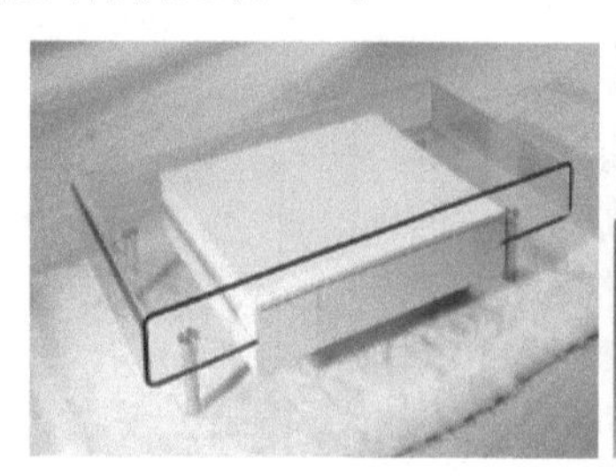

图 5-38 钛化玻璃

表 5-3 钛化玻璃与其他安全玻璃性能的比较

项目	一般玻璃贴钛金箔膜	钢化玻璃	夹层玻璃	夹丝玻璃
防碎性	有	无	无	无
热破裂性	无	无	有	有
强度与一般玻璃比较	4 倍	4 倍	1/2 倍	1 倍
6mm 原片玻璃耐荷/kg	1320	1320	250	440
阳光透过率	97 %	90 %以上	90 %以上	90 %以上
交货加工或施工	随时可交货，任何形状均可粘贴	需预订货，不可切割	选用定型产品或定制订货，不可切割	选用定型产品或大量订货，不易切割
防紫外线	有（90%）	无	无	无
碎片伤害性	无	一般不伤人	碎片不飞散	碎片不飞散
防热防人	佳	差	差	差
防漏	有	无	无	无
自行爆破	不会	会	会	会

实训任务

将学生 4 ~ 5 人分为一组；每组学生去建材市场进行调研，掌握常见安全玻璃的种类、性能及应用；要求有实训图片及记录，形成实训报告。

5.6 其他玻璃装饰制品

5.6.1 玻璃空心砖

玻璃空心砖是由两个凹形玻璃砖坯（如同烟灰缸）熔接而成的玻璃制品。砖坯扣合、周边密封后中间形成空腔，空腔内有干燥并微带负压的空气。玻璃壁厚度为 8 ~ 10mm。玻璃空心砖有正方形、矩形及各种异形产品，它分为单腔和双腔两种。双腔玻璃空心砖是在两个凹形半砖之间夹有一层玻璃纤维网，从而形成两个空气腔，具有很高的热绝缘性。但一般多采用单腔玻璃空心砖，其尺寸有：115mm × 115mm × 80mm、145mm × 145mm × 80mm、190mm × 190mm × 80mm、240mm ×

150mm×80mm、240mm×240mm×80mm 等，其中 190mm×190mm×80mm 是常用规格。

玻璃空心砖可以是平光的，也可以在里面或外面压有各种花纹，颜色可以是无色的，也可以是彩色的，以提高装饰性，如图 5-39 所示。

图 5-39　玻璃空心砖

玻璃空心砖具有非常优良的性能：强度高、隔声、绝热、耐水、防火。

玻璃空心砖常被用来砌筑透光的墙壁、建筑物内外隔墙、淋浴隔断、门厅通道。玻璃空心砖不能切割，施工时可用固定隔框或用 6mm 拉结筋结合固定框的方法进行加固，如图 5-40 所示。

图 5-40　玻璃空心砖施工

5.6.2　玻璃锦砖

玻璃锦砖又称玻璃马赛克，以玻璃为基料并含有未熔化的微小晶体（主要是石英砂）的乳浊制品，是一种小规格的方形彩色饰面玻璃，如图 5-41 所示。单块的玻璃锦砖断面略呈倒梯形，正面为光滑面，背面略带凹状沟槽，以利于铺贴时有较大的吃灰深度和黏结面积，黏结牢固而不易脱落。

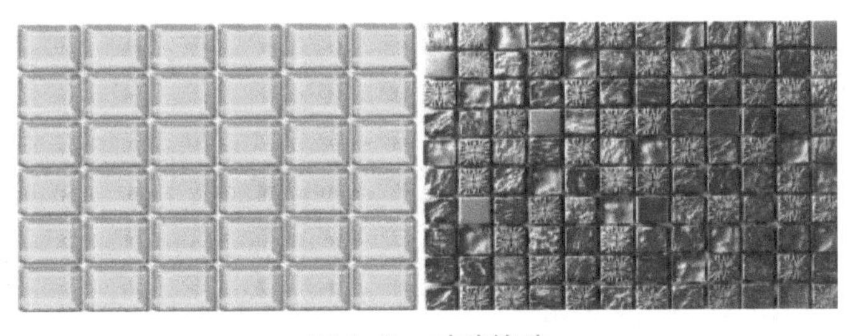

图 5-41　玻璃锦砖

将单块的玻璃锦砖按设计要求的图案及尺寸，用以糊精为主要成分的胶黏剂粘贴到牛皮纸上成为一联（正面贴纸）。铺贴时，将水泥浆抹满一联锦砖的非贴纸面，使之填满块与块之间的缝隙及每块的沟槽，成联铺于墙面上，然后将贴面纸洒水润湿，将牛皮纸揭去。

根据《玻璃马赛克》（GB/T 7697—1996）的规定，单块锦砖的边长有 20mm×20mm、25mm×25mm、30mm×30mm 三种，相应的厚度为 4.0mm、4.2mm、4.3mm。其他规格尺寸由供需双方协商。

玻璃锦砖表面光滑、不吸水，所以抗污性好，具有雨水自涤、历久常新的特点；玻璃的颜色有乳白、姜黄、红、黄、蓝、白、黑及各种过渡色，有的还带有金色、银色点或条纹，可拼装成各种图案。玻璃锦砖是一种很好的饰面材料，具有体积小、质量轻、黏结牢固等特点，特别适合于建筑物的内外墙面装饰工程，如图 5-42 所示。

图 5-42　玻璃锦砖的应用

5.6.3　微晶玻璃

微晶玻璃又称微晶玉石或陶瓷玻璃，是通过基础玻璃在加热过程中进行控制晶化而制得的一种含有大量微晶体的多晶固体材料，见图 5-43。微晶玻璃是一种综合玻璃，它是一种国外刚刚开发的新型建筑材料，学名叫作玻璃水晶。

图 5-43　微晶玻璃

微晶玻璃的结构性能及生产方法跟玻璃和陶瓷都有所不同，其性能集中了两者的特点，成为一种独特的材料，所以在美国被称为微晶陶瓷，在日本被称为结晶化玻璃。

微晶玻璃装饰板主要作为高级建筑装饰新材料代替天然石材。微晶玻璃的特点：自然柔和的质地和色泽、强度大、耐磨性好、质量轻、吸水性小、污染性小、颜色丰富、加工容易、优良的耐候性和耐久性、原料来源广泛。

微晶玻璃装饰板类似于天然石材，用作内外墙装饰材料、厅堂的地面和微晶玻璃幕墙等建筑饰面，低膨胀微晶玻璃用作餐具、炊具等，如图 5-44 所示。

图 5-44　微晶玻璃的应用

实训任务

将学生 4～5 人分为一组；每组学生去建材市场进行调研，了解空心玻璃砖、玻璃锦砖的规格、性能；要求有实训图片及记录，形成实训报告。

5.7 玻璃的选购

建筑玻璃的选购是一门技术和艺术，更是一门科学，要在保证建筑玻璃应用的安全性、满足建筑玻璃的功能性基础之上，兼顾建筑玻璃的经济性。只有全面地考虑，才能做出科学合理的选择。

5.7.1 建筑玻璃的安全性

建筑玻璃是典型的脆性材料，极易被破坏。其破坏不但导致其建筑功能的丧失，而且可能给人体带来直接的伤害。因此，在选择建筑玻璃时，其安全性是首要因素。建筑玻璃的安全性主要表现在它的力学性能，玻璃刚度和强度有一项不符合要求，该玻璃就不能选用，有些建筑部位还强调必须使用安全玻璃，即钢化玻璃、夹层玻璃和夹丝玻璃。保证安全性是建筑玻璃选择的第一道门槛。

在建筑中需要以玻璃作为建筑材料的，有11个部位必须安装安全玻璃，具体包括七层及七层以上建筑外开窗，面积大于1.5m^2的窗玻璃或玻璃底边离最终装修面小于500mm的落地窗，幕墙（全玻璃幕墙除外），倾斜装配窗，各类顶棚（含天窗、采光顶）和吊顶，观光电梯及其外围护，室内隔断、浴室维护和屏风，楼梯、阳台、平台走廊的栏板和中庭内栏板，用于承受行人行走的地面板，水族馆和游泳池的观察窗、观察孔，公共建筑物的出入口、门厅等部位，易遭受撞击或冲击而造成人体伤害的其他部位。

5.7.2 建筑玻璃的功能性

传统的建筑玻璃只有三项功能，即遮风、避雨和采光。现代建筑玻璃品种繁多，功能各异。除具有传统的遮风、避雨和采光性能外，还具有透光性、反射性、隔热性、隔声性、防火性、电磁波屏蔽性等。

1. 透光性

一般说来，玻璃是透明的，玻璃的透明是它的传统基本属性之一。玻璃的透光性与透明性是两个概念，透光不一定透明。

玻璃的透光性具有极好的装饰效果，应用玻璃的透光性可消除室内光线过强会刺激人眼，使人躁动不安等不利因素，同时增加建筑的隐蔽性。例如用压花玻璃装饰卫生间的门和窗，不但阻隔了外界的视线，同时也美化了卫生间的环境；用磨砂玻璃作室内隔断，既节省室内空间，又显得富丽堂皇；用透光玻璃装饰的室内过道窗，透出淡淡的纤细柔光，朦胧中充满神秘感。可以说，现代化建筑正在越来越多地运用玻璃的透光性。

2. 反射性

在建筑上大量应用玻璃的反射性始于热反射镀膜玻璃的产生。人们发明热反射镀膜玻璃的目的之一是为了建筑的节能，是为了降低玻璃的遮阳系数和降低玻璃的热传导系数；目的之二是为了美观，因为热反射玻璃有各种颜色，如茶色、银白色、银灰色、绿色、蓝色、金色、黄色等。热反射玻璃不仅有颜色，其反射率也比普通玻璃高，通常为10%～50%之间，因此热反射玻璃可谓是半透明玻璃。如今热反射玻璃大量地应用于建筑，如建筑门、窗，特别是幕墙，可以说，热反射玻璃在幕墙上的应用是玻璃反射性应用的最高境界。它使得一幢幢大厦色彩斑斓，较高的反射率将建筑物对面的街景反射在建筑物上，可谓景中有景。

在应用玻璃的反射性时应将反射率限制在合理的范围，不可盲目地追求高反射率。反射率过高，不仅破坏建筑的美与和谐，而且会造成“光污染”。

3. 隔热性

为增加玻璃的隔热性，可选用普通中空玻璃。如果想进一步增加玻璃的隔热性，可选用Low-E中空玻璃，其隔热性可与普通砖墙比拟。

4. 隔声性

普通玻璃的隔声性能比较差，其平均隔声量为25～35dB，中空玻璃由于空气层的作用，其平均隔声量可达30～40dB。这是因为声波入射到第一层玻璃上的时候，玻璃就产生“薄膜”振动，这个振动作用在空气层上，而被封闭的空气层是有弹性的，由于空气层的弹性作用将使振动衰减，然后再传给第二层玻璃，于是总的隔声量就提高了。夹层玻璃的隔声量可达50dB，是玻璃家族中隔声性能最好的玻璃。夹层玻璃由于在两片玻璃之间夹有PVB胶片，PVB胶片是弹性材料，消除了两片玻璃之间的声波耦合，极大地提高了玻璃的隔声性能。如果要进一步提高玻璃的隔声性能，可选用夹层中空玻璃，甚至双夹层中空玻璃，如机场候机室、电台或电视台播音室等。

5. 防火性

防火玻璃是指具有透明、能阻挡和控制热辐射、烟雾及火焰，防止火灾蔓延的玻璃。当它暴露在火焰中时，能成为火焰的屏障，能经受一个半小时左右的负载，这种玻璃的特点是能有效地限制玻璃表面的热传递，并且在受热后变成不透明，能使居民在着火时看不见火焰或感觉不到温度升高及热浪，避免了撤离现场时的惊慌。

防火玻璃还具有一定的抗热冲击强度，而且在800℃左右仍有保护作用。普通玻璃是不防火的，具有防火性能的玻璃主要有复合防火玻璃、夹丝玻璃和玻璃空心砖等。

6. 电磁波屏蔽性

只有金属材料才具有屏蔽电磁波的作用，玻璃是无机非金属材料，因此普通玻璃不具有屏蔽电磁波的功能。只有使其具有金属的性能才能达到屏蔽电磁波的目的。通常采用三种方法：在普通玻璃表面镀透明的导电膜；在夹层玻璃中夹金属丝网；上述两种方法同时采用。

电磁屏蔽玻璃主要考虑其电磁屏蔽功能，因此其装饰性能是次要的。在大型计算机中心、电视台演播室、工业控制系统、军事单位、外交部门、情报部门等有保密需求的或者需防止干扰的场所，都可以使用屏蔽玻璃作为建筑门窗玻璃或者幕墙玻璃。

5.7.3 建筑玻璃的经济性

并不是安全性越高，功能越全，造价越高的玻璃才是好玻璃。正确地选择玻璃的方法是：安全性和功能性满足设计要求，同时其造价尽可能地低，经济性好，才是科学、合理的选择。例如8mm厚的钢化玻璃能满足设计要求，就没必要采用10mm厚的钢化玻璃。另外建筑玻璃选择的经济性，除考虑建筑的一次性造价外，还应当考虑建筑物的运作费用。如选择中空玻璃虽然造价高于单片玻璃，但是其隔热性能优良，减少建筑物的制冷和采暖费用，其综合经济性好。

综上所述，选择建筑玻璃的原则是保证安全性，满足功能性，兼顾经济性。具体针对建筑的不同部位，有时仅有一种选择，有时会有多种选择，因此要根据建筑玻璃的选择原则，综合分析，做出科学、合理的选择。

实训任务

将学生4～5人分为一组；老师给出建筑装饰工程图，标出需要使用玻璃的建筑部位；学生根据不同玻璃的特性，结合安全性、功能性、经济性的要求，选购合适的玻璃。

本章小结

玻璃有采光，围护、分隔空间，控制光线，反射，保温、隔热、隔声以及具有艺术效果等作用。本章主要介绍了玻璃的基本知识以及平板玻璃、装饰玻璃、安全玻璃及节能玻璃等品种各自的特性及用途，以及玻璃的选购。

思考与练习

1. 玻璃在建筑上有哪些用途和性质？
2. 试阐述装饰玻璃的特性、分类和应用。
3. 常见的节能玻璃有什么？各自的特点及应用有哪些？
4. 什么是“LOW-E”玻璃？有何特性？宜应用在建筑物的哪些部位？
5. 不同种类的安全玻璃有何不同？在建筑的哪些部位上应选用安全玻璃？
6. 中空玻璃的应用特点是什么？适合在什么环境下使用？
7. 玻璃选购遵循的原则是什么？

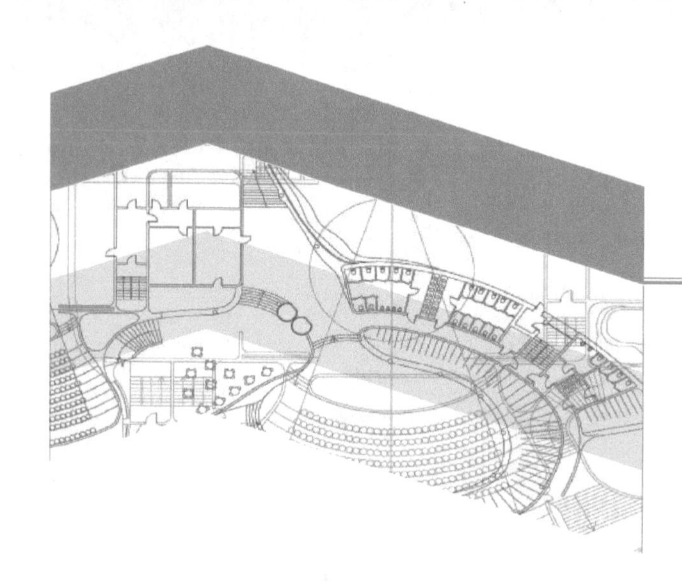

第六章

建筑装饰金属材料

知识目标

1. 了解建筑钢材的分类、特性及主要技术性能。
2. 掌握不锈钢及其制品、彩色涂层钢板、彩色压型钢板、轻钢龙骨的性能及应用。
3. 掌握铝及铝合金的特性，以及铝合金装饰板、铝合金门窗的性能及应用。

能力目标

1. 能够根据金属材料的特点、技术要求及不同装饰需要正确选择金属装饰材料。
2. 能够在装饰设计中应用金属装饰材料。

金属材料因其独特的色彩、庄重华贵的外表、经久耐用的性能而被广泛应用于建筑装饰工程中，如图6-1所示。金属材料是指由一种或一种以上的金属元素组成，或由金属元素与其他金属或非金属元素组成的合金的总称。金属材料通常分为两大类，一类是黑色金属，主要成分是铁碳合金，如铁、钢等；另一类是有色金属，是铁碳合金以外的金属材料的总称，如铝、铜、锌、锡等及其合金。金属材料制品材质均匀、强度高、可加工性好，被广泛应用于建筑装饰工程中。

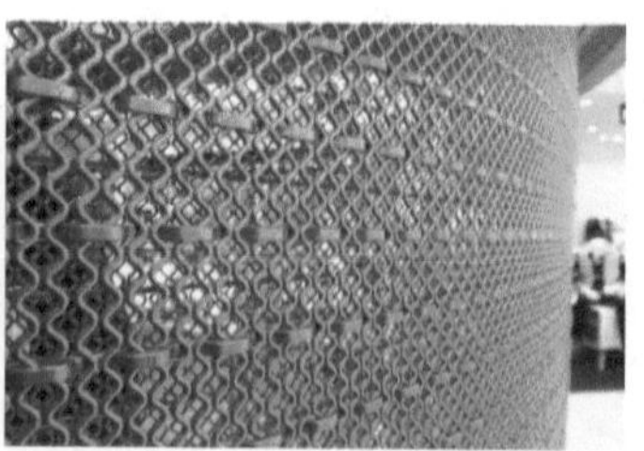

图6-1　金属装饰材料的应用

6.1　建筑装饰钢材及其制品

6.1.1　钢材的基本知识

钢是铁碳合金，通常把含碳量小于2%的铁碳合金称为钢，而含碳量大于2%的铁碳合金称为铁。钢材密度较大，为7.8g/cm^3。钢的强度高，塑性性能、抗冲击性能好，但是钢的耐腐蚀性差。

1. 钢材的分类

钢材可以按下列方式分类，见表6-1。

表 6-1 钢材的分类

分类方式	分类	
冶炼方法	平炉钢、转炉钢、电炉钢	
脱氧程度	镇静钢、特殊镇静钢、沸腾钢	
化学成分	碳素钢	低碳钢、中碳钢、高碳钢
	合金钢	低合金钢、中合金钢、高合金钢
质量标准	普通钢、优质钢、高级优质钢	
用途	结构钢	工程结构用钢、机械零件用钢
	工具钢	量具钢、刃具钢、模具钢
	特种钢	不锈钢、耐热钢、耐磨钢、电工用钢

2. 钢材的主要技术性能

钢材的主要技术性能包括抗拉性能、冷弯性能、冲击韧性、硬度、焊接性能等。

(1) 抗拉性能

抗拉性能的主要技术指标包括抗拉强度、屈服点、伸长率，它是建筑钢材最重要的技术。以低碳钢为例说明，如图 6-2 所示是低碳钢在拉伸时的应力-应变图，共分为四个阶段，分别为弹性阶段（Oa），屈服阶段（ab），强化阶段（bc）和颈缩阶段（cd）。自开始加载到 a 点之前，钢筋处于弹性阶段，应力应变呈线性关系，在此阶段，如卸载后，试件仍能恢复原状；应力达到 a 点后钢筋进入屈服阶段，应力不再增加而应变急剧增长形成屈服台阶 ab；超过 b 点后应力应变关系重新表现为上升的曲线，bc 段为强化阶段；到达应力最高点 c 点后钢筋产生颈缩现象，应力开始下降；到 d 点钢筋被拉断，cd 段称为颈缩阶段。

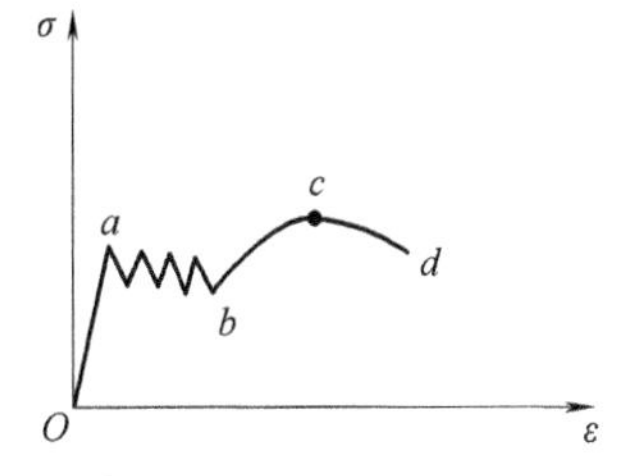

图 6-2 低碳钢拉伸应力-应变图

1) 屈服点。低碳钢拉伸过程中屈服阶段 ab 段的 b 点称为屈服点或屈服强度，用 σ_s 表示。对于含碳量较高的钢材，在外力作用下没有明显的屈服极限，通常以 0.2% 的残余变形时对应的应力作为屈服强度，用 $\sigma_{0.2}$ 表示，称为条件屈服强度。屈服强度是钢材设计强度取值的主要依据。

2) 抗拉强度。钢材受拉断裂之前的最大应力，即应力-应变曲线上最高点 c 点对应的应力称为抗拉强度或极限强度，用 σ_b 表示。抗拉强度是衡量钢材抵抗破坏能力的一个重要指标。

3) 伸长率。钢材的伸长率是钢材试件拉断后的伸长量与试件原长的比值，用 δ 来表示。计算公式为

$$\delta = \frac{l_1 - l_0}{l_0} \times 100\%$$

式中 l_0——试件原始长度（mm）；

l_1——断裂后试件的长度（mm）。

通常用 δ_5 和 δ_{10} 分别表示 $l_0 = 5d_0$ 和 $l_0 = 10d_0$（d_0 为试件直径）时的伸长率，同一种钢材，δ_5 应大于 δ_{10}。

(2) 冷弯性能

冷弯性能是指钢材在常温下承受弯曲变形的能力，是钢材的重要工艺性能。冷弯性能指标是通过试件被弯曲的角度（90°、180°）及弯心直径 d 对试件厚度（或直径）a 的比值（d/a）来区分。试件按规定的弯曲角和弯心直径进行试验，试件弯曲处的外表面无断裂、裂缝或起层，即认为其冷弯性能合格。

(3) 冲击韧性

冲击韧性是指钢材抵抗冲击荷载的能力。冲击韧性指标是通过标准试件的弯曲冲击韧性试验确定的。以摆锤打击试件，于刻槽处将其折断，试件单位截面面积上所消耗的功，即为钢材的冲

击韧性指标，用冲击韧性 a_k 表示。a_k 值越大，表明试件的冲击韧性越好。影响钢材冲击韧性的因素很多，主要有钢材的化学成分、组织状态、内在缺陷及环境温度。试验表明，冲击韧性随温度的降低而下降，其规律是开始下降缓和，当达到一定温度范围时，突然下降很多而呈脆性，这种脆性称为钢材的冷脆性。

(4) 硬度

钢材的硬度是指表面局部体积内抵抗外物压入产生塑性变形的能力。常用的测定钢材硬度的方法有布氏法和洛氏法，试验方法可以参见相关规范。

(5) 焊接性能

钢材的焊接性能是指钢材在通常的焊接方法和工艺条件下获得良好焊接接头的性能。可焊性好的钢材焊接后不易形成裂纹、气孔等缺陷，焊头牢固可靠，焊缝及其附近受热影响区的性能不低于母材的力学性能。钢材的化学成分影响钢材的可焊性，一般含碳量越高，可焊性越低。

6.1.2 建筑装饰用钢材制品

常用的装饰钢材有不锈钢及其制品、合金及其制品、彩色涂层钢板、涂色镀铂钢板、建筑压型钢板、彩色复合板以及轻钢龙骨等。

1. 不锈钢的种类与特性

普通钢材的致命弱点就是容易锈蚀，若在钢材中加入提高合金组织的电极电位的合金元素，则可以大大改善钢材的防锈能力。钢材中加入铬后，氧化生成一层与钢材基体牢固结合的致密的氧化膜层，它使钢材得到保护，不致锈蚀，称为不锈钢。不锈钢可以按下列方式分类，见表 6-2。

表 6-2 不锈钢的分类

分类方式	分类
化学成分	不锈钢、铬镍不锈钢、高锰低铬不锈钢
耐腐蚀性	普通不锈钢、耐酸钢
微观组织	铁素体不锈钢、马氏体不锈钢、奥氏体不锈钢
光泽度	亚光不锈钢、镜面不锈钢

不锈钢有很多良好的性能，其延展性和韧性均较好，常温下也可加工；不锈钢的耐蚀性很强，另一方面显著的特性是其表面光泽性，不锈钢经表面加工后，可获得镜面般光亮平滑的效果，具有良好的装饰性，成为富有现代气息的装饰材料。

2. 不锈钢装饰制品

建筑装饰中玻璃门门框及拉手、旋转门等，墙面幕墙、厨房用具及设备、不锈钢橱柜、扶梯扶手、走廊栏杆等均使用的是不锈钢制品，如图 6-3 所示。

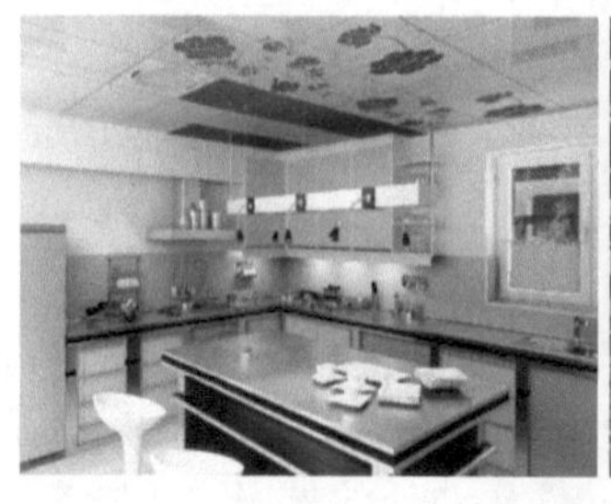
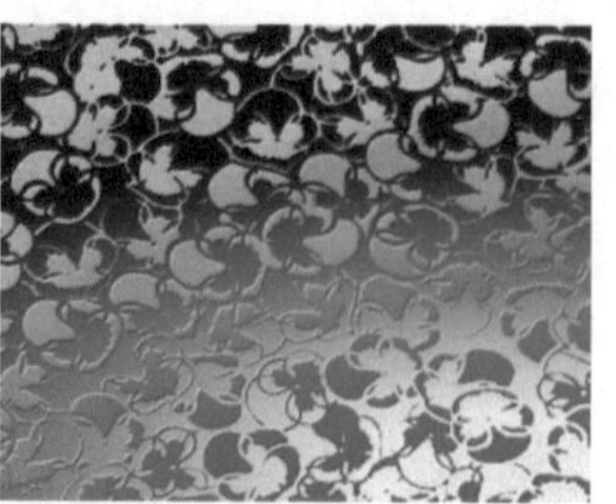

图 6-3 不锈钢装饰制品及应用

不锈钢可制成板材、型材、管材等。在建筑装饰工程中应用最多的是板材，一般均为薄板，厚度不超过 2mm。常用的不锈钢装饰制品主要应用见表 6-3。

表 6-3 不锈钢装饰制品的主要应用

种 类	应 用
不锈钢板	建筑物的墙柱面装饰、电梯门及门贴脸、各种装饰压条、隔墙、幕墙、屋面等
不锈钢管	栏杆、扶手、旗杆
不锈钢型材	柜台、各种压边
不锈钢龙骨	高层建筑的玻璃幕墙
不锈钢包柱	大型商店、旅游宾馆等建筑柱面装饰

3. 彩色不锈钢装饰制品

彩色不锈钢板是在不锈钢板上用化学镀膜的方法进行着色处理，使其表面具有各种绚丽色彩的不锈钢装饰板。彩色不锈钢板有蓝、紫、红等多种颜色，常用规格有：厚度为0.2mm、0.3mm、0.4mm、0.5mm、0.6mm、0.7mm、0.8mm，长度×宽度为2000mm×1000mm、1000mm×500mm，可按需要尺寸加工。其主要特性及应用见表6-4。

表 6-4 彩色不锈钢板的特性及应用

特性	抗腐蚀性很强，表面的彩色面层不褪色且光泽度高，不容易损坏，耐盐腐蚀性较一般不锈钢好，而且耐高温、可高达200℃，耐磨性、耐刻画性能相当于表层镀金的性能
应用	主要应用在高级建筑物的厅堂墙板、天花板、电梯厢板、车厢板、自动门等建筑装饰

6.1.3 彩色涂层钢板

彩色涂层钢板又称彩色钢板，是以冷轧钢板或镀锌钢板为基板，通过在基板表面进行化学处理和涂漆等工艺处理后，使基层表面覆盖一层或多层高性能的涂层后制得。彩色涂层钢板的涂层一般分为有机涂层、无机涂层和复合涂层三类，其中常用的是有机涂层钢板，它可以配制各种不同的色彩和花纹，故又称为彩色涂层钢板，如图6-4所示。

图 6-4 彩色涂层钢板

1. 彩色涂层钢板的特点

彩色涂层钢板的最大特点是发挥了金属材料与有机材料各自的特性，不但具有较高的强度、刚性，而且彩色涂层钢板还具有良好的耐腐蚀性和装饰性，涂层附着力强，且具有良好的耐污染、耐高低温、耐沸水浸泡性，绝缘性好，加工性能好，可切割、弯曲、钻孔、卷边等。

2. 彩色涂层钢板的分类

彩色涂层钢板可以按照其用途、表面状态、涂料种类以及基材种类等进行分类，见表6-5。

表 6-5 彩色涂层钢板的分类

分类方法	类 别
按用途分	建筑外用、建筑内用、家用电器
按表面状态分	涂层板、印花板、压花板
按涂料种类分	外用聚酯、内用聚酯、硅改性聚酯、外用丙烯酸、内用丙烯酸、塑料溶胶、有机溶胶
按基材种类分	低碳钢冷轧钢带、小锌花平整钢带、大锌花平整钢带、锌铁合金钢带、电镀锌钢带

彩色涂层钢板的长度一般为1800mm、2000mm，宽度为450mm、500mm、1000mm，厚度为0.35mm、0.4mm、0.5mm、0.6mm、0.7mm、0.8mm、1.0mm、1.5mm等多种规格。

3. 彩色涂层钢板的应用

在建筑装饰中，彩色涂层钢板主要用于建筑物内外墙板、吊顶、屋面板、护壁板、门面招牌的底板，还可用于防水渗透板、排气管、通风管、耐腐蚀管道、电气设备罩、汽车外壳等。

6.1.4 彩色压型钢板

彩色压型钢板是以热轧钢板或镀锌钢板为基材，表面涂装彩色防腐涂层或烤漆而制成的轻型复合板材，是一种轻质、高效的围护材料，如图6-5所示。

1. 彩色压型钢板的特点

彩色压型钢板是一种色彩鲜艳的材料，具有质量轻、保温性好、立面美观、施工速度快等优点。由于其所使用的压型钢板已敷有各种防腐蚀涂层，因而其还具有耐久、抗腐蚀性能。

图6-5 彩色压型钢板

2. 彩色压型钢板的种类及型号

钢板的尺寸可根据压型板的长度、宽度以及保温设计要求和选用材料制作不同长度、宽度、厚度的复合板。复合板的接缝构造基本有两种：一种是在墙板的垂直方向设置企口边，墙板看不到接缝，整体性好；另一种是不设企口边。复合板的保温材料可选用聚苯乙烯泡沫板或者矿渣棉板、玻璃棉板、聚氨酯泡沫塑料。

彩色压型板的型号由四部分组成，包括压型钢板的代号（YX），波高H，波距S和有效覆盖宽度B。例如，YX38—175—700表示波高为38mm、波距为175mm、有效覆盖宽度为700mm的压型钢板。

3. 彩色压型钢板的应用

彩色压型钢板不仅适用于工业建筑物的外墙挂板，而且在许多民用建筑和公共建筑中也已被广泛采用。

6.1.5 彩色复合钢板

彩色复合钢板是以彩色压型钢板为面板，以结构岩棉或玻璃棉、聚苯乙烯为芯材，用特种胶黏剂黏结的一种既保温隔热又可防水的板材，如图6-6所示。彩色复合钢板的主要产品有彩钢岩棉复合板和彩钢聚苯复合板。彩色复合钢板长度一般小于10m，宽度为900mm，厚度有50mm、80mm、100mm、120mm、150mm、200mm等多种规格。彩色复合钢板主要用于钢筋混凝土或钢结构框架体系建筑的外围护墙、屋面及房屋夹层等。

6.1.6 轻钢龙骨

轻钢龙骨是以冷轧钢板（带）或彩色塑钢板（带）作为原料，采用冷弯工艺生产的薄壁型钢，经多道轧辊连续轧制成型的一种金属骨架。它具有自重轻、强度高、防腐性好等优点，可以作为各类吊顶的骨架材料，主要与纸面石膏板及其制品配套使用，也可以与其他板材，如GRC板、FT板、埃特板等材料配套使用，是目前使用最为广泛的吊顶材料，如图6-7所示。

图6-6 彩色复合钢板

1. 轻钢龙骨的分类

轻钢龙骨按断面形状分为U、C、CH、T、H、V和L形；按材质分为铝合金龙骨、铝带龙骨、镀锌钢板龙骨和薄壁冷轧退火卷带龙骨；按用途分为吊顶龙骨（代号D）、隔断（墙体）龙骨（代号Q）。吊顶龙骨有主龙骨（大龙骨）、次龙骨（中龙骨和小龙骨）。主龙骨也叫承载龙骨，次龙骨也叫覆面龙骨。隔断龙骨有竖龙骨、横龙骨和通贯龙骨之分。铝合金龙骨多做成T形，T形龙骨主要用于吊顶。各种轻钢、薄板多做成V形龙骨和C形龙骨，它们在吊顶和隔断中均可采用。

图6-7 轻钢龙骨的应用

2. 轻钢龙骨的应用

轻钢龙骨主要用于装配各种类型的石膏板、钙塑板、吸声板等，用作室内隔墙和吊顶的龙骨支架，与木龙骨相比具有强度高、防火、耐潮，便于施工安装等优点。与轻钢龙骨配套使用的还有各种配件，如吊挂件、连接件等，可在施工中选用。

6.2 建筑装饰用铝合金装饰及其制品

铝是有色金属中的轻金属，外观呈银白色，密度为2.7g/cm^3。在铝中加入铜、锰、硅等合金元素就形成铝合金，其特性既保持了铝质量轻的特性，又提高了其力学性能。铝合金分为防锈铝合金、硬铝合金、超硬铝合金、锻铝合金、铸铝合金等类型。

由于铝合金具有很好的延展性、硬度低、易加工等优点，因此铝及铝合金以其特有的结构和建筑装饰效果，广泛应用于建筑结构及装饰工程中，如幕墙、门窗、吊顶、阳台等部位以及其他室内装饰。建筑上常用的有铝合金装饰板、铝合金型材、铝合金门窗、铝箔、铝粉以及铝合金龙骨等。

6.2.1 铝合金装饰板

1. 铝合金装饰板的特性及应用

铝合金装饰板是目前比较流行的一种建筑装饰材料，具有质量小、强度高、刚度好、经久耐用，且不燃烧、易加工、表面形状多样、防腐蚀、防潮等优点，适用于公共建筑的内外墙面和柱面。

2. 铝合金装饰板的种类及其形成

铝合金装饰板的种类及其形成见表6-6；各类铝合金装饰板的特性及其应用见表6-7。

表6-6 铝合金装饰板的种类及其形成

种　类	形　成
铝合金花纹板	采用防锈铝合金坯料，用具有一定花纹的扎辊轧制而成
铝合金波纹板	铝合金薄板轧制而成，其横断面呈波浪形
铝合金压型板	经过铝锭熔化、铸造、轧机压延而成
铝合金穿孔板	用各种铝合金平板经机械穿孔而成
铝塑板	一种复合材料，将氯化乙烯处理过的铝片用胶黏剂覆贴到聚乙烯板上而制成

表6-7 铝合金装饰板的特性及其应用

种　类	特性及应用
铝合金花纹板	花纹美观大方，防滑，防腐蚀性好，不易磨损，便于清洗、安装，广泛应用于现代建筑的墙面装饰以及楼梯踏步防滑等处
铝合金波纹板	自重轻，多种颜色，防火、防潮、耐腐蚀，既有一定的装饰效果，又有很强的反射阳光的能力，适用于建筑墙面和屋面的装饰

（续）

种　类	特性及应用
铝合金压型板	质量轻、外形美观、耐腐蚀、耐久性好、易安装，是目前应用广泛的新型材料，适用于墙面和屋面
铝合金穿孔板	板材质轻、耐高温、耐腐蚀、防火、防潮、防震、化学稳定性好，且可通过穿孔率达到降噪的效果，广泛应用于宾馆、酒店、候车厅、影剧院等建筑的吊顶和室内墙面装饰
铝塑板	耐腐蚀性、耐污染性和耐候性较好，施工方便，造价低，可用作建筑物的幕墙饰面、门面及广告牌等处

6.2.2　铝合金型材

铝合金型材是将铝合金锭坯按需要长度锯成坯段，加热到400～500℃，送入专门的挤压机中，连续挤出型材。挤出的型材冷却到常温后，切去两端斜头，经过人工时效处理，检验合格后再进行表面氧化和着色处理，最后形成成品，如图6-8所示。在建筑装饰工程中，常用的铝合金型材有窗用型材、门用型材、柜台型材、幕墙型材、通用型材等。

图6-8　铝合金型材

铝合金型材具有良好的耐蚀性能，在工业和海洋环境下，表面未经过处理的铝合金材料的耐腐蚀能力也优于其他合金材料。经过涂漆和氧化处理后，铝合金的耐腐蚀性能更好。铝合金主要的缺点是耐热性低、热膨胀系数大、弹性模量小、焊接时需要采用惰性气体保护等焊接新技术。

6.2.3　铝合金门窗

铝合金门窗是将表面处理过的铝合金型材，经下料、打孔、铣槽、攻螺纹、制作等加工工艺制作而成的门窗料构件，再用连接件、密封材料和五金件等一起组合装配而成的。铝合金门窗按其结构与开启方式的分类以及其特点见表6-8。

表6-8　铝合金门窗的分类及其特点

<table>
<tr><th>种　类</th><th>特　点</th></tr>
<tr><td>推拉门窗</td><td rowspan="6">（1）重量轻、强度高
（2）密封性能好
（3）耐腐蚀性能好，使用寿命长
（4）加工方便、便于生产
（5）色泽美观、装饰效果好</td></tr>
<tr><td>平开门窗</td></tr>
<tr><td>固定门窗</td></tr>
<tr><td>悬挂门窗</td></tr>
<tr><td>百叶窗</td></tr>
<tr><td>纱窗</td></tr>
</table>

铝合金门窗是新型的建筑材料制品，性能优良、外形美观，被广泛应用于高层公用建筑和普通民用住宅中（图6-9），特别适合对气密性、水密性、隔声性和节能、防火等性能有特殊要求的建筑中。

6.2.4　铝箔和铝粉

铝箔是用纯铝或铝合金加工成6.3～200μm的薄片制品，铝箔具有良好的防潮、绝热和反射日光的性能，在建筑装饰工程中可作为多功能防潮隔热材料来使用。常用的铝箔制品有铝箔波形板、

图6-9　铝合金门窗的应用

铝箔泡沫塑料板、铝箔牛皮纸、铝箔布等。

铝粉是以纯铝箔加入少量润滑剂，经捣击压碎成为极细的鳞状粉末，再经抛光而成。铝粉质轻、漂浮力强、遮盖力强，对光和热的反射性能高，主要用于各种装饰涂料和金属防锈涂料。

6.3 铝合金装饰制品的选购

以常用的铝合金型材和铝合金门窗为例，介绍一下铝合金装饰制品的选购方法。

6.3.1 铝合金型材的选购

建筑装饰材料的选购，首先要考虑建筑装饰材料材质的质量，其次要考虑其是否适用所装饰之处，对于业主来说还要考虑经济方面的因素。对铝合金型材的选购，从材质方面考量，应注意以下几点。

1. 氧化度

选购时可在型材表面轻划一下，看其表面的氧化膜是否可以擦掉。这个宜在商家展示的材料上操作。

2. 色度

同一根铝合金型材色泽应一致，如色差明显，不宜选购。正常的铝合金型材截面颜色为银白色，质地均匀，如果颜色暗黑，可以断定为回收铝或者废铝回炉锻造而成。

3. 平整度

检查铝合金型材表面，应无凹陷或鼓出。正规厂家加工出来的铝合金型材，表面平整、光亮，如果是小作坊加工出来的铝型材，由于机器或者原材料的原因，型材表面会出现轻微凹凸状，这样的铝合金型材合成的阳台窗后期极易氧化而变形。

4. 强度

选购时可用手适度弯曲型材，如果不费力气就将型材折弯，那么可以认定铝合金型材强度不达标，另外型材强度也不是越硬越好。铝具有一定韧性，非硬质材料，利用这一特性才能锻造出不同形状，所以选购时需仔细观察。

5. 厚度

常用70、90系列的铝合金窗型材，其壁厚应为1.2～2.0mm。阳台窗铝合金型材壁厚国家标准为1.2mm，露天平开阳台窗型材壁厚1.4～1.6mm，无框窗上下梁沉重部位最厚达3～4mm，远超国家标准。

6. 光泽度

铝合金门窗避免选购表面有开口气泡和灰渣，以及裂纹、毛刺、起皮等明显缺陷的型材。如果有以上现象，可以断定为回收铝或废铝二次加工成型，这样的材料由于质地不均，合金配比杂乱，后期容易出现开裂氧化。

6.3.2 铝合金门窗的选购

对于门窗的选购，主要从以下几方面考量。

1. 标志的识别

正规或有生产许可证的厂家，在其铝合金产品的明显部位都注明产品的标志，包括：制造厂名或商标，产品名称，产品型号或标记，制造日期或编号。包装箱上应有明显的“防潮”“小心轻放”及“向上”的字样和标志。

2. 表面质量

1）门窗装饰表面不应有明显的损伤，即门窗表面的保护膜不应有擦伤划伤的痕迹。

2）门窗上相邻构件着色表面不应有明显的色差。

3）门窗表面不应有铝屑、毛刺、油斑或其他污迹，装配连接处不应有外溢的胶黏剂。

3. 尺寸偏差

铝合金门窗框尺寸偏差以最小为好。

4. 铝合金门窗构件

铝合金门窗构件连接应牢固，需用耐腐蚀的填充材料使连接部分密封防水。

5. 看材质

在材质用料上主要考虑六个方面。

（1）厚度

铝合金推拉门有70、90两种系列，住宅内部的铝合金推拉门用70系列即可。系列数表示门框厚度构造尺寸的毫米数。铝合金推拉窗有55、60、70、90四种系列。系列选用应根据窗洞大小及当地风压值而定。用作封闭阳台的铝合金推拉窗应不小于70系列。

（2）强度

抗拉强度应达157MPa，屈服强度要达到108MPa。选购铝合金门窗时，可用手适度弯曲型材，松手后应能恢复原状。

（3）色度

同一根铝合金型材色泽应一致，如色差明显，不宜选购。

（4）平整度

检查铝合金型材表面，应无凹陷或鼓出。

（5）光泽度

铝合金门窗避免选购表面有开口气泡（白点）和灰渣（黑点），以及裂纹、毛刺、起皮等明显缺陷的型材。

（6）氧化度

氧化膜厚度应达到10μm。选购铝合金门窗时可在型材表面轻划一下，看其表面的氧化膜是否可以擦掉。

知识链接

在现代建筑装饰中，铝合金的用量与日俱增，为了提高铝合金的耐磨、耐腐蚀等性能，常对其表面进行处理。表面处理的方法有两种：一种是阳极氧化处理，使得铝合金制品表面形成厚的人工氧化膜层；一种是表面着色处理，使得铝合金制品表面形成各种颜色。

实训任务

参观不锈钢包柱饰面施工，了解不锈钢包柱饰面施工的施工准备；了解不锈钢包柱饰面施工的质量要求；能对不锈钢包柱饰面施工通病进行分析。

本章小结

本章主要介绍建筑装饰工程中常用的钢材、铝及铝合金制品。通过学习，了解钢材的类型和主要技术性能；掌握不锈钢及其制品、彩色涂层钢板、彩色压型钢板、彩色复合钢板的特性及其应用；掌握铝及铝合金制品的特性及其应用。能够在建筑装饰设计中合理选择金属装饰材料。

思考与练习

1. 什么是不锈钢？它与普通钢材相比有什么优点？不锈钢主要应用于哪些方面？
2. 铝合金有什么特性？在建筑装饰工程中常用于哪些方面？

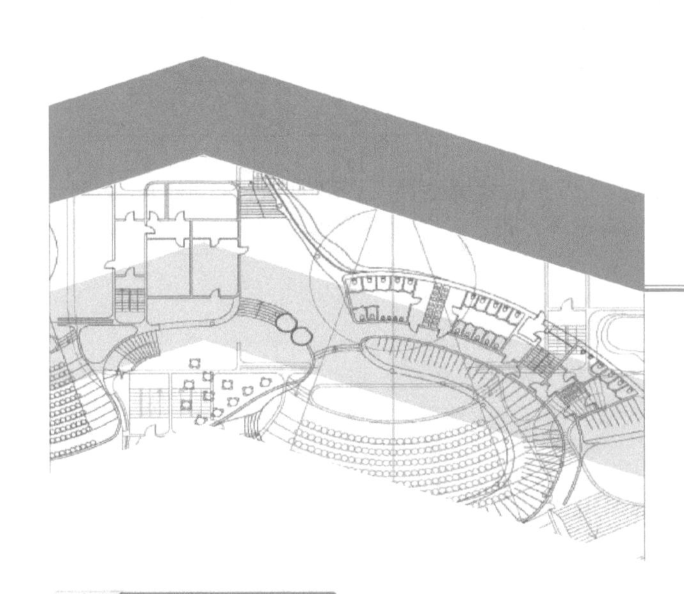

第七章

建筑装饰塑料

知识目标

通过对本章内容的学习，掌握建筑装饰塑料的组成及特性；了解塑料装饰板材、塑料地板、塑料壁纸和塑料门窗的种类及特点。

能力目标

能描述塑料的组成、基本特性与应用，塑料地板的分类与性能指标，以及塑料壁纸的分类、规格；能根据实际情况选用建筑塑料、塑料装饰板材、塑料壁纸和塑料门窗；能将装饰塑料应用到建筑装饰设计和施工中去。

建筑装饰塑料是指用于建筑装饰工程的各种塑料及其制品，是一种理想的可替代木材、部分钢材和混凝土等传统建筑材料的新型材料。

7.1 塑料的基本知识

7.1.1 塑料的组成

建筑塑料制品多数是以合成树脂为基本材料，再加入一些改性作用的添加剂，经混炼、塑化并在一定压力和温度下制成的。

1. 树脂

树脂是塑料的基本组成材料，是塑料中的主要成分，其用量占塑料用量的30%～60%。树脂在塑料中起胶结作用，不仅能自身胶结，还能将其他材料牢固地胶结在一起。树脂决定塑料的硬化性质和工程性质。

2. 添加剂

为了满足应用要求，需要加入多种作用不同的添加剂，常用的添加剂有以下几种。

(1) 填充剂

填充剂又称填料，它是绝大多数塑料中不可缺少的原料。在塑料中加入填充剂一方面可降低产品的成本，另一方面可以改善产品的某些性能，如提高塑料的强度、韧性、耐热性、耐老化性、抗冲击性等。填充剂应满足易被树脂润湿、与树脂有良好的黏附性、性质稳定、价廉、来源广的要求。常见的填充剂有滑石粉、硅藻土、石灰石粉、云母、石墨、石棉、玻璃纤维等，还可用木粉、纸屑、废棉、废布等。

(2) 稳定剂

稳定剂是一种可使塑料长期保持工程性质，延缓或抑制塑料过早老化的添加剂。按所发挥的作用不同，稳定剂可分为热稳定剂、光稳定剂及抗氧剂等。常用的稳定剂有硬脂酸盐、铅化物等。

(3) 增塑剂

增塑剂是指能降低塑料熔融黏度和温度，增加可塑性和流动性，以利于加工成形的添加剂。对增塑剂的要求是与树脂的相容性好，无色、无毒、挥发性小。常用的增塑剂有邻苯二甲酸酯类、磷酸酯类等。

(4) 润滑剂

润滑剂是为了防止塑料在加工过程中对设备和模具发生黏附现象，改进制品的表面光洁度，降低界面黏附而加入的添加剂。润滑剂对成形加工和对制品质量有着重要影响，特别是在聚氯乙烯塑料加工过程中不可缺少。常用的润滑剂有液体石蜡、硬脂酸及其盐类。

(5) 着色剂

着色剂又称色料，其作用是将塑料染制成所需要的颜色。着色剂除应满足色彩要求外，还应具有附着力强、分散性好、稳定性好等特性。常用的着色剂是有机或无机的染料或颜料。

7.1.2 塑料的特性

1. 密度小、比强度高

塑料密度一般为0.8 ~ 2.2g/cm^3，为天然石材密度的1/3 ~ 1/2，混凝土密度的1/2 ~ 2/3，钢材密度的1/8 ~ 1/4。塑料的比强度（强度除以密度）远高于水泥、混凝土，接近或超过钢材，是一种优良的轻质高强材料。

2. 耐腐蚀性好

大多数塑料对酸、碱、盐等腐蚀性物质的作用具有较高的抵抗性。热固性塑料不能被有机溶剂溶解，仅可能出现一定的溶胀。

3. 电绝缘性好

大多数塑料具有优良的电绝缘性，在高频电压下，可以作为电容器的介电材料和绝缘材料。

4. 加工和成型的工艺性能良好

塑料的加工成型方法很多，而且加工方法简单。热塑性塑料在很短时间内即可成型，塑料也可以采用机械加工，多数塑料也适用于焊接加工。

5. 装饰性好

塑料制品不仅可以着色，而且色彩鲜艳持久。可通过照相制版印刷，模仿天然材料的纹理，如木纹、大理石纹等；还可电镀、热轧、烫金制成各种图案和花型，使其表面具有立体感和金属质感。

6. 耐热性差

大多数塑料只可在100℃以下使用，有的使用温度不能超过60℃，少数可以在200℃左右的条件下使用。高于这些温度，塑料会出现软化、变形等现象。

7. 较易变形

大多数塑料比金属容易变形，这是塑料最大的缺点。塑料即使在常温下，经过长时间受力，也会缓慢变形并随温度的升高而蠕变加剧。添加了填料或使用了金属、玻璃纤维、碳纤维等增强材料的塑料，可使所受外力分布到较大的面积上，减轻蠕变。

7.1.3 常用的塑料品种

常用的塑料品种有聚氯乙烯（PVC）、聚乙烯（PE）、聚丙烯（PP）、聚苯乙烯（PS）及ABS塑料，用这些品种的原料可制成塑料板材、塑料管材、塑料卷材和塑料门窗等制品。

1. 聚氯乙烯（PVC）

PVC是建筑中应用最广的一种塑料，它是一种多功能材料，通过改变配方，可制成硬质的或软质的。PVC含氯量为56.8%，由于含有氯，具有自熄性，这对其用作建材十分有利。

2. 聚乙烯（PE）

PE是一种结晶性高聚物，结晶度与密度有关，一般密度越高，结晶度也越高。按密度可分为两大类：高密度聚乙烯（HDPE）和低密度聚乙烯（LDPE）。

3. 聚丙烯（PP）

PP 的密度为 0.90 g/cm^3 左右。PP 的燃烧性与 PE 接近，易燃且会滴落，引起火焰蔓延。它的耐热性比较好，在 100℃时还能保持常温时抗拉强度的一半。

4. 聚苯乙烯（PS）

PS 为无色透明类似玻璃的塑料，透光度可达 88%～92%。PS 的机械强度较高，但抗冲击性较差，即有脆性，敲击时有金属的清脆声音。PS 的耐溶剂性较差，能溶于苯、甲苯、乙苯等芳香族溶剂。

5. ABS 塑料

塑料是由丙烯腈、丁二烯和苯乙烯三种单体共聚而成的。丙烯腈使 ABS 塑料具有良好的耐化学性及表面硬度，丁二烯使 ABS 塑料坚韧，苯乙烯使它具有良好的加工性能。ABS 塑料的综合性能取决于这三种单体在塑料中的比例。

知识链接

塑料的由来

第一种完全合成的塑料出自美籍比利时人列奥·亨德里克·贝克兰。贝克兰 1863 年生于比利时根特。1884 年，21 岁的贝克兰获得根特大学博士学位，24 岁时就成为比利时布鲁日高等师范学院的物理和化学教授。

刚刚萌芽的电力工业蕴藏着绝缘材料的巨大市场。贝克兰嗅到的第一个诱惑是天然的绝缘材料虫胶价格的飞涨，几个世纪以来，这种材料一直依靠南亚的家庭手工业生产。经过考察，贝克兰把寻找虫胶的替代品作为第一个商业目标。当时，化学家已经开始认识到很多可用作涂料、黏合剂和织物的天然树脂和纤维都是聚合物，即结构重复的大分子，开始寻找能合成聚合物的成分和方法。

1907 年 7 月 14 日，贝克兰注册了酚醛塑料的专利。酚醛塑料是世界上第一种完全合成的塑料。贝克兰将它用自己的名字命名为“贝克莱特”。他很幸运，英国同行詹姆斯·斯温伯恩爵士只比他晚一天提交专利申请，否则英文里酚醛塑料可能要叫“斯温伯莱特”。1909 年 2 月 8 日，贝克兰在美国化学协会纽约分会的一次会议上公开了这种塑料。

7.2 塑料装饰板材

塑料装饰板材是指以树脂为浸渍材料或以树脂为基材，采用一定的生产工艺制成的具有装饰功能的板材。塑料装饰板材具有重量轻、装饰性强、生产工艺简单、施工简便、易于保养、适于与其他材料复合等特点，在装饰工程中得到广泛使用。

塑料装饰板材按原材料的不同可分为塑料金属复合板、硬质 PVC 板、三聚氰胺层压板、聚碳酸酯采光板、玻璃钢板、有机玻璃装饰板、复合夹层板等。按结构和断面形式可分为平板、波形板、实体异形断面板、中空异形断面板、格子板、夹芯板等。

7.2.1 硬质 PVC 板

硬质 PVC 板主要用作护墙板、屋面板和平顶板，有透明和不透明两种。透明板是以 PVC 板为基料，掺入增塑剂、抗老化剂，经挤压成型。不透明板是以 PVC 板为基材，掺入填料、稳定剂、颜料等，经捏和、混炼、拉片、切粒、挤出或压延而成型。硬质 PVC 板按其断面形式可分为平板、波形板和异形板等，如图 7-1 所示。

1. 平板

硬质 PVC 平板表面光滑、色泽鲜艳、不变形、易清洗、防水、耐腐蚀，同时具有良好的施工性能，可锯、刨、钻、钉。常用于室内饰面、家具台面的装饰。常用的规格为 2000mm × 1000mm、

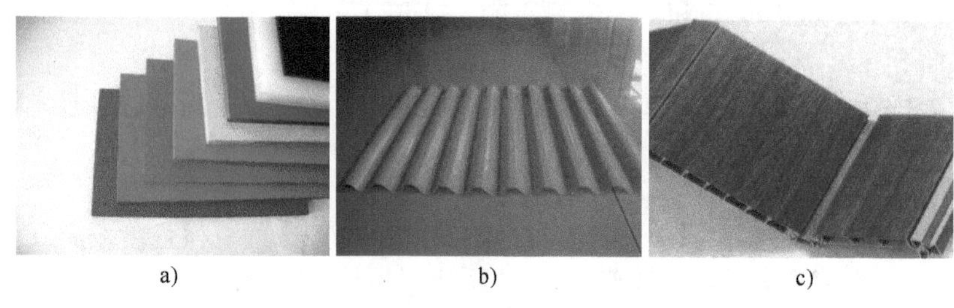

a) b) c)

图 7-1 硬质 PVC 板

a）平板 b）波形板 c）异形板

1600mm ×700mm、700mm ×700mm 等，厚度为 1mm 、2mm 和 3mm。

2. 波形板

硬质 PVC 波形板是具有各种波形断面的板材，有纵向波形板和横向波形板两种。这种波形断面既可以增加其抗弯刚度、同时也可通过其断面波形来吸收 PVC 较大的伸缩。

彩色硬质波形板可用作墙面装饰，特别是阳台栏板、窗间墙装饰和简单建筑的屋面防水。透明横波板可用作发光平顶；透明纵波板由于长度没有限制，适宜做成拱形采光屋面，中间没有接缝，水密性好。

3. 异形板

硬质 PVC 异形板有单层异形板和中空异形板两种基本结构。单层异形板的断面形式多样，一般为方形板，以使立面线条明显。中空异形板为栅格状薄壁异形断面，该种板材由于内部有封闭的空气腔，所以有优良的隔热、隔声性能。

硬质 PVC 异形板表面可印制或复合各种仿木纹、仿石纹装饰几何图案，有良好的装饰性，而且防潮、表面光滑、易于清洁、安装简单，常用作墙板和潮湿环境的吊顶板。

4. 格子板

硬质 PVC 格子板是将硬质 PVC 平板在烘箱内加热至软化，放在真空吸塑模上，利用板上下的空气压力差使硬板吸入模具成型，然后喷水冷却定形，再经脱模、修整而成的方形立体板材。格子板常用规格为 500mm ×500mm，厚度为 2 ~ 3mm，常用作体育馆、图书馆、展览馆或医院等公共建筑的墙面或吊顶。

7. 2. 2 三聚氰胺层压板

三聚氰胺层压板又称纸质装饰层压板或塑料贴面板，是以厚纸为骨架，浸渍酚醛树脂或三聚氰胺甲醛等热固性树脂，多层叠合经热压固化而成的薄型贴面材料，如图 7-2 所示。

图 7-2 三聚氰胺层压板

三聚氰胺层压板的结构为多层结构，即表层纸、装饰纸和底层纸。表层纸的主要作用是保护装饰纸的花纹图案，增加表面的光亮度，提高表面的坚硬性、耐磨性和抗腐蚀性；装饰纸主要起提供图案花纹的装饰作用和防止底层树脂渗透的覆盖作用，要求具有良好的覆盖性、吸收性、湿强度和印刷性；底层纸是层压板的基层，其主要作用是增加板材的刚性和强度，要求具有较高的吸收性和湿强度。除以上三层外，根据板材的性能要求，有时在装饰纸下加一层覆盖纸，在底层下加一层隔离纸。

三聚氰胺层压板按其表面的外观特性分为有光型（Y）、柔光型（R）、双面型（S）和滞燃型（Z）四种型号。三聚氰胺层压板按用途的不同分为平面板类（P）、立面板类（L）和平衡面板类（H）。

三聚氰胺层压板由于采用热固性塑料，所以耐热性优良，经100℃以上的温度不软化、不开裂和不起泡，具有良好的耐烫、耐燃性。由于骨架是纤维材料厚纸，所以有较高的机械强度，其抗拉强度可达90MPa。三聚氰胺层压板表面光滑致密，具有较强的耐污性，耐湿，耐擦洗，耐酸、碱、油脂及酒精等溶剂的侵蚀，经久耐用。

三聚氰胺层压板常用于墙面、柱面、台面、家具、吊顶等饰面工程。

7.2.3 聚碳酸酯采光板（PC板）

聚碳酸酯采光板，俗称阳光板，是以聚碳酸酯塑料为基材，采用挤出成型工艺制成的栅格状中空结构异形断面板材，常用的板面规格为5800mm×1210mm。

聚碳酸酯采光板的特点为轻，薄，刚性大，不易变形，能抵抗暴风雨、冰雹、大雪引起的破坏性冲击；色调多，外观美丽，有透明、蓝色、绿色、茶色、乳白等多种色调，极富装饰性；基本不吸水，有良好的耐水性和耐湿性；透光性好；隔热、保温。

聚碳酸酯采光板适用于遮阳棚、大厅采光天幕、游泳池和体育场馆的顶棚、大型建筑和庭园的采光通道、温室花房或蔬菜大棚的顶罩等，如图7-3所示。

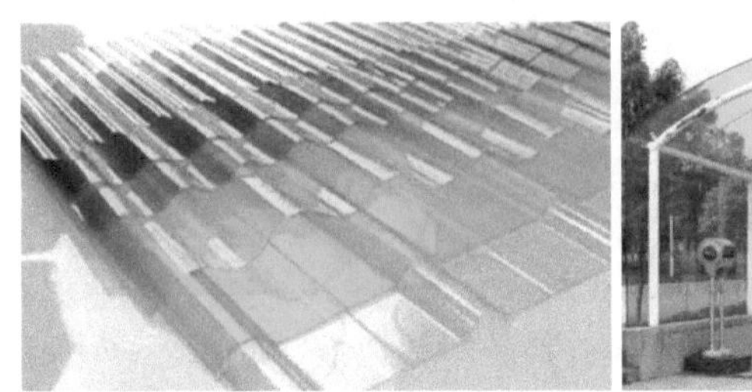

图7-3 聚碳酸酯采光板

7.2.4 玻璃钢板

玻璃钢（简称GRP）是以合成树脂为基体，以玻璃纤维或其制品为增强材料，经成型、固化而成的固体材料。

玻璃钢装饰制品具有良好的透光性和装饰性，可制成色彩艳丽的透光或不透光构件；强度高、质量轻，是典型的轻质高强材料；成型工艺简单灵活，可制作造型复杂的构件；具有良好的耐化学腐蚀性和电绝缘性；耐湿、防潮。玻璃钢制品最大的缺点是表面不够光滑。

7.2.5 铝塑板

铝塑板是一种以PVC塑料作芯板，两面为铝合金薄板的复合板材。厚度为3mm、4mm、5mm、6mm或8mm，常见的规格为1220mm×2440mm。

铝塑板表面铝板经过阳极氧化和着色处理，色泽鲜艳。由于采用了复合结构，铝塑板兼有金属材料和塑料的优点，如图7-4所示，其主要特点为质量轻、坚固耐久，可自由弯曲，弯曲后不反弹，因此成型方便。由于经过阳极氧化和着色、涂装表面处理，所以不但装饰性好，而且有较强的耐候性，可锯、铆、刨（侧边）、钻，可冷弯、冷折，易加工、组装、维修和保养。

图7-4 铝塑板

铝塑板是一种新型金属塑料复合板材，越来越广泛地应用于建筑物的外幕墙和室内外墙面、柱面和顶面的饰面处理。为保护其表面在运输和施工时不被擦伤，铝塑板表面都贴有保护膜，施工完毕后再行揭去。

知识链接

铝塑板常见的质量问题

1）铝塑板的变色、脱色主要是由于板材选用不当造成的。铝塑板分为室内用板和室外用板，两种板材的表面涂层不同，决定了其适用的不同场合。室内铝塑板，其表面一般喷涂树脂涂层，这种涂层适应不了室外恶劣的自然环境，如果用在室外，自然会加速其老化过程，引起变色脱色现象。室外铝塑板的表面涂层一般选用抗老化、抗紫外线能力较强的聚氟碳脂涂层。

2）铝塑板的开胶、脱落主要是由于黏结剂选用不当造成的。作为室外铝塑板工程的黏结剂应选用硅酮胶，若把专用的快干胶用在气候变化无常的室外，便会出现板材开胶、脱落的现象。

3）铝塑板表面的变形、起鼓。这种问题主要原因在粘贴铝塑板的基层板材上，其次才是铝塑板本身的质量问题。铝塑板使用的基层材料通常是高密度板、木工板之类，这类材料在室外使用时，其使用寿命是很有限的，经过风吹、日晒、雨淋后，就会产生变形，也就导致了面层铝塑板的变形。可见，理想的室外基层材料应采用经过防锈处理后的角钢、方钢管做成骨架，确保工程质量。

4）铝塑板胶缝不整齐。在装修建筑物表面时，所用的铝塑板板块之间一般都有一定宽度的缝隙，一般需要在缝隙中充填黑色的密封胶，才可能把胶缝做整齐。

7.3 塑料地板

塑料地板主要指塑料地板革、塑料地板砖等材料，它是用 PVC 塑料和其他塑料，再加入一些添加剂，通过热挤压法生产的一种片状地面装饰材料。塑料地板与涂料、地毯相比，价格适中，使用性能较好，适应性强，耐腐蚀，行走舒适，应用面广泛。

目前，国内塑料地板、塑胶地板材料的品种已有上百种。塑料地板按掺入的树脂来分，有聚氯乙烯塑料地板、氯乙烯-醋酸乙烯塑料地板和聚乙烯或聚丙烯塑料地板。树脂中加入一定比例的橡胶可制成塑胶地板。成品有硬质、半硬质和弹性地板。外形有块状（地板砖）和卷材（地板革）两种。生产方法有热压法、压延法、注射法等。目前市场上的产品多为压延法生产的半硬质 PVC 塑料地板砖。

塑料地板适用于宾馆、住宅、医院等建筑的地面，塑胶地板适用于体育场馆地坪、球场和跑道等地面装饰。下面介绍几种常用的塑料地板。

7.3.1 PVC 地板

1. PVC 地板的分类

1）印花或单色半硬质地板砖，如图 7-5a 所示。

2）印花或单色软质卷材地板。

3）凹凸花纹发泡或不发泡卷材地板，如图 7-5b 所示。

2. PVC 地板的特性

（1）尺寸稳定性

尺寸稳定性与增塑剂和填料的加入量有关，增塑剂多、填料少的软质 PVC 地板尺寸稳定性差，反之，半硬质地板的尺寸稳定性就好，使用中不应出现尺寸变化过大的现象。

（2）翘曲性

匀质 PVC 地板一般不发生翘曲，复合层地板因各层材料稳定性的差异容易出现翘曲。

（3）耐凹陷性

半硬质 PVC 地板耐凹陷性较好，其他地板在长期受压后造成的凹陷不易恢复。

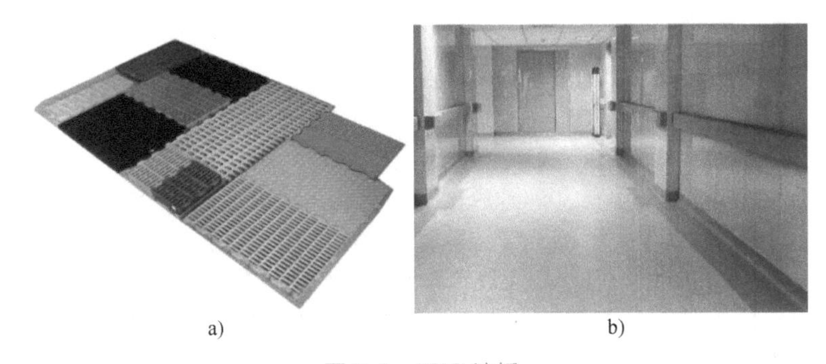

a) b)

图 7-5 PVC 地板

a）单色半硬质地板砖 b）印花不发泡卷材地板

（4）耐磨性

耐磨性与面层树脂的种类和填料的比例有关，填料多可提高耐磨性。

（5）耐热耐燃性

地板要有一定的耐热性，遇未熄灭的烟头，地板不应被引燃，且离火后应自熄，半硬质 PVC 地板的耐热性和耐燃性最好。

（6）耐污染、耐化学性

地板表面致密光滑则吸收性小，能抗化学侵蚀。PVC 塑料地板能耐油污、耐酸碱、不腐蚀，所以易清洗，这是 PVC 地板的一大特点。

（7）抗静电性

塑料地板经摩擦易产生静电，静电积聚易吸尘甚至产生火花而引起火灾。在 PVC 地板中加入一些抗静电剂，可避免产生静电积聚。有绝缘要求时不加抗静电剂。

（8）机械性能

高分子聚合物有一定的耐磨性和机械强度，填料可提高硬度，这是塑料地板的主要性能指标。

（9）耐老化性

PVC 塑料易老化是影响其使用的致命弱点，在生产中加入抗老化剂，可提高其抗老化性，可满足使用要求，一般寿命可达 20 年。

3. PVC 地板的性能比较

PVC 地板砖产品的种类很多，各有其特点，现将几种 PVC 地板砖的性能比较列于表 7-1。

表 7-1 几种 PVC 地板砖的性能比较

项目	半硬质地板砖	印花地板砖	软质单色卷材	不发泡印花卷材	发泡印花卷材
规格	300mm×300mm 330mm×330mm	303mm×303mm	(1.0~1.5)m× (20~25)m	(1.5~1.8)m× (20~25)m	(1.6~2.0)m× (20~25)m
弹性	硬	软-硬	软	软-硬	软有弹性
耐凹陷性	好	好	中	中	差
耐烟头性	好	差	中	差	最差
耐污染性	好	中	中	中	中
耐机械损伤	好	中	中	中	较好
脚感	硬	中	中	中	好
装饰性	一般	较好	一般	较好	好
施工	粘贴	粘贴	平铺可粘贴	可不粘贴	平铺可不粘贴

7.3.2 塑胶地板

半硬质 PVC 地板的弹性和韧性较差，在塑料地板中加入一定量的橡胶，就可制成塑胶地板。塑胶地板弹性大、耐磨、耐候性好，呈现卷材状。塑胶地板的种类有四种。

1）全塑型：是全塑胶弹性体，适于高能体育运动场地，如跑道、跳远、跳高的起跑道等。

2）混合型：它由防滑层和含有 50% 橡胶的颗粒胶层组成，适于大运动量体育场地。

3）颗粒型：由塑胶黏合塑胶颗粒组成，适于一般球场地面。

4）复合型：它是由颗粒型塑胶作底层胶，全塑型塑胶由中胶层和防滑面层叠合黏结而成，适于田径跑道。塑胶地板的厚度为 2～25mm。

知识链接

橡胶地板

橡胶地板使用高品质的天然橡胶、合成橡胶为基材，配以不含任何重金属的填充材料和颜色，它不含 PVC 材料，不含石粉，是绿色环保产品。

橡胶地板有超强的防滑性能，卓越的减躁性能，优异的防火性能（B1 级），使用寿命可达 20 年。适用于家庭、办公、学校、医院、商场、银行、博物馆、图书馆、幼儿园、宾馆、影剧院、老年人建筑等。

7.3.3 塑料地板的选用和保养

1. 地板选用的原则

地板品种及图案花色的选择，要与建筑物的整体设计风格相协调，做到既经久耐用，又对建筑物产生恰如其分的装饰效果。对有特殊要求的办公用房，如计算机室、控制车间，要注意避免静电对仪表的干扰，选用抗静电塑料地板；对某些要求空气净化的防尘车间，要选用防尘塑料地板。

2. 塑料地板的保养

塑料地板的保养一般应注意以下几点：

1）新铺贴的塑料地面 24h 内不得上人走动，7～10d 内应保持室内温湿度的稳定、通风，防止温度剧烈变化和过堂风劲吹。

2）定期打蜡，一般 1～2 个月打一次。

3）避免大量的水（拖地水），特别是热水、碱水与塑料地面接触。

4）尖锐的金属工具，如炊具、刀、剪等应避免跌落在塑料地板上，以免损坏其表面。

5）塑料地板上沾的墨水、食品、油渍等，应先擦去脏物，然后用稀的肥皂水擦洗痕迹，如仍洗不干净，可用少量溶剂（汽油）轻轻擦拭，直到痕迹消失为止。

6）不要在塑料地板上放置 60℃以上的热物及踩灭烟头，以免引起地板变形和焦痕。

7）在静荷载集中部位，如家具脚，最好垫一些面积大于家具脚 12 倍的垫块。

8）在受到阳光照射的地方，可能会出现局部褪色，最好加上窗帘遮阳。

9）严重损坏的塑料地板应及时更换，最好备用少量的塑料地板，以免更换的塑料地板和原来的颜色不一致。地板存放时要平放，不能侧立，以免造成铺贴不良。对于脱胶部位，清除干净后，用原来的黏结剂或市售的白胶水重新粘贴，保养 24h 后方可正常使用。

7.4 塑 料 壁 纸

壁纸和墙布是目前国内外广泛使用的墙面装饰材料。目前我国的塑料壁纸均为聚氯乙烯壁纸。它是以纸为基材，以聚氯乙烯为面层，用压延或涂敷方法复合，再经印刷、压花或发泡而制成的。其中花色有套花并压纹的，有仿锦缎的，仿木纹、石材的，仿各种织物的，仿清水砖墙并有凹凸质感及静电植绒等，如图 7-6 所示。

7.4.1 塑料壁纸的分类

塑料壁纸按外观装饰效果可分为印花壁纸、压花壁纸、浮雕壁纸；按功能可分为装饰性壁纸、耐水壁纸、防火壁纸等；按施工方法可分为现裱壁纸和背胶墙纸；按结构及加工方法不同可分为普通壁纸、发泡壁纸和特种壁纸。

图 7-6 塑料壁纸

1. 普通壁纸

普通壁纸是以 80～100g/m² 的纸作基材，涂塑 100g/m² 左右的聚氯乙烯糊，经印花、压花而成。这类壁纸又分单色压花、印花压花、有光印花和平光印花几种，花色品种多，适用面广，价格也低，是民用住宅和公共建筑墙面装饰中应用最普遍的一种壁纸。

2. 发泡壁纸

发泡壁纸是以 100g/m² 的纸作基材，涂塑 100～300g/m² 掺有发泡剂的 PVC 糊，印花后再加热发泡而成。这类壁纸有高发泡印花、低发泡印花和低发泡印花压花等品种。

高发泡印花壁纸的发泡倍数大，表面呈富有弹性的凹凸花纹，是一种兼具装饰和吸音功能的多功能壁纸，常用于歌剧院、会议室及住房的天花板装饰。低发泡印花壁纸是在掺有适量发泡剂的 PVC 糊涂层的表面印有图案或花纹，通过采用含有抑制发泡作用的油墨，使表面形成具有不同色彩的凹凸花纹图案，又称化学浮雕。低发泡印花壁纸的花团逼真，立体感强，装饰效果好，并有一定的弹性，适用于室内墙裙、客厅和内走廊装饰。

3. 特种壁纸

特种壁纸，又称功能壁纸，是指具有耐水、防火和特殊装饰效果的壁纸品种。耐水壁纸是用玻璃纤维毡作基材，在 PVC 涂塑材料中，配以具有耐水性的胶黏剂，以适应卫生间、浴室等墙面的装饰要求。防火壁纸是用 100～200g/m² 的石棉纸作基材，并在 PVC 涂塑材料中掺有阻燃剂，使壁纸具有一定的阻燃防火功能，适用于防火要求很高的建筑。特殊装饰效果的彩色砂粒壁纸，是在基材上散布彩色砂粒，再涂黏结剂，使表面呈砂黏毛面，可用于门厅、柱头、走廊灯的局部装饰。

7.4.2 塑料壁纸的规格

在建筑装饰材料领域常用的壁纸一般有以下三种：幅宽 530～600mm，长 10～12m，每卷为5～6m² 的窄幅小卷；幅宽 760～900mm，长 25～50m，每卷为 20～45m² 的中幅中卷；幅宽 920～1200mm，长 50m，每卷为 46～90m² 的宽幅大卷。

小卷壁纸是生产最多的一种规格，施工方便，选购数量和花色灵活，比较适合民用，一般用户可自行粘贴。中卷、大卷粘贴工效高，接缝少，适合公共建筑，由专业人员粘贴。

7.4.3 塑料壁纸的特点

塑料壁纸是目前国内外使用广泛的一种室内墙面装饰材料，也可用于顶棚、梁柱等处的贴面装饰。塑料壁纸有以下特点：

1. 装饰效果好

塑料壁纸表面可进行印花、压花发泡处理，能仿天然石材、木纹及锦缎，可印制适合各种环境的花纹图案，色彩也可任意调配，做到自然流畅，清淡高雅。

2. 性能优越

根据需要可加工成具有难燃、隔热、吸声、防霉等特性，不怕水洗，不易受机械损伤的产品。

3. 粘贴方便

塑料壁纸的湿纸状态强度仍较好，耐拉耐拽，易于粘贴，用黏合剂或乳白胶粘贴，且透气性能好，施工简单，陈旧后易于更换。

4. 使用寿命长，易维修保养

塑料壁纸表面可清洗，对酸碱有较强的抵抗能力，有利于墙面的清洁。

7.4.4 塑料壁纸的选用

塑料壁纸的图案色彩千变万化，适应不同用户所要求的丰富多彩的个性。选用时应以色调和图案为主要指标，综合考虑其价格和技术性质，以保证其装饰效果。

知识链接

塑料壁纸使用的禁忌

1）使用塑料壁纸时，应注意其燃烧性能等级、老化特性，防止其老化褪色或老化开裂。还应注意其封闭性，即这种材料的水密性和气密性，有时会出现因塑料墙面材料的封闭性导致砖墙体、混凝土墙体呼吸效应破坏的现象，从而使室内空气干燥，空气新鲜程度下降，令人产生不适感。

2）塑料壁纸属于软质聚氯乙烯塑料制品，加入了相当数量的塑料增塑剂（一般为20%~30%）。为了改善塑料的加工使用性能，塑料壁纸还加入少量的稳定剂、防老化剂、防霉剂等，这些助剂的毒性更大一些，有的甚至可能致癌。卧室一般密闭性较强，房间也较小，如果用塑料壁纸装点卧室，这些塑料助剂不停地挥发出来，会影响卧室小空间内空气的清新，久而久之会对人体健康产生不利的影响，因而塑料壁纸不适用于卧室。

7.5 塑料门窗

7.5.1 塑料门窗的概念

塑料门窗主要采用改性聚氯乙烯，并适量加入各种添加剂，经混炼、挤出等工序而制成塑料门窗异形材；再将异形材经过切割、焊接的方式制成门窗框、扇，配装上玻璃、橡胶密封条、五金配件等附件即可制成塑料门窗。

塑料门窗分为全塑门窗和复合塑料门窗。复合塑料门窗是在门窗框内部嵌入金属型材以增强塑料门窗的刚性，提高门窗的抗风压能力。所用的金属型材主要为铝合金型材和钢型材，所以复合塑料门窗又称“塑钢门窗”，如图7-7所示。

塑料门按结构形式可分为镶嵌门、框板门和折叠门；塑料窗按结构形式分为平开窗、上旋窗、下旋窗、垂直滑动窗、垂直旋转窗、垂直推拉窗、水平推拉窗和百叶窗等。

图7-7 塑钢门窗

a）塑钢门 b）塑钢窗

7.5.2 塑料门窗的性能

1. 保温节能性

塑料型材多为腔式结构，具有良好的隔热性能，传热系数小，仅为钢材的1/357，铝材的1/1250。有关部门调查后发现，使用塑料门窗比使用木窗的房间，冬季室内温度提高4~5℃。另外，塑料门窗的广泛使用也给国家节省了大量的木、铝、钢材料。生产同样重量的PVC型材的能耗是钢材的1/45，铝材的1/8，其经济效益和社会效益都是巨大的。

2. 气密性

塑料门窗在安装时所有缝隙处均装有橡塑密封条和毛条，所以其气密性远高于铝合金门窗。而塑料平开窗的气密性又高于推拉窗的气密性，一般情况下，平开窗的气密性可达一级，推拉窗可达二级至三级。

3. 水密性

因塑料型材具有独特的多腔式结构，均有独立的排水腔，无论是框还是扇的积水都能有效排出。塑料平开窗的水密性又远高于推拉窗，一般情况下，平开窗的水密性可达到二级，推拉窗可达到三级。

4. 抗风压性

在独立的塑料型腔内，可添加2~3mm厚的钢材，可根据当地的风压值、建筑物的高度、洞口大小、窗型设计来选择加强筋的厚度及型材系列，以保证建筑对门窗的要求。一般高层建筑可选择大断面推拉窗或内平开窗，抗风压强度可达一级或特一级；低层建筑可选用外平开窗或小断面推拉窗，抗风压强度一般在三级。

5. 隔音性

塑料型材本身具有良好的隔音效果，如采用双玻结构其隔音效果更理想，特别适用于闹市区噪音干扰严重需要安静的场所，如医院、学校、宾馆、写字楼等。

6. 耐腐蚀性

塑料型材具有良好的耐腐蚀性。塑料门窗的耐腐蚀性能主要取决于五金件的选择，如选防腐五金件或不锈钢材料，其使用寿命是钢窗的10倍左右。

7. 耐候性

塑料型材采用独特的配方，提高了其耐寒性。塑料门窗可长期使用于温差较大的环境中（-50~70℃），烈日暴晒、潮湿都不会使其出现变质、老化、脆化等现象。正常环境条件下塑料门窗的使用寿命可达50年以上。

8. 防火性

塑料门窗不易燃、不助燃、能自熄，安全可靠。

9. 绝缘性

塑料门窗使用的塑料型材为优良的电绝缘材料，不导电，安全系数高。

10. 易防护

塑料门窗不受侵蚀，又不会变黄褪色，不受灰、水泥及黏合剂影响，几乎不必保养。脏污时，可用任何清洗剂，清洗后洁白如初。

知识链接

塑料门窗使用的注意事项

1）当门窗安装完毕后，应及时撕掉型材表面保护膜，并擦洗干净；否则，保护膜上的胶会大量残留在型材上，黏土、黏灰、极不美观，而且很难再被清理干净。

2）在刮风时，应及时关闭平开窗窗扇。

3）门窗五金件上不能悬挂重物。

4）平开下悬窗是通过改变把手开启方向来实现不同开启的，要了解如何操作，以免造成损坏。

5）推拉门窗使用时，应经常清理推拉轨道，使轨道表面及槽里无硬粒子物质存在。

6）塑料门窗产品在窗框、窗扇等部位均开设有排水、减压系统，以保证门窗气密性能和水密性能，用户在使用时，切勿自行将门窗的排水孔和气压平衡孔堵住，以免造成门窗排水性能下降，在雨雪天气造成雨水内渗，给日常生活、工作带来不便。

7）推拉窗在推拉时，用力点应在窗扇中部或偏下位置，推拉效果较好，推拉时切勿用力过猛，以免降低窗扇的使用寿命。

8）纱扇清洗时，应将纱扇整体取下，用水溶性洗涤剂和软布擦洗。

9）冬季纱扇不使用时，可以根据需要将纱窗自行拆下保管。纱扇应存放在距离热源1m以外的地方，平放或短边竖向立放，不可用硬物压，以免变形。

10）推拉窗的纱扇在使用时，请注意与内侧推拉扇的竖边框相重合，能够保持良好的密封性。

实训任务

1. 参观建筑装饰材料市场，结合理论知识辨别不同的塑料装饰材料。
2. 参观装饰施工现场，结合塑料装饰材料的性能特点，了解不同材料的施工过程。

本章小结

塑料是由合成树脂、填料、增塑剂、固化剂、着色剂以及其他助剂组成。其中树脂决定塑料的主要性能和用途，而填充料和助剂、着色剂等主要是改善塑料的某些性能。

塑料有很多优点，如质轻、耐腐、耐磨、绝缘、绝热、隔声、无污染等，但也有不足之处，如耐热性低，易变形、易老化等。

了解硬质 PVC 板、三聚氰胺层压板、玻璃钢板、聚碳酸酯采光板、铝塑板等的性能特点及用途。掌握塑料地板的特点和性能，塑料地板的选用和保养。了解塑料壁纸的特点和规格，主要掌握普通塑料壁纸、发泡塑料壁纸、特种塑料壁纸的特点和应用。了解塑料门窗的分类和特点。

思考与练习

1. 塑料的主要组成是什么?
2. 建筑塑料的优缺点是什么?
3. 常用的塑料装饰板材有哪些品种？简述其性能特点及应用范围。
4. 塑料地板有哪些优良性能？有哪些品种?
5. 塑料地板如何保养?
6. 塑料壁纸有哪些种类?
7. 塑料门窗有哪些性能特点?

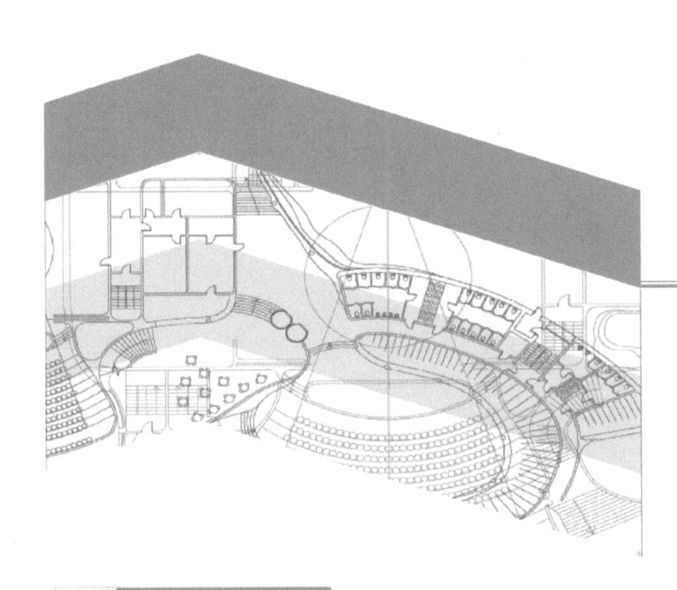

第八章

建筑装饰织物

知识目标

通过对本章的学习，熟悉地毯、墙纸、墙布、窗帘等织物装饰的性能特点与应用。

能力目标

能对地毯从材质、编织工艺、图案类型三方面进行分类；能描述地毯的主要技术性质，墙纸类、墙布类材料的制成与特点，窗帘的品种与选择；并能根据不同的使用场合、使用部位和要求做出正确、合理的选择。

装饰织物已经渗透到室内设计的各个方面，因为织物在室内的覆盖面较大，所以对室内的气氛、格调、意境等起很大的作用。织物所独具的触感、柔软舒适的特殊性能，是其他材料所不能替代的，尤其是使用在个性化的私密空间中，可以塑造出独特的温暖感觉。

8.1 织物的基本知识

装饰织物是指以纺织织物和编织物为面料制成的壁纸（墙布）、地毯、窗帘等。其原料可以是丝、羊毛、棉、麻和化纤等，也可以是草、树叶等天然材料。装饰织物可用于建筑室内装修的许多部位，可以配合室内陈设，创造出艺术环境气氛。装饰织物按照使用部位可分为以下类别。

1. 地毯

地毯给人们提供了一个富有弹性、温暖、舒适的地面环境，它具有防寒、防潮、减少噪音等功能，并可创造象征性的空间。

2. 窗帘、帷幔

窗帘、帷幔具有分隔空间、避免干扰、调节室内光线、防止灰尘进入、保持室内清净、隔音消声等作用，冬日保暖，夏日遮阳。从室内装饰效果看，窗帘、帷幔还可以丰富室内空间构图，增加室内装饰的艺术气氛。

3. 家具、陈设覆盖织物

家具、陈设覆盖织物的主要功能是防磨损、防灰尘、衬托和点缀环境气氛等，如床罩、沙发巾、台布等。

4.　靠垫

靠垫包括坐具、卧具（沙发、椅、凳、床等）上的附设品，可以用来调节人体的坐卧姿势，使人体与家具的接触更为贴切。其艺术装饰性也是不容忽视的。

5. 其他织物

织物的使用除上述各方面外，还有壁挂、墙纸、墙布、屏风、摆设等。壁挂包括壁毯及悬挂织物等，墙纸、墙布用于墙壁和天棚等处，它们都具有很好的使用价值和装饰性。

8.2 地　　毯

随着经济的发展，人们生活水平的提高，室内装饰尤其是软装饰已成为一种新的时尚潮流，而地面装饰中的地毯，无论在家居还是在酒店宾馆、办公写字楼、公共娱乐等场所都被广泛应用。

地毯具有紧密透气的结构，可以吸收和隔绝音波，有良好的隔声效果；地毯表面绒毛可以捕捉、吸附空气中的尘埃颗粒，有效改善室内空气质量；地毯是一种软性铺装材料，有别于大理石、瓷砖等硬性地面铺装材料，不易滑倒磕碰；地毯具有丰富的图案、绚丽的色彩、多样化的造型；地毯没有辐射，不散发有害身体健康的气体，可达到各种环保要求。

8.2.1 地毯的分类

1. 按材质分类

(1) 纯毛地毯

纯毛地毯（图 8-1a）手感柔和，拉力大，弹性好，图案优美，色彩鲜艳，质地厚实，脚感舒适，并具有抗静电性能好，不易老化，不褪色等特点，是高档的地面装饰材料。纯毛地毯的耐菌性和耐潮湿性较差，价格昂贵，多用于高级别墅住宅的客厅、卧室等处。

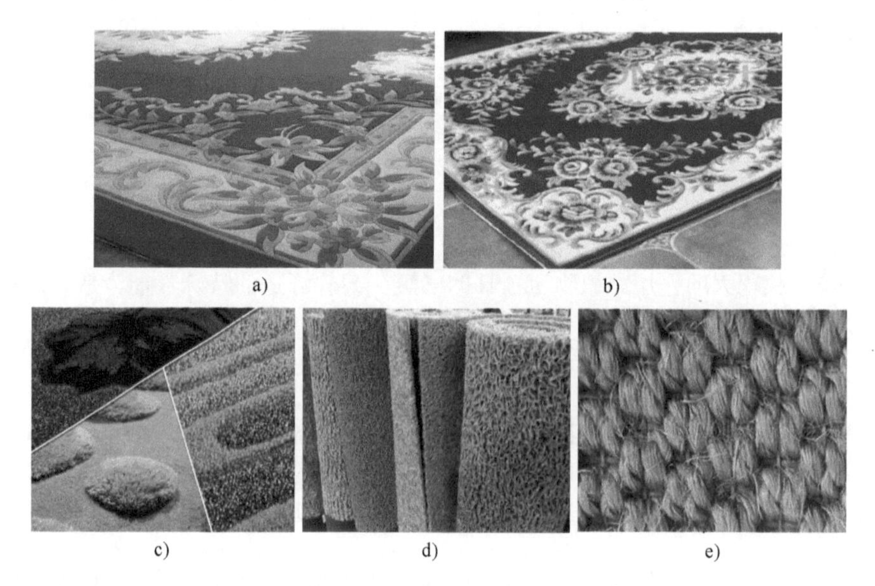

图 8-1　地毯按材质分类

a）纯毛地毯　b）混纺地毯　c）化纤地毯　d）塑料地毯　e）剑麻地毯

(2) 混纺地毯

混纺地毯（图 8-1b）是在纯毛纤维中加入一定比例的化学纤维制成。该种地毯在图案花色、质地手感等方面与纯毛地毯差别不大，但克服了纯毛地毯不耐虫蛀、易腐蚀、易霉变的缺点，同时提高了地毯的耐磨性能，大大降低了地毯的价格，在高档家庭装修中成为地毯的主导产品。

(3) 化纤地毯

化纤地毯也称为合成纤维地毯，是以锦纶（又称尼龙纤维）、丙纶（又称聚丙烯纤维）、腈纶（又称聚丙烯腈纤维）、涤纶（又称聚酯纤维）等化学纤维为原料，用簇绒法或机织法加工成纤维面层，再与麻布底层缝合而成。其质地、视感都近似于羊毛，耐磨而富有弹性，色彩鲜艳，具有防燃、防污、防虫蛀的特点，清洗维护方便，在一般家庭装修中使用日益广泛，如图 8-1c 所示。

(4) 塑料地毯

塑料地毯采用聚氯乙烯树脂、填料、增塑剂等多种材料和外加剂制成，经混炼、塑化在地毯模具中成形而制成的一种新型地毯，如图 8-1d 所示。虽然塑料地毯质地较薄，手感硬，受气温的影响大，易老化，但该种材料色彩鲜艳，耐湿性、耐腐蚀性、耐虫蛀及可擦洗性都比其他材质有很大提高，特别是它具有阻燃性和价格低廉的优势，多用于宾馆、商场、浴室和住宅的门厅。

(5) 剑麻地毯

剑麻地毯是采用植物纤维剑麻（西沙尔麻）为原料，经纺纱、编织、涂胶、硫化等工序制成，如图8-1e所示。产品分素色和染色两种，有斜纹、罗纹、鱼骨纹等多种花色。剑麻地毯具有耐酸、耐碱、无静电现象等特点，但弹性较差，手感粗糙。它适用于公共场所的地面铺设。

2. 按编织工艺分类

(1) 手工编织地毯

手工编织地毯专指纯毛地毯，它是采用双经双纬，通过人工打结栽绒，将绒毛层与基底一起编织而成。手工编织地毯做工精细，图案千变万化，是地毯中的上品。但手工地毯也有缺点，如工效较低，产量少等，因此手工地毯成本高，价格昂贵。

(2) 簇绒地毯

簇绒地毯是目前各国生产化纤地毯的主要方式。它是通过带有一排往复式穿针的纺机生产出厚实的圈绒地毯，用锋利的刀片横向切割毛圈顶部，并经修剪成为平绒地毯。簇绒地毯表面纤维密度大，因而弹性好，脚感舒适，而且可在毯面上印染各种花纹图案。

(3) 无纺地毯

无纺地毯是指无经纬编织的短毛地毯。这种地毯因其生产工艺简单，成本低，故而价格较低，但其弹性和耐久性较差。

3. 按图案类型分类

(1) 京式地毯

京式地毯是指北京式传统地毯，地毯图案工整对称，色调典雅，庄重古朴，具有独特的寓意及象征性，如图8-2a所示。

a) b) c) d) e)

图8-2 地毯按图案类型分类

a) 京式地毯 b) 美术式地毯 c) 仿古式地毯
d) 彩花式地毯 e) 素凸式地毯

(2) 美术式地毯

美术式地毯具有主调颜色，其他颜色和图案都是衬托主调颜色的特点，突出美术图案，给人以繁花似锦的感觉，如图8-2b所示。

(3) 仿古式地毯

仿古式地毯是以古代的花纹图案、风景、花鸟等为题材，给人以古色古香、古朴典雅的感觉，如图 8-2c 所示。

（4）彩花式地毯

彩花式地毯是以黑色为底色，配以小花图案，浮现百花争艳的情调，色彩绚丽，名贵大方，如图 8-2d 所示。

（5）素凸式地毯

素凸式地毯的色调较为清淡，图案为单色凸花织做，纹样剪片后清晰美观，犹如浮雕，幽静雅致，如图 8-2e 所示。

8.2.2 常见地毯

1. 纯毛地毯

纯毛地毯分为手工编织纯毛地毯和机织纯毛地毯两种。

（1）手工编织纯毛地毯

手工编织的纯毛地毯是利用现代染色技术将优质棉毛纺纱染成最牢固的绚丽色彩，经精湛的手工技巧织成瑰丽的图案，再以专用机械平整毯面，最后用化学方法染出丝光。

手工编织地毯是自下往上垒织栽绒打结而制成，每垒织打结完一层称一道，通常用一英尺高的毯面上垒织的道数表示地毯的栽绒密度。道数越多，栽绒密度越大，地毯质量越好，价格也越贵。地毯的档次也与道数成正比关系，一般家用地毯为 90～150 道，高级装修用的地毯均在 200 道以上，个别可达 400 道。手工编织地毯具有图案优美、色泽鲜艳、质地厚实、富有弹性、柔软舒适、经久耐用等特点，用来铺地装饰效果极佳。

（2）机织纯毛地毯

机织纯毛地毯具有毯毛平整、富有弹性、脚感舒适、耐磨、耐用等特点，其性能与纯毛手工地毯相似，但价格远低于手工地毯。与化纤地毯相比，其回弹性、抗静电、抗老化、耐燃性等均优于化纤地毯。

机织纯毛地毯最适合用于宾馆、饭店、楼梯、楼道、宴会厅、酒吧间、会客厅、家庭、体育馆等满铺使用。另外，此类地毯还有阻燃性产品，可用于防火性能要求较高的建筑物室内地面。

2. 化纤地毯

（1）化纤地毯的构造

化纤地毯由面层、防松涂层和背衬三部分构成。

1）面层。面层是以聚丙烯纤维（丙纶）、聚丙烯腈纤维（腈纶）、聚酯纤维（涤纶）、聚酰胺纤维（锦纶）等化学纤维为原料，通过机织和簇绒等方法加工成为面层织物。

2）防松涂层。防松涂层是指涂刷于面层织物背面初级背衬上的涂层。这种涂层是以氯乙烯-偏氯乙烯共聚乳液为主要成膜物质，再添加增塑剂、增稠剂及填料等配制而成的一种涂料。将其涂于面层织物背面，可以增加地毯绒面纤维在初级背衬上的固着牢度，使之不易脱落。

3）背衬。背衬材料一般为麻布，采用胶结力很强的丁苯乳胶、天然乳胶等水乳型橡胶作胶黏剂，将麻布与已经防松涂层处理过的初级背衬相黏接，以形成次级背衬，然后再经加热、加压、烘干等工序，即成卷材成品。

（2）化纤地毯的主要技术性质

1）耐磨性。地毯的耐磨性用耐磨次数来表示，即地毯在固定压力下磨至背衬露出所需要的次数。耐磨次数越多，表示耐磨性越好。耐磨性的优劣与所用材质、绒毛长度及道数有关。耐磨性是衡量化纤地毯耐久性的重要指标。

2）弹性。地毯的弹性是指地毯经过一定次数的碰撞（一定动荷载）后厚度减少的百分率。弹性反映地毯受压后，其厚度产生压缩变形的程度，这是反映脚感是否舒适的重要性能。纯毛地毯的弹性好于化纤地毯，而丙纶地毯的弹性不及腈纶地毯。

3）剥离强度。剥离强度是衡量地毯面层与背衬复合强度的一项性能指标，也是衡量地毯复合后的耐水性指标。通常以背衬剥离强度表示，即指采用一定的仪器设备，在规定速度下将 50mm 宽的地毯试样面层与背衬剥离至50mm长时所需要的最大力。

4）黏合力。黏合力是衡量地毯绒毛固着在背衬上的牢固程度的指标。化纤簇绒地毯的黏合力用簇绒拔出力来表示，要求圈绒毯簇绒拔出力大于20N，平绒毯簇绒拔出力大于12N。

5）抗老化性。抗老化性主要是针对化纤地毯而言。这是因为化学合成纤维在空气、光照等因素作用下会发生氧化，使性能下降。通常抗老化性是用经紫外线照射一定时间后，化纤地毯的耐磨次数、弹性及色泽的变化情况加以评定。

6）抗静电性。化纤地毯使用时易产生静电、吸尘和难清洗等问题，严重时使人有触电的感觉，因此化纤地毯生产时常掺入适量抗静电剂。抗静电性用表面电阻和静电压来表示。

7）耐燃性。耐燃性是指地毯遇到火种时，在一定时间内燃烧的程度。燃烧时间在12min以内，燃烧直径在17.96cm以内，表示耐燃性合格。

8）耐菌性。地毯作为地面覆盖物，在使用过程中，易被虫、菌所侵蚀而发生霉烂变质。凡能耐受8种常见的霉菌和5种常见的细菌的侵蚀而不长菌、不霉变的均认为合格。

8.2.3 地毯的选购

选购地毯时一看图案，整体构图的比例要协调完整，图案的线条要清晰圆滑，不同颜色之间的轮廓要鲜明；二看颜色，把地毯平整放在日光灯下，观看全毯颜色要协调、均匀，色彩间要有一定过渡；三看毯面，毯型是否正，优质地毯不但平整，而且线条密，无瑕疵；四看做工，首先看“道线”（经纬线的密度），一般是越高越好，再看打结工艺，一般“土耳其扣”（前后两根经线上绕720°）比“八字扣”（前后两根经线上绕360°）要好。

知识链接

地毯保养小窍门

地毯的清洗是将比例为6∶1∶1的面粉、精盐和石膏粉用水和成糊状并降温冷却使其成为干块状，然后压成小块，撒在地毯脏处，再用硬刷使其在地毯上滚动，直至滚成粉状，用吸尘器吸净即可。

如果不慎将地毯烧焦，可用修补法消除。先将烧焦处尽量用硬毛刷刷掉，然后可将地毯其他地方的绒毛用剪刀剪下，再用黏合剂把它黏在烧焦处，用相当于书本轻重带平面的东西压在上面，待黏合剂干燥后，黏上的毛就牢固了，最后用毛刷轻轻梳理一下便可。

地毯用久了颜色就不再鲜艳，要使旧地毯颜色变得鲜艳起来，可在前一天晚上把食盐撒在地毯上，第2天早上用干净的温抹布把盐除去，地毯的鲜艳颜色就会恢复。

地毯上动植物油迹可用棉花蘸纯度较高的汽油擦拭。果汁和啤酒迹要先用软布蘸洗衣粉溶液擦拭，再用温水加少许食醋溶液擦洗。墨水迹可在污处撒细盐末，再用温肥皂水刷除。若是陈迹宜用牛奶浸润片刻，再用毛刷蘸取牛奶刷拭即可。

8.3 墙面装饰织物

墙面装饰织物是指以纺织物和编织物为面料织成的壁纸或墙布。目前壁纸、墙布室内装饰是应用较为广泛的墙面及天花板面的装饰材料，由于其质地柔软、图案多样、色彩多样，同时具有耐用、耐洗、施工方便等特点，深受人们喜爱。

8.3.1 织物壁纸

织物壁纸主要有纸基织物壁纸和麻草壁纸两种。

1. 纸基织物壁纸

纸基织物壁纸是以棉、麻、毛等天然纤维制成各种色泽、花色和粗细不一的纺线，经特殊工艺处理和巧妙的艺术编排黏合于纸基上而制成。这种壁纸面层的艺术效果主要通过各色纺线的排列来达到，有的用纺线排出各种花纹，有的有荧光，有的线中夹有金、银丝，使壁纸呈现金光点点，同时还可压制成浮雕绒面图案。

纸基织物壁纸的特点是色彩柔和幽雅、墙面立体感强、吸音效果好、耐日晒、不褪色、无毒无害、无静电、不反光、具有透气性、能调节室内湿度。其适用于宾馆、饭店、办公楼、会议室、接待室、疗养院、计算机房、广播室及家庭卧室等室内墙面装饰。

2. 麻草壁纸

麻草壁纸是以纸为基底，以编织的麻草为面层，经复合加工而制成的墙面装饰材料。

麻草壁纸具有吸声、阻燃、散潮气、不吸尘、不变形等特点，并具有自然、古朴、粗犷的大自然之美。其适用于会议室、接待室、影剧院、酒吧、舞厅以及饭店、宾馆的客房等的墙壁贴面装饰，也可用于商店的橱窗设计。

8.3.2 墙布

墙布主要有玻璃纤维印花贴墙布、无纺贴墙布、化纤装饰贴墙布、棉纺装饰贴墙布及高级墙面装饰织物等。

1. 玻璃纤维印花贴墙布

玻璃纤维印花贴墙布是以中碱玻璃纤维布为基料，表面涂以耐磨树脂，印上彩色图案而成，如图 8-3a 所示。其特点是色彩鲜艳，花色多样，装饰效果好，室内使用不褪色、不老化，防水、耐湿性强，便于清洗，价格低廉，施工简单，粘贴方便。其适用于宾馆、饭店、工厂净化车间、民用住宅等室内墙面装饰，尤其适用于室内卫生间、浴室等墙面。

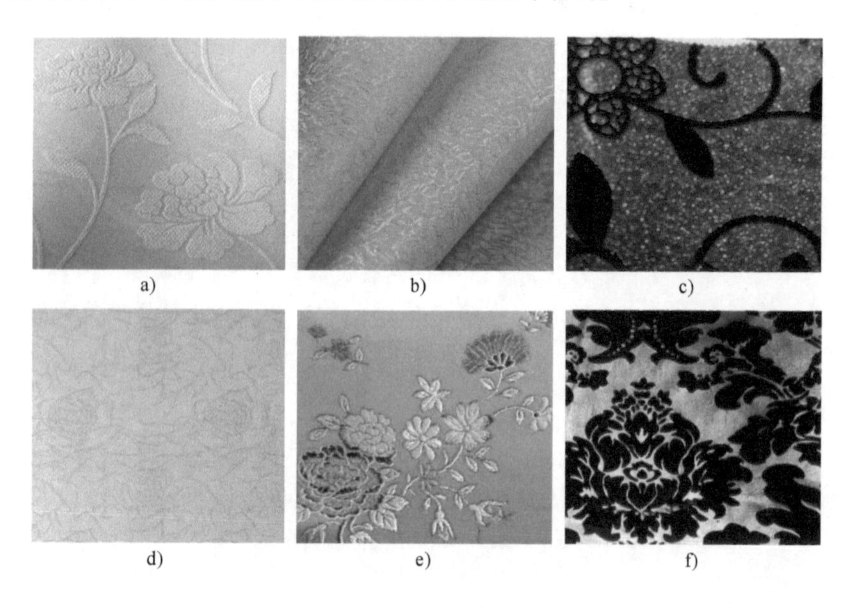

图 8-3 各类墙布

a）玻璃纤维印花贴墙布 b）无纺贴墙布 c）化纤装饰贴墙布
d）棉纺装饰贴墙布 e）锦缎贴墙布 f）丝绒贴墙布

2. 无纺贴墙布

无纺贴墙布是采用棉、麻等天然纤维或涤、腈等合成纤维，经过无纺成型、上树脂、印刷彩色花纹等工序制成，如图 8-3b 所示。

无纺贴墙布的特点是挺括、富有弹性、不易折断，纤维不老化、不散失，对皮肤无刺激作用，墙布色彩鲜艳、图案雅致，具有一定的透气性和防潮性，可擦洗而不褪色，且粘贴施工方便。其适用于各种建筑物的室内墙面装饰，尤其是涤纶无纺墙布，除具有麻质无纺墙布的所有性能外，还具有质地细洁、光滑等特点，特别适合于高级宾馆和住宅。

3. 化纤装饰贴墙布

化纤装饰贴墙布是以化学纤维织成的布（单纶或多纶）为基材，经一定处理后印花而成，如图 8-3c 所示。常用的化学纤维有粘胶纤维、醋酸纤维、丙纶、腈纶、锦纶、涤纶等。

化学装饰贴墙布具有无毒、无味、透气、防潮、耐磨、不分层等特点。其适用于宾馆、饭店、办公室、会议室及民用住宅的内墙面装饰。

4. 棉纺装饰贴墙布

棉纺装饰贴墙布是以纯棉平布为基材，经过处理、印花、涂布耐磨树脂等工序制作而成，如图 8-3d 所示。这种墙布的特点是强度大、静电小、蠕变性小、无光、吸声、无毒、无味，对施工人员和用户均无害，花型色泽美观大方。其适用于宾馆、饭店及其他公共建筑和较高级的民用住宅建筑中的内墙装饰。

5. 高级墙面装饰织物

高级墙面装饰织物是指锦缎、丝绒、呢料等织物，这些织物因纤维材料、制造方法以及处理工艺不同，所产生的质感和装饰效果也就不同，但均能给人们以美感。

锦缎也称织锦缎，由于丝织品的质感与丝光效应，使其显得绚丽多彩、高雅华贵，如图 8-3e 所示。锦缎具有很高的装饰作用，常被用于高档室内墙面的浮挂装饰，也可用于室内高级墙面的裱糊。但其价格昂贵、柔软易变形、施工难度大、不能擦洗、不耐脏、不耐光、易留下水渍的痕迹、易发霉，故其应用受到了很大的限制。

丝绒色彩华丽、质感厚实温暖、格调高雅，主要用于高级建筑室内窗帘、柔隔断或浮挂，可营造出富贵、豪华的氛围，如图 8-3f 所示。

粗毛呢料或纺毛化纤织物或麻类织物，质感粗实厚重，具有温暖感，吸声性能好，还能从纹理上显示出厚实、古朴等特色，适用于高级宾馆等公共厅堂柱面的裱糊装饰。

8.3.3 墙布的选购原则

1）看。看墙布的表面是否存在色差、皱褶和气泡，墙布的花案是否清晰、色彩均匀。

2）摸。看过之后，可以用手摸一摸墙布，感觉它的质感是否好，纸的薄厚是否一致。

3）闻。如果墙布有异味，很可能是甲醛、氯乙烯等挥发性物质含量较高。

4）擦。可以裁一块墙布小样，用湿布擦拭纸面，看看是否有脱色现象。

知识链接

墙布和壁纸的比较

1. 在质感上墙布比壁纸更胜一筹。

2. 壁纸色牢度差，长时间铺贴会褪色、变黄破坏室内环境；墙布由于是纺织而成的棉、麻、丝，具有较好的固色能力，能长久保持铺贴效果。

3. 壁纸在空气湿度大的环境容易滋生霉菌，不但破坏装饰效果，而且壁纸也被破坏且不可修复；而墙布防潮透气性明显强于壁纸，一旦污染极易清洗，且不留痕迹。

4. 墙布以各类纯布作为表面主材，具有很强的抗拉性。对于墙面因腻子原因造成的裂缝问题起到了遮盖、保护、凝聚的作用。

5. 墙布采用的棉、麻、丝纺织工艺有对声波产生漫散、浸透和软反射的作用，故其吸音、消音、隔音效果更强于壁纸。

8.4 窗　　帘

窗帘是室内装饰不可缺少的组成部分，它具有遮挡光线、装饰室内、平衡色调、吸声排暑、调节室温和隔声等作用，如图 8-4 所示。

图8-4　窗帘

窗帘面料质地包括天然纤维、人造纤维和合成纤维。天然纤维是指由棉、毛、麻、绸制成的织物；人造纤维是自然纤维的重建与化学处理，如尼龙；合成纤维则是通过化学处理的纤维。质量优良的窗帘布料多具有布面平整、悬垂感强、手感舒适、不缩水、不变形和易洗涤等特点。

8.4.1　窗帘的分类

1. 按材质分类

窗帘按材质划分，包括纯棉、真丝、仿真丝、天鹅绒、麻纱、乔其纱、尼龙、PVC 面料等。

2. 按悬挂方式分类

窗帘的悬挂方式很多，从层次上分为单层和双层；从开闭式上分为单幅平拉、双幅平拉、整幅竖拉和上下两段竖拉等。

8.4.2　窗帘的选购原则

1. 考虑居室的整体效果

一般而言，薄型织物如薄棉布、尼龙绸、薄罗纱、网眼布等制作的窗帘，不仅能透过一定程度的自然光线，同时又可使人在白天的室内有一种隐秘感和安全感。由于这类织物具有质地柔软、轻薄等特点，因此悬挂于窗户之上效果较佳。同时，还要注意与厚型窗帘配合使用，因为厚型窗帘对于形成独特的室内环境及减少外界干扰效果更显著。

2. 考虑窗帘的花色图案

织物的花色要与居室相协调，可根据所在地区的环境和季节权衡确定。夏季宜选用冷色调薄质的织物，冬季宜选用暖色调质地厚实的织物，春秋两季宜选择中性色调的织物。从居室整体协调的角度上说，应考虑与墙体、家具、地板等的色泽是否协调。

3. 考虑窗帘的式样和尺寸

在式样方面，一般小房间的窗帘应以简洁的式样为好，以免使空间因为窗帘的繁杂而显得更为窄小。而对于大居室，则宜采用比较大方、气派、精致的式样。窗帘的宽度尺寸，一般以两侧比窗户各宽出 10cm 左右为宜，底部应视窗帘式样而定；短式窗帘应长于窗台底线 20cm 左右为宜；落地窗帘，一般应距地面 2 ~ 3cm。

实训任务

1. 参观装饰材料市场，认识地毯，了解地毯的性能，掌握地毯的选用。
2. 参观装饰施工现场，结合壁纸、墙布的性能特点，了解壁纸、墙布的施工过程。
3. 参观装饰材料市场，了解窗帘的类型，了解窗帘的选购。

知识链接

窗帘的发展

汉朝蔡伦发明了纸后，人们开始用纸作为窗的遮盖物。中国古代的窗户上都是糊窗户纸，窗眼很小很密，这样做一是为了防盗，二是窗眼太大了窗户纸容易被风刮破。

宋朝出现布艺之后，人们便把它用作窗饰，因为它的花纹丰富又轻便，演绎出了万众风情的窗帘。布帘按材质分有棉纱布、涤纶布、涤棉混纺、棉麻混纺等。不同的材质、纹理、颜色、图案等综合起来就形成了不同风格的布帘，可配合不同风格的室内设计。直至今天，人们依然很喜欢使用布作为窗帘。

近代，由于科技的发展，帘布的材质有了飞跃的发展，出现了以铝合金、木片、无纺布为材质做成的窗帘。这些窗帘统称为简约窗帘。随着科技的进步及阻燃技术的发展，各种功能的窗帘不断涌现，概括起来大致有阻燃、节能、吸音、隔音、抗菌、防霉、防水、防油、防污、防尘、防静电、报警、照明等各种窗帘，以及综合了以上功能的多功能窗帘。

由于消费者审美的转变及环保意识的逐渐加强，窗帘不仅体现一个房间的表情，也反映了主人的生活品味和情趣。一款落落大方、简约高雅的窗帘，可以为居室锦上添花。除了装饰功能外，窗帘的材质、功能、舒适度也与人们的健康、生活息息相关。因此，隔热保温窗帘、防紫外线窗帘与现代简约风格的窗帘也越来越多，纷纷受到广大消费者和白领们的追捧。

本章小结

地毯是一种高级的地面装饰材料，其分类方法也多种多样，如按材质分、按编织工艺分、按图案类型分。常用的地毯有纯毛地毯和化纤地毯。选购地毯时一看图案，二看颜色，三看毯面，四看做工。

墙面装饰织物是指以纺织物和编织物为面料织成的壁纸或墙布。织物壁纸主要有纸基织物壁纸和麻草壁纸两种。墙布主要有玻璃纤维印花贴墙布、无纺贴墙布、化纤装饰贴墙布、棉纺装饰贴墙布及高级墙面装饰织物等。墙布的选购原则是一看，二摸，三闻，四擦。

窗帘是室内装饰不可缺少的组成部分，它具有遮挡光线、装饰室内、平衡色调、吸声排暑、调节室温和隔声等作用。窗帘可按材质分类，也可按悬挂方式分类。选购窗帘时，需考虑居室的整体效果、窗帘的花色图案、窗帘的式样和尺寸。

思考与练习

1. 地毯的分类方法有哪些？
2. 常用的织物壁纸和墙布有哪些？各有何特点？
3. 窗帘的作用有哪些？如何选购？
4. 根据化纤地毯的构造，指出它们各起什么作用？
5. 化纤地毯的技术性能指标有哪些？

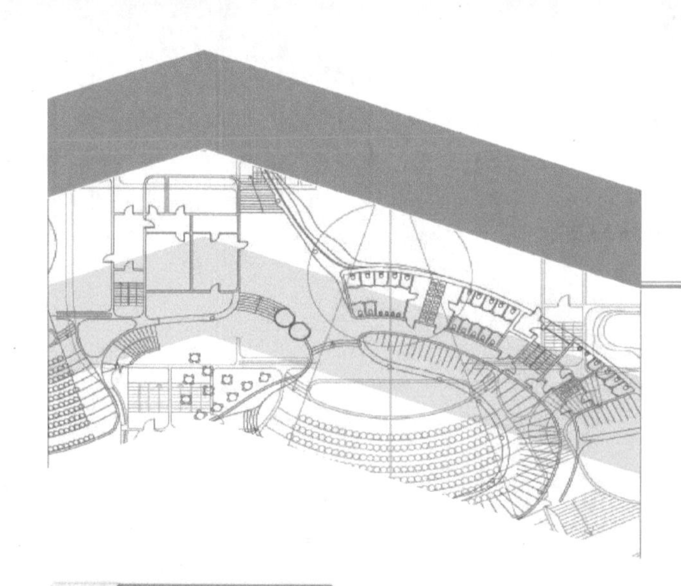

第九章

建筑装饰涂料

知识目标

通过对本章的学习，了解建筑装饰涂料的概念、分类、命名，掌握建筑装饰涂料的组成及各组分的作用。熟悉外墙涂料、内墙涂料、地面涂料、防水涂料的常用品种、特点、应用以及建筑装饰涂料的特性及涂料中有毒有害物质的限量，以及在装饰工程中合理地选购和选用涂料。

能力目标

通过掌握常见的装饰涂料的分类、组分、性质及应用，了解建筑装饰涂料的特性及涂料中有毒有害物质的限量，可根据实际的装饰工程科学合理地对建筑装饰涂料进行识别与选用。

9.1 建筑涂料的基本知识

建筑涂料是指涂于物体表面能很好地黏结形成完整的保护膜，同时具有防护、装饰、防锈、防腐、防水功能的物质，如图9-1所示。涂料的作用为装饰保护，保护被涂饰物表面，防止来自外界化学物质、光、氧气、溶剂等腐蚀。涂料涂在物体表面，可改变被涂物的花纹、颜色、纹理、光泽度、质感，延长被涂物的使用寿命。

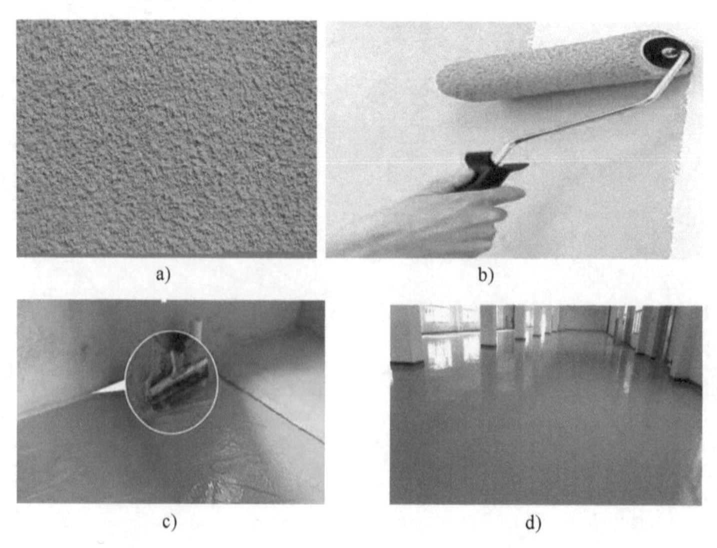

图9-1 涂料的种类

a）外墙涂料 b）内墙涂料 c）防水涂料 d）地面涂料

涂料涵盖的范围很广，早期的涂料采用的主要原料是天然树脂和半性油等，也就是俗称的油漆。直至现在，人们依然习惯把溶剂性涂料俗称油漆，而把乳液性涂料称为乳胶漆。实际上，油漆只是涂料的一个组成部分。随着科学技术的发展，各种合成材料、合成树脂被用来制作涂料。涂料产品除了油漆之外，还包括了利用合成乳液、树脂等为主要原料生产的溶剂性涂料、水溶性涂料、乳胶型涂料、粉末状涂料以及以无机硅酸盐和硅溶胶为基料的无机涂料等。

建筑物的装饰和保护具有多种途径，但装饰涂料以其色彩艳丽、品种繁多、施工方便、维修方便、成本低廉等优点深受设计师的喜爱。特别是近年来，涂料的质量在国家的严格控制下提高迅速，并在高分子科学的带动下不断推出性能出众的产品，在装饰材料市场中占有重要地位，称为新产品、新工艺、新技术最多的，发展最快的建筑装饰材料之一。

9.1.1 建筑涂料的功能

建筑涂料是以装饰被涂物为主要功能，兼具保护功能，以帮助实现建筑物特殊要求的使用功能。

1. 装饰功能

建筑涂料的花色品种繁多，可以满足各种类型建筑的不同装饰艺术要求，使建筑饰面与建筑形体、建筑环境协调一致。装饰功能的要素主要包括色彩、色泽、光泽、图案、立体感。

许多新型的涂料能给人以美妙的视觉感受，能够使人们从不同角度观察到不同的色彩和图案；有些涂料还能产生立体效果，在凹凸之间创造良好的空间感受和光影效果；新型的丝感涂料和绒质涂料，更给人以温馨的视觉感受和柔和的手感。在建筑装饰中，涂料的装饰功能越来越被重视，并得到越来越广泛的应用。

2. 保护功能

建筑物暴露在自然界中，屋顶和外墙在阳光、大气、酸雨、温差、冻融的作用下会产生风化等破坏现象，内墙和地面在水汽、磨损等作用下也会损坏。建筑涂料经过一定施工工艺涂覆在建筑物表面形成连续的涂膜，这种涂膜具有一定的厚度、柔韧性、硬度以及耐磨损、耐污染、耐紫外线照射、耐气候变化、耐化学腐蚀等。当建筑物和建筑构件表面使用了适合这些基层的涂料后，可以提高材料的耐磨性、耐候性、耐化学侵蚀性及抗污染性，延长建筑物的使用寿命。不同的建筑材料及环境条件如室内和室外对保护功能的具体要求是不同的，因此要根据不同的条件合理选择建筑涂料。

3. 调节建筑物的使用功能

根据不同的建筑风格，利用建筑涂料的各种特性和不同的施工方法，能够提高室内的自然亮度，获得吸声隔音的效果；某些墙面涂料可以使墙面具有比较柔和的亮度；某些地面涂料能够产生一定的色彩、弹性、防潮、防滑的特性。由此给人们创造出良好的生活和学习气氛以及舒适的视觉审美感受，从而使建筑物的使用功能得到增强，或者在一定程度上调整建筑物的使用功能。

4. 特种功能

功能性建筑涂料是指特定用途、特种基材和特殊环境下使用的具有特异功能的建筑涂料。它除了具有一般建筑涂料的作用（使建筑物具有不同色彩、光泽和质感的装饰功能和防止表面风化、碳化、污染及延长使用寿命等保护功能）外，还有使建筑涂料具有防水、防火、防霉、防腐、隔热、保温、隔声、杀虫等特殊功能。例如，具有防水功能的防水涂料；用于冷库的防冻涂料；具有杀虫功效的杀虫涂料；能吸收大气中的毒气的吸毒涂料和具有防静电功能的防静电涂料等，将这一类涂料统称为功能性建筑涂料。

9.1.2 建筑涂料的组成

建筑涂料是由多种不同物质经混合、溶解、分散组成的。按这些物质在涂料中所起的不同作用，可将它们分为主要成膜物质、次要成膜物质和辅助成膜物质三大类。

1. 主要成膜物质（基料）

主要成膜物质是组成涂料的基础，它的作用是将涂料中的其他组分黏结或附着在被涂基材的表面，形成均匀连续而坚韧的保护膜。基料的性质对所形成的涂膜的硬度、柔性、耐磨性、耐冲击性、耐水性、耐热性、耐候性及其他物理化学性能起到决定性的作用。此外，涂料的状态及涂膜固化方式也由基料的性质决定。

建筑涂料常用的主要成膜物质分为三大类：一类是油脂，包括各种油（如桐油、亚麻油）和半干性油（如豆油、向日葵油）；另外两类是树脂，分别为天然树脂（如生漆、松香脂漆）和合成树脂（如酚醛树脂、环氧树脂、聚乙烯醇、过氧乙烯树脂、丙烯酸树脂等）。

为满足涂料的多种性能要求，可以在一种涂料中采用多种树脂配合或与油料配合。

2. 次要成膜物质

次要成膜物质就是涂料中使用的颜料，也是构成涂膜的重要组成部分，但它不能离开主要成膜物质单独构成涂膜。涂料中不添加次要成膜物质也可以形成涂膜，但添加次要成膜物质可使涂膜的性能得到改善，使涂料的品种增多。

颜料是一种不溶于水、溶剂和涂料基料的微细粉末状的白色或有色物质，能均匀地分散在涂料介质中形成悬浮体。颜料不仅能使涂膜具有颜色和遮盖力，掩盖被涂基层的缺陷，美化外观；而且还能增加涂膜的硬度，提高涂膜的机械强度。涂料中颜料根据功能分为着色颜料、防锈颜料和体质颜料三类。

（1）着色颜料

着色颜料在涂料中除赋予涂膜色彩外，还能使涂膜具有一定的遮盖力及提高涂膜机械强度、减少膜层收缩、提高涂膜抗老化性等。建筑涂料中使用的颜料有无机矿物颜料、有机颜料和金属颜料。由于有机颜料的耐久性较差，故较少使用。建筑涂料中常用的颜料有氧化铁红、氧化铁黄、氧化铁绿、氧化铁棕、氧化铬绿、钛白、锌钡白、群青蓝、铝粉、铜粉等。

（2）防锈颜料

防锈颜料的主要功能是防止金属腐蚀、提高漆膜对金属表面的保护作用。防锈颜料按其作用可以分为物理性防锈和化学性防锈。物理性防锈颜料是借助其细密的颗粒填充漆膜结构，提高漆膜的致密性，起到了屏蔽作用，降低了漆膜渗透性，从而起到了防锈作用，如氧化铁红、铝粉、玻璃鳞片等。化学缓蚀作用的防锈颜料，依靠化学反应改变表面的性质或利用反应生成物的特性来达到防锈目的。化学缓蚀作用的防锈颜料能与金属表面发生作用，如钝化、磷化，产生新的表面膜层、钝化膜、磷化膜等。常用的化学缓蚀颜料有铅系颜料、磷酸盐颜料等。

（3）体质颜料

体质颜料又称为填料，是基本不具备着色能力和遮盖能力的无色或白色粉末。它主要起到改善涂膜机械性能，增加涂膜厚度，减少涂膜收缩，降低涂料成本等作用。填料分粉料和粒料两类，常用的填料有重晶石粉、轻质碳酸钙、重质碳酸钙、高岭土及各种彩色砂粒等。

3. 辅助成膜物质

辅助成膜物质又称为助剂，它虽然不是主要或次要的成膜物质，用量一般又很少，但它对改善涂料的性能、延长储存时间、扩大涂料的应用范围、改进和调节涂料施工的性能、保证涂装品质等方面都起很大的作用。涂料的辅助材料品种很多，根据它们的功能划分，主要品种有催干剂、防潮剂、固化剂、紫外线吸收剂、悬浮剂、流平剂和减光剂等。这些辅助材料有些是在涂料制造时添加，如悬浮剂、紫外线吸收剂等；有些需要根据施工情况进行添加，如防潮剂、流平剂、减光剂等。

催干剂是一种能加速涂层干燥的物质，多使用于醇酸树脂涂料中，能促进涂膜中树脂的氧化-聚合作用。催干剂聚合作用能大大缩短涂膜的干燥时间。尤其是在冬季施工中涂膜干燥很慢的情况下，加入催干剂后即使环境温度没有变化，干燥时间也会有明显的提高。

防潮剂也称化白剂、化白水，是由高沸点的酯类、酮类溶剂组成的。将它加入硝基漆等自然挥发型涂料中，能防止涂膜中的溶剂挥发时产生的泛白现象。

固化剂多为酸、胺、过氧化物等物质，与涂料中的合成树脂发生反应而使涂膜干燥固化。

紫外线吸收剂对阳光中的紫外线有较高的吸收能力，添加在涂料当中可减少紫外线对涂膜的损害，防止涂膜粉化、老化和失光等。

悬浮剂主要用来防止涂料在储存中结块。涂料中加入悬浮剂后，可使涂料稠度增加但松散易调和。

流平剂能降低涂料的表面张力，防止缩孔的产生，增加涂膜的流平性能。

减光剂具有降低涂膜光泽的作用。有时为了喷涂特殊部位，如塑料保险杠等，需要使涂料产生亚光效果，适量加入减光剂可以达到要求。

9.1.3 建筑涂料的分类

根据《涂料产品分类和命名》(GB/T 2705—2003) 的规定，我国建筑涂料的分类见表 9-1。

表 9-1 我国建筑涂料的分类

主要产品类型			主要成膜物质类型
建筑涂料	墙面涂料	合成树脂乳液内墙涂料 合成树脂乳液外墙涂料 溶剂型外墙涂料 其他墙面涂料	丙烯酸酯类及其改性共聚乳液；醋酸乙烯及其改性共聚乳液；聚氨酯、氟碳等树脂；无机黏合剂
	防水涂料	溶剂型树脂防水涂料 聚合物乳液防水涂料 其他防水涂料	EVA、丙烯酸酯类乳液；聚氨酯、沥青、PVC 胶泥或油膏、聚丁二烯等树脂
	地坪涂料	水泥基等非木质地面用涂料	聚氨酯、环氧等树脂
	功能性建筑涂料	防火涂料 保温隔热涂料 其他功能性建筑涂料	聚氨酯、环氧、丙烯酸酯类、乙烯类、氟碳等树脂

9.1.4 建筑涂料的命名

根据《涂料产品分类和命名》(GB/T 2705—2003)，对建筑涂料的命名做如下规定：

1）涂料的全名称构成：颜色或颜料名称 + 主要成膜物质名称 + 基本名称。颜色或颜料名称命名的主要原则是涂料的颜色位于名称的最前面；如果颜料对涂膜性能起显著作用，则可用颜料的名称代替颜色的名称，仍置于涂料名称的最前面，例如锌黄醇酸调和漆。

2）成膜物质名称可做适当简化。如果基料中含有多种成膜物质时，选取起主要作用的一种成膜物质命名，必要时可以选取两或三种成膜物质命名（主要成膜物质名称在前，次要成膜物质名称在后），如氨基醇酸漆。

3）基本名称仍采用我国已广泛使用的名称。例如清漆、木器漆、调和漆、磁漆等。

4）在成膜物质名称和基本名称之间，必要时可插入适当词语来标明专业用途和特性等。

5）凡是需加热固化的漆，在基本名称之前要标明"烘干"二字或"烘"字样，例如氨基烘干磁漆；如果名称中没有"烘干""烘"这些字样，则表示常温干燥或烘烤干燥均可。

6）除粉末涂料外，其他涂料命名时用"漆"，在统称时用"涂料"。

7）凡是双组分或多组分的涂料，在名称后应增加"（双组分）"或"（多组分）"等字样，如聚氨酯木器漆（双组分）。除稀释剂外，混合后产生化学反应或不产生化学反应的独立包装的产品，都可以认为是涂料的组分之一。

9.2 内墙涂料

9.2.1 内墙涂料的类型

建筑装饰内墙涂料的品种繁多，常见的类型有溶剂型涂料、合成树脂乳液涂料、水溶性涂料、多彩内墙涂料等。内墙涂料的主要技术参数见表9-2。

表9-2 内墙涂料的主要技术参数

项 目	技术指标	检测方法
容器中的状态	经搅拌无结块、沉淀和絮凝	观察
黏度（涂-4杯黏度计）/s	40~80	按GB/T 1723—1993规定执行
细度/μm	≤80	按GB/T 1724—1979规定执行
遮盖力/(g/m^2)	≤300	按GB/T 1726—1979规定执行
附着力（%）	100	按GB 1720—1979规定执行
耐水性	不起泡、不脱粉	按GB 1733—1993规定执行，(23±2)℃，浸泡24h
耐碱性	不起泡、不脱粉	参照耐水性测定，浸入NaOH溶液中，(23±2)℃，浸泡24h
耐洗刷性（0.5%皂液）/次	≥100或500	耐洗刷仪测定
耐擦级/级	≥1	耐磨试验机测定

1. 聚乙烯醇水玻璃内墙涂料（106涂料）

聚乙烯醇水玻璃内墙涂料是以聚乙烯醇和水玻璃为基料制成的水溶性内墙涂料。其具有原料丰富、价格低廉、工艺简单、无毒、无味、色彩丰富、与基层材料间有一定黏结力等优点，但涂层耐水洗刷性差，不能用湿布擦洗。该涂料是国内用量最大的一种内墙涂料，主要用于住宅及一般公共建筑的内墙与顶棚。另外，加入提高耐水性和耐洗刷性的一些成分及通过工艺变化等措施，还可制得改性聚乙烯醇系内墙涂料，其除了具有与聚乙烯醇水玻璃内墙涂料基本相同的主要性质之外，突出的特点是提高了其耐洗刷性（可达300~1000次）。因此，其不仅适用于一般住宅及公共建筑的室内，而且也适用于卫生间、厨房等相对潮湿的环境。

2. 聚醋酸乙烯乳液内墙涂料（聚醋酸乙烯乳胶漆）

聚醋酸乙烯乳液内墙涂料是以聚醋酸乙烯乳液为基料的乳液型内墙涂料。其具有无毒，不易燃烧，涂膜细腻、平滑、色彩鲜艳，价格适中，施工方便等优点，而且耐水、耐碱及耐洗性也优于聚乙烯醇系内墙涂料，适用于住宅及一般公共建筑的内墙与顶棚。

3. 醋酸乙烯-丙烯酸酯有光乳液涂料（乙-丙有光乳液涂料）

醋酸乙烯-丙烯酸酯有光乳液涂料是以乙-丙乳液为基料的乳液型内墙涂料。其耐水性、耐候性、耐碱性优于聚醋酸乙烯乳液内墙涂料，并具有光泽，是一种中高档内墙涂料。其主要用于住宅、办公室、会议室等内墙与顶棚。

4. 多彩内墙涂料

多彩内墙涂料是以合成树脂及颜料等为分散相，以含乳化剂和稳定剂的水为分散介质制成的，经一次喷涂即可获得具有多种色彩立体涂膜的乳液型内墙涂料。其是目前国内、外较流行的高档内墙涂料之一。多彩内墙涂料色彩丰富，图案多样，并具有良好的耐水性、耐碱性、耐油性、耐化学腐蚀性及透气性，主要用于住宅、办公室、会议室、商店等建筑的内墙与顶棚。

9.2.2 内墙涂料的特点

内墙涂料的主要功能是装饰和保护室内墙面（包括天花板），使其美观整洁，让人们处于愉悦的居住环境中。为了获得良好的装饰效果，内墙涂料应具有以下方面的特点：

1）色彩丰富，涂层细腻，遮盖力好。内墙涂料的色彩一般应浅淡、明亮、丰富。

2）耐水性、耐酸碱性、耐洗刷性良好。由于墙面多带碱性，并且为了保持内墙清洁，需经常擦洗，因此涂料必须具备一定的耐碱性、耐洗刷性、耐水性，黏结力较强。

3）良好的透气性、吸湿排湿性。若内墙涂料没有好的透气性、吸湿排湿性，墙体会因湿度变化而结露。

4）符合国家环保标准。我国颁布的室内装饰装修材料十项强制性标准中，就规定了涂料中有毒有害物质的限量，详见《室内装饰装修材料 内墙涂料中有害物质限量》(GB 18582—2008)。

9.3 外墙涂料

9.3.1 外墙涂料的类型

外墙涂料是用于涂刷建筑外墙立面的，所以最重要的一项指标就是抗紫外线照射，要求达到长时间照射不变色，同时使建筑物的外观整洁美观，达到美化环境的目的。外墙装饰直接暴露在大自然中，要经受风、雨、日晒的侵袭，故要求涂料有耐水、保色、耐污染、耐老化以及良好的附着力，同时还具有抗冻融性好、成膜温度低的特点。

1. 按装饰质感分类

外墙涂料按照装饰质感分为薄质外墙涂料、复层花纹涂料、彩砂涂料和厚质涂料四类。

薄质外墙涂料：质感细腻、用料较省，也可用于内墙装饰，包括平面涂料、沙壁状涂料和云母状涂料。

复层花纹涂料：花纹呈凹凸状，富有立体感。

彩砂涂料：用染色石英砂、瓷粒云母粉为主要原料，色彩新颖，晶莹绚丽。

厚质涂料：可喷、可涂、可滚、可拉毛，也能做出不同质感的花纹。

2. 常用类型

建筑外墙装饰涂料的常用类型有乳液型涂料、溶剂型涂料、无机高分子涂料和复层建筑涂料等。外墙涂料的主要技术性能见表9-3。

表9-3 外墙涂料的主要技术参数

项　　目	技术指标	检测方法
容器中的状态	经搅拌无结块、沉淀和絮凝	观察
干燥时间/h	表干，≤2 实干，≤24	按GB/T 1728—1979规定执行
细度/μm	≤60	按GB/T 1724—1979规定执行
遮盖力/(g/m²)	乳液涂料，≤200 溶剂涂料，≤170	按GB/T 1726—1979规定执行
施工性	施工不困难，不流挂	—
冻融稳定性	不变质	(-5±1)℃，16h；(23±2)℃，8h；3次循环
固体含量（%）	≥45	加热烘焙法
耐水性	不起泡、不剥落	按GB 1733—1979规定执行，(23±2)℃，浸泡96h
耐碱性	不起泡、不剥落	参照耐水性测定，浸入NaOH溶液中，(23±2)℃，浸泡48h
耐沾污性（白色或浅色）	乳液涂料，≤50% 溶剂涂料，≤30%	5次循环，测定反射系数，计算反射系数下降率
耐洗刷性（0.5%皂液）/次	≥100或500	耐洗刷仪测定
耐候性	不起泡，不剥落，无裂纹，变色及粉化均匀，不大于2级	按GB/T 1865—2009、GB/T 1766—2008规定执行

（1）乳液型涂料

以高分子合成树脂为主要成膜物质的外墙涂料称为乳液型外墙涂料。按乳液的制造方法不同可以分为两类：由单体通过乳液聚合工艺直接合成的乳液和由高分子合成树脂通过乳化方法制成的乳液。

（2）溶剂型涂料

溶剂型涂料是以有机溶剂为分散介质而制得的建筑涂料。虽然溶剂型涂料存在着污染环境、浪费能源以及成本高等缺点，但溶剂型涂料仍有一定的应用范围，还有其自身明显的优势。涂料溶剂主要包括三大类产品，第一类是烃类溶剂，根据不同沸点进行分级；第二类是含氧溶剂，也是应用最为广泛、最为主流的一类；第三类则是最为独特的溶剂——水。

（3）无机高分子涂料

无机高分子建筑涂料是近年来发展起来的一大类新型建筑涂料。建筑上广泛应用的有碱金属硅酸盐和硅溶胶两类。硅溶胶外墙涂料是以胶体二氧化硅（硅溶胶）为主要成膜物质，以有机高分子乳液为辅助成膜物质，加入颜料、填料和助剂等，经搅拌、研磨、调制而成的水分散性涂料，是近年来新开发的性能优良的涂料品种。

（4）复层建筑涂料

复层建筑涂料是以水泥系、硅酸盐系和合成树脂系等黏结料及集料为主要原料，用刷涂、喷涂或滚涂的方法，在建筑物表面涂布2～3层，厚度（如为凹凸状是指凸部厚度）为1～5mm的凹凸或平状复层建筑涂料，简称复层涂料。复层涂料一般由底涂层、主涂层及面涂层组成。底涂层用于封闭基层和增强主涂层涂料的附着力；主涂层用于形成凹凸式平状装饰面；面涂层用于装饰面着色，提高耐候性、耐污染性和防水性等。

9.3.2 外墙涂料的特点

为了更好地起到装饰和保护效果，外墙涂料应该具有以下性质：

1）装饰性好。要求外墙涂料色彩丰富且保色性优良，能较长时间保持原有的装饰性能。

2）耐候性好。外墙涂料因涂层暴露于大气中，要经受风吹、日晒、盐雾腐蚀、雨淋、冷热变化等作用，在这些外界自然环境的长期反复作用下，涂层易发生开裂、粉化、剥落、变色等现象，使涂层失去原有的装饰保护功能。因此，要求外墙涂料在规定的使用年限内，涂层不应发生上述破坏现象。

3）耐沾污性好。由于我国不同地区的环境条件差异较大，对于一些重工业、矿业发达的城市，由于大气中灰尘及其他悬浮物质较多，会使易沾污涂层失去原有的装饰效果，影响建筑物外貌。因此，要求外墙涂料应具有较好的耐沾污性，使涂层不易被污染或污染后容易清洗掉。

4）耐水性好。外墙涂料饰面暴露在大气中，会经常受到雨水的冲刷。因此，外墙涂料涂层应具有较好的耐水性。

5）耐霉变性好。外墙涂料饰面在潮湿环境中易长霉。因此，要求涂膜能抑制霉菌和藻类繁殖生长。

6）弹性要求高。裸露在外的涂料，受气候、地质等因素影响非常严重。弹性外墙乳胶漆是一种专为外墙设计的涂料，能更好更长久地保持墙面平整光滑。

另外，根据设计功能要求不同，对外墙涂料也提出了更高要求。如在各种外墙外保温系统涂层应用中，要求外墙涂层具有较好的弹性延伸率，以更好地适应由于基层的变形而出现面层开裂，对基层的细小裂缝具有遮盖作用；对于铝塑板装饰效果的外墙涂料还应具有更好金属质感、超长的户外耐久性。

9.4 地面涂料

9.4.1 地面涂料的类型

建筑地面装饰涂料常用的类型有乳液型涂料、溶剂型涂料、无机高分子涂料等。地面涂料按照主要成膜物质进行分类，可分为过氯乙烯地面涂料、聚氨酯-丙烯酸酯地面涂料和环氧树脂地面涂料。地面涂料的主要技术参数见表9-4。

表9-4 地面涂料的主要技术参数

项目	技术参数	检测方法
涂层颜色与外观	复合标准样板及其色差范围，涂膜平整	按GB/T 1732—1993规定执行
耐磨性/(g/1000r)	<0.6	按GB/T 1732—1993规定执行
耐水性	无异常	按GB/T 1733—1993规定执行，(23±2)℃，浸7d
冲击强度/(N·cm)	>400	按GB/T 1732—1993规定执行
耐热性	不起泡、不开裂	(100±2)℃恒温烘4h
黏结强度/MPa	>2	—
耐日用化学沾污性	良好	—
耐灼烧性	不起泡、不变形、不变色	用香烟头灼烧方法测试
耐洗刷性/次	>1000	耐洗刷仪测定

1. 过氯乙烯地面涂料

过氯乙烯地面涂料是以过氯乙烯树脂为主要成膜物质，掺入少量其他树脂，并加入一定量的填料、增塑剂、颜料、稳定剂等，经混炼、切片后溶解于有机溶剂中的一种溶剂型的地面涂料。过氯乙烯地面涂料具有耐老化和防水性好，漆膜干燥后无刺激气味，对人体健康无害等特点。过氯乙烯地面涂料适用于住宅建筑、物理实验室等水泥地面的装饰，由于其含有大量易挥发、易燃的有机溶剂，因而在配制涂料及涂刷施工时应注意防火、防毒。

2. 聚氨酯-丙烯酸酯地面涂料

聚氨酯-丙烯酸酯地面涂料是以聚氨酯-丙烯酸酯复合乳液为主要成膜物质，以二甲苯、醋酸丁酯等为溶剂，再加入填料、颜料和各种助剂而制成的。聚氨酯-丙烯酸酯地面涂料的主要技术参数见表9-5。

表9-5 聚氨酯-丙烯酸酯地面涂料的主要技术参数

项目	技术参数	项目	技术参数
干燥时间/h	表干，≤2；实干，≤24	柔韧性	曲率半径0.5mm不破裂
光泽（%）	≥75	耐沸水性	5h无变化
遮盖力/(g/m²)	≤170	耐腐蚀性	48h无变化
冲击强度/(N·cm)	3J不破裂	耐沾污性	5次，反射系数下降率≤10%

3. 环氧树脂地面涂料

环氧树脂地面涂料是以环氧树脂为主要成膜物质，以二甲苯、丙酮为稀释溶剂，再加入颜料、填料、增塑剂和固化剂等，经过一定的制作工艺加工而成的双组分常温固化型涂料。甲组分有清漆和色漆，乙组分是固化剂。环氧树脂涂料与基层黏结性能良好，涂膜坚韧，有较好的耐水性、耐磨性、耐腐蚀性及优良的耐候性，装饰效果良好，但施工操作比较复杂。

9.4.2 地面涂料的特点

地面涂料的主要功能是装饰与保护室内地面，使地面清洁美观，与其他装饰材料一同创造良好的室内环境。为了获得良好的装饰效果，地面涂料应具有以下特点：

1）耐碱性良好。因为地面涂料主要涂刷在水泥砂浆基层上，带有碱性，因此应具有良好的耐碱性。

2）与水泥砂浆有良好的黏结性。水泥地面涂料必须具备与水泥类基层的黏结性能，要求在使用过程中不脱落，不起皮。

3）耐水性好。要满足清洁擦洗的需要，因此要求涂层有良好的耐水洗刷性能。

4）较好的耐磨性。耐磨性好是地面涂料的基本使用要求，要经得住行走、重物的拖移等产生的摩擦。

5）耐冲击性好。地面容易受到重物的冲击、碰撞，地面涂料应在冲力下不开裂、不脱落，凹痕不明显。

6）涂刷施工方便，重涂容易，价格合理。地面在磨损、破坏后，需要重涂，因此要重涂方便，费用不高。

9.5 木器涂料

木材制品包括实木及人造板的制品，木制品上所用的涂料统称为木器涂料，它包括家具、门窗、护墙板、地板、日常生活用品、木制乐器、体育用品、文具、儿童玩具等所选用的涂料。一般木器涂料以家具涂料为主。

木器涂料根据其性质和应用可以分为聚酯树脂漆、不饱和聚酯漆和水性木器漆。

9.5.1 聚酯树脂漆

聚酯树脂漆系列化产品，分为封闭底漆、中间二道底漆、面漆，还有特殊功能专用的地板漆。封闭底漆渗透性好，配套性强，除了与聚氨酯面漆、中间二道漆配套好以外，还可与硝基漆、不饱和聚酯漆配套使用。中间二道底漆涂于封闭底漆之上、面漆之下，是一种中间涂层，使木材得到进一步的填充效果。面漆有三种规格，其组分略有不同，用途也不同，特性也各异。

9.5.2 不饱和聚酯漆

不饱和聚酯漆为无溶剂漆，由不饱和键的二元酸和二元醇为主缩聚得到的不饱和聚酯为成膜物，在引发剂、促进剂或特种能源的作用下，与作为稀释剂使用的含自由基的不饱和单体聚合交联，形成网状结构的不溶的涂膜。该漆品种按交联固化方式可分为催化固化型不饱和聚酯漆、光固化型不饱和聚酯漆和合成气干型不饱和聚酯漆三类。该漆不含挥发性溶剂，不排放有毒有害气体，不污染环境，一次涂饰可以获得厚膜；漆膜靠自由基聚合，常温干燥，由漆膜内部向外部进行，厚膜也能固化；漆膜丰满度好，坚硬，光泽高。

9.5.3 水性木器漆

我国目前水性木器漆发展的类型有自交联型、酸固化型、聚氨酯水分散体型，常用于家居、宾馆、酒楼等公共场所的装饰装修，保护与装饰木门、护墙板等。水性木器漆与溶剂涂料相比，在节约能源和保护环境方面具有不可比拟的优越性，没有大量的 VOC 挥发到空气中，不用有机溶剂，用水作稀释剂，节约了能源。它的缺点是在漆膜性能方面，与溶剂型木器漆相比，干得慢、硬度低、易回黏、漆膜丰满度上不如溶剂型木器漆。

9.6 防水涂料

防水涂料是在常温下呈无固定形状的黏稠状液态高分子合成材料。防水涂料经固化后形成的防水薄膜具有一定的延伸性、弹塑性、抗裂性、抗渗性及耐候性，能起到防水、防渗和保护作用。防水涂料有良好的温度适应性，操作简便，易于维修与维护。

9.6.1 防水涂料的基本性能特点

1. 固体含量

固体含量是指防水涂料中所含固体的比例。由于涂料涂刷后靠其中的固体成分形成涂膜，因此固体含量多少与成膜厚度及涂膜质量密切相关。

2. 耐热度

耐热度是指防水涂料成膜后的防水薄膜在高温下不发生软化变形。其中不流淌的性能，即耐高温性能。

3. 柔性

柔性是指防水涂料成膜后的膜层在低温下保持柔韧的性能。它反应防水涂料在低温下的施工和使用性能。

4. 不透水性

不透水性是指防水涂料在一定水压（静水压或动水压）和一定时间内不出现渗漏的性能。它是防水涂料满足防水功能要求的主要质量指标。

5. 延伸性

延伸性是指防水涂膜适应基层变形的能力。防水涂料成膜后必须具有一定的延伸性，以适应由于温差、干湿等因素造成的基层变形，保证防水效果。

9.6.2 防水涂料的分类

目前，防水涂料按涂料的类型和涂料的成膜物质的主要成分进行分类，可分为聚氨酯防水涂料和丙烯酸高级弹性防水涂料。

1. 聚氨酯防水涂料

聚氨酯防水涂料可以分为单组分和双组分两种。

（1）单组分聚氨酯防水涂料

单组分聚氨酯防水涂料也称湿固化聚氨酯防水涂料，是一种反应型湿固化成膜的防水涂料。使用时涂覆于防水基层，通过和空气中的湿气反应而固化交联成坚韧、柔软和无接缝的橡胶防水膜。单组分聚氨酯防水涂料对基层（如混凝土、木材、石材等）的黏结能力强，耐候性、耐老化性能优异，广泛应用于建筑物的地下室、墙面、屋面、卫生间的防水。

（2）多组分聚氨酯防水涂料

高强聚氨酯防水涂料是一种双组分反应固化型防水涂料。其中甲组分是由聚醚和异氰酸酯缩聚得到的异氰酸酯封端的预聚体，乙组分是由增塑剂、固化剂、增稠剂、促凝剂、填充剂组成的彩色的液体。使用时将甲乙两组分按比例混合均匀，涂刷在防水基层表面上，经常温交联固化形成一种富有高弹性、高强度、耐久性的橡胶弹性膜，从而起到防水作用。双组分聚氨酯防水涂料具有无刺激气味、无毒害，施工方便快捷，可形成整体的橡胶防水层，延伸率大，较强的耐腐蚀性和耐候性，使用寿命长，防水效果优良等特点。

2. 丙烯酸高级弹性防水涂料

丙烯酸高级弹性防水涂料是以高档丙烯酸乳液为基料，添加多种助剂、填充剂经科学加工而成的高性能防水涂料。它是普通防水涂料的升级产品，由于添加了多种高分子助剂，使得该产品的防水性能比普通防水产品更优，同时又具有高强度拉伸延展性，能覆盖裂缝。

（1）丙烯酸高级弹性防水涂料的主要特点

1）高度弹性。能抵御建筑物的轻微震动，并能覆盖因热胀冷缩、开裂、下沉等原因产生的小于 8mm 的裂缝。

2）可在潮湿基面上直接施工，适用于墙角和管道周边渗水部位。

3）黏结力强。涂料中的活性成分可渗入水泥基面中的毛细孔、微裂纹并产生化学反应，与底材融为一体而形成一层结晶致密的防水层。

4）环保、无毒、无害，可直接应用于饮用水工程。

5）耐酸、耐碱、耐高温。具有优异的耐老化性能和良好的耐腐蚀性；并能在室外使用，有良好的耐候性。

（2）丙烯酸高级弹性防水涂料的适用范围

丙烯酸高级弹性防水涂料可在潮湿或干燥的砖石、砂浆、混凝土、金属、硬塑料、玻璃、石膏板、泡沫板、沥青、SBS 基层上施工；对于新旧建筑物及构筑物均可使用，也可用作黏结剂及外墙装饰材料。

知识链接

漆木蜡油是植物油蜡涂料在国内的俗称，是一种类似油漆而又有别于油漆的天然木器涂料。它和目前那种基于石化类合成树脂所生产的油漆完全不同，原料主要以精练亚麻油、棕榈蜡等天然植物油与植物蜡并配合其他一些天然成分融合而成，连调色所用的颜料也达到了食品级。因此它不含三苯、甲醛以及重金属等有毒成分，没有刺鼻的气味，可替代油漆用于家庭装修以及室外花园木器。

9.7 涂料的选购

9.7.1 选购涂料的基本原则

市场上的涂料琳琅满目，如何选购涂料是人们很关注的问题。选择涂料时要依据“望闻问切”四个步骤，科学合理地选择相应类型的涂料。

“望”，看外包装和环保监测报告。一般乳胶漆的外包装上会标注名称、商标、净含量、成分等。首先注意生产日期和保质期，其次要注意环保检测报告（或检测单）中的 VOC、游离甲醛以及重金属含量的检测结果。购买油漆时一般不允许打开容器，但消费者拆封使用前应仔细查看油漆内容物。主漆表面不能出现硬皮现象，漆液透明、色泽均匀、无杂质，并应具有良好的流动性；固化剂应为水白或淡黄透明液体，无分层、无凝聚、清晰透明、无杂质；稀释剂，学名“天那水”，俗称“香蕉水”，外观清晰、透明、无杂质，稀释性良好。

“闻”，闻一下涂料的味道。真正环保的乳胶漆应该是水性、无毒、无味的。优质的乳胶漆比较黏稠，呈乳白色的液体，无硬块、搅拌后呈均匀状态，没有异味。

“问”，问清相关指标。有的涂料可能对其指标没有标注，必须让销售人员对其指标进行负责任的解答。同时，要根据装饰物部位及材料的不同选择涂料，如厨房、浴室、盥洗间的涂料应具有防水、防霉、易洗刷的性能；木基层和金属基层优先选用各种溶剂性涂料。

“切”，掂量分量。一般来说，质量合格的乳胶漆，一桶 5 升的大约为 7 公斤左右；一桶 18 升的大约为 25 公斤左右。将油漆桶提起来，正规品牌乳胶漆晃动一般听不到声音，很容易晃动出声音则证明乳胶漆黏度不足。由此可判断产品的质量是否符合标准。

9.7.2 涂料安全性能的标准

对于消费者来说，选购最具参考性的还是产品的相关检测报告。其中《室内装饰装修材料　内墙涂料中有害物质限量》（GB 18582—2008）是国家的强制标准，这是任何一家涂料厂家产品出厂的“底限要求”。消费者应尽可能选择通过“中国环保产品认证”“中国环境标志产品认证”的产品，这些认证相对于强制标准有着更高的环保指标要求。在选购涂料时，一定要查看相关证书检测报告，选择环保产品。

选购涂料时尤其注意产品检测报告中 VOC 的含量（VOC 是可挥发性有害物质的简称，当居室中的 VOC 含量达到一定浓度时，人会感到头痛、恶心、呕吐、乏力等症状，严重的还会出现昏迷，并会伤害人的肝脏、肾脏和神经系统）。涂料的国家强制标准中，对有害物质 VOC 含量的限量是每升 200 克；《北京市室内装饰装修涂料安全健康质量评价规则》中对 VOC 的要求是必须在每升 120 克以下；国家环保总局最新发布的水性内墙涂料环境标志产品认证要求规定，VOC 不得高于每升 100 克；欧洲标准要求则要求不得高于每升 50 克。表 9-6 列出甄别涂料质量优劣的技术参数。

表 9-6 甄别涂料质量优劣的技术参数

项 目	优 质 漆	劣 质 漆
看样板	漆膜致密、不变黄、不褪色、遮盖力强（可通过遮盖力试纸测试）	漆膜不紧密、白漆易变黄、遮盖力较差
闻样板	气味轻微、基本感觉不到	有引起人体不适的刺激性气味
摸样版	手感爽滑、弹张性能优越	手感粗硬、弹性较差
擦样板	水分污渍难以渗透、污渍可轻松擦除	污渍较难去除、水分污渍可渗透

实训任务

1. 对装饰材料市场进行调研，了解各种装饰涂料的最新发展近况，掌握本地区装饰涂料的销量、应用情况。

2. 在样本室或装饰材料市场认知建筑装饰涂料样本，认识建筑涂料的类别、品种、性质。

3. 根据教师提供的室内或室外装饰设计的环境及功能要求，提出建筑装饰涂料的选择方案，分组讨论提出合理可行的方案，并比较各个方案的合理性及适用性。

本章小结

建筑装饰涂料的主要作用是装饰建筑物，并保护主体建筑材料，提高其耐久性。本章从阐述建筑装饰涂料的功能入手，介绍了建筑装饰涂料的组成、分类、命名；较为详细地介绍了建筑装饰内墙涂料、外墙涂料、地面涂料、木器涂料、防水涂料的特点、技术参数、常用品种及使用；介绍了如何科学合理地选择涂料。

思考与练习

1. 涂料由哪几部分组成？各组分的主要作用是什么？
2. 建筑装饰内墙涂料应具有什么特点？常用的品种有哪些？简要叙述各自的性质。
3. 建筑装饰外墙涂料应具有什么特点？常用的品种有哪些？简要叙述各自的性质。
4. 建筑装饰地面涂料应具有什么特点？常用的品种有哪些？简要叙述各自的性质。
5. 建筑防水涂料应具有什么特点？常用的品种有哪些？简要叙述各自的性质。
6. 在实际装饰施工过程中选择涂料时，应注意哪些方面？

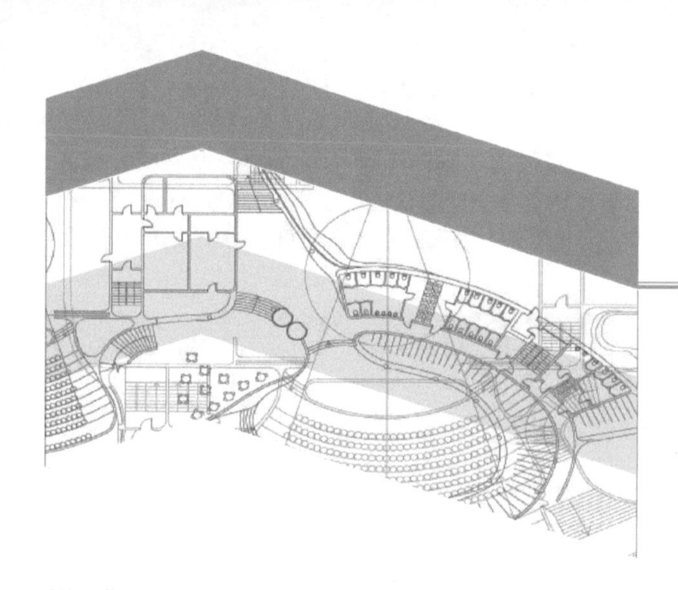

第十章

水泥与建筑装饰石膏

知识目标

通过本章内容的学习，了解常用水泥、石膏制品的品种类型；水泥的验收、运输与储存的相关知识；掌握水泥的技术指标和技术要求；了解石膏的基本知识；掌握纸面石膏板、装饰石膏板的技术性能和应用。

能力目标

能够针对不同的工程特征选择水泥；能够描述常用水泥的技术要求；能够描述建筑石膏的特性及技术要求。

10.1 水　　泥

水泥是一种粉末状材料，在水泥中加入适当水调制后，经过一系列物理、化学作用，由最初的浆体变成坚硬的石状体，如图10-1所示。水泥具有较高的强度，并且可以将散状、块状物黏结成整体；水泥不仅能在空气中凝结硬化，而且能更好地在水中凝结硬化并保持其强度的发展，因此是典型的水硬性胶凝材料。

a)　　　　b)

图10-1　水泥形态

a）水泥粉　b）水泥块

水泥的品种繁多，按其用途和性能可分为通用硅酸盐水泥、专用水泥和特性水泥三类。目前，我国建筑工程中常用的是通用硅酸盐水泥。建筑装饰装修工程中还常使用白色硅酸盐水泥和彩色硅酸盐水泥等特性水泥。

知识链接

水泥的生产使用历史悠久，1824年英国泥瓦工约瑟夫·阿斯普丁（Joseph·Aspdin）首先取得了生产硅酸盐水泥的专利权。因为水泥凝结后的外观颜色与波特兰的石头相似，所以将产品命名为波特兰水泥，我国称之为硅酸盐水泥。水泥是建筑工程中最为重要的建筑材料之一，自其问世以来对工程建设起了巨大的推动作用。目前，世界上水泥品种已达200余种，几乎任何种类、规模的工程都离不开水泥。

10.1.1 通用硅酸盐水泥

通用硅酸盐水泥是由硅酸盐水泥熟料和适量的石膏及规定的混合材料制成的水硬性胶凝材料。按混合材料的品种和掺量分为硅酸盐水泥、普通硅酸盐水泥、矿渣硅酸盐水泥、火山灰硅酸盐水泥、粉煤灰硅酸盐水泥和复合硅酸盐水泥六大类。

1. 硅酸盐水泥

凡由硅酸盐水泥熟料、3%～5%石灰石或粒化高炉矿渣、适量石膏磨细制成的水硬性胶凝材料，称为硅酸盐水泥，分为P·Ⅰ和P·Ⅱ两种类型，如图10-2所示。硅酸盐水泥熟料是由主要含CaO、SiO_2、Al_2O_3、Fe_2O_3的原料，按适当比例磨成细粉烧至部分熔融的水硬性胶凝物质。

图10-2 硅酸盐水泥的组成材料

a）水泥熟料 b）石膏 c）粒化高炉矿渣

硅酸盐水泥生产过程：将原料按一定比例混合磨细制得具有适当化学成分的生料，生料在水泥窑中煅烧至部分熔融，冷却后而得硅酸盐水泥熟料，最后再加适量石膏共同磨细至一定细度即得硅酸盐水泥。水泥的生产过程可概括为“两磨一烧”，其生产工艺流程如图10-3所示。

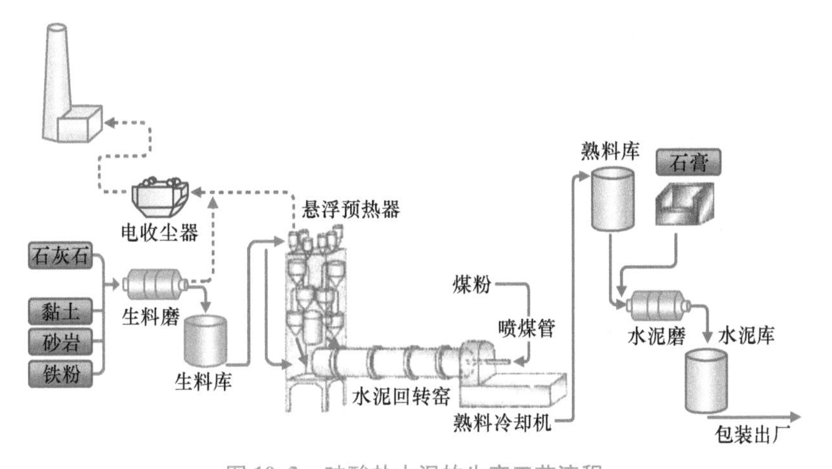

图10-3 硅酸盐水泥的生产工艺流程

2. 其他硅酸盐水泥

(1) 普通硅酸盐水泥

普通硅酸盐水泥简称普通水泥，是由硅酸盐水泥熟料和5%～20%的粒化高炉矿渣、火山灰质混合物、粉煤灰和适量石膏磨细制成的水硬性胶凝材料，简称普通水泥，代号P·O。

普通水泥和硅酸盐水泥的区别在于其混合材料的掺量，普通水泥为5%～20%，硅酸盐水泥仅为0～5%。因为混合材料的掺量变化不大，所以两者在性质上差别也不大，但普通水泥在早强、强度等级、水化热、抗冻性、抗碳化能力上略有降低，耐热性和耐腐蚀性略有提高。

(2) 矿渣硅酸盐水泥、火山灰硅酸盐水泥、粉煤灰硅酸盐水泥

矿渣硅酸盐水泥简称矿渣水泥，是由硅酸盐水泥熟料和粒化高炉矿渣、适量石膏磨细制成的水硬性胶凝材料，分为P·S·A和P·S·B两种。水泥中粒化高炉矿渣掺量按质量百分比计为20%～70%。

火山灰硅酸盐水泥简称火山灰水泥，代号P·P。火山灰水泥中火山灰混合材料掺量按质量分数计为20%～40%，如图10-4所示。

粉煤灰硅酸盐水泥简称粉煤灰水泥，代号P·F。粉煤灰水泥中粉煤灰混合材料掺量按质量分数计为20%～40%，如图10-5所示。

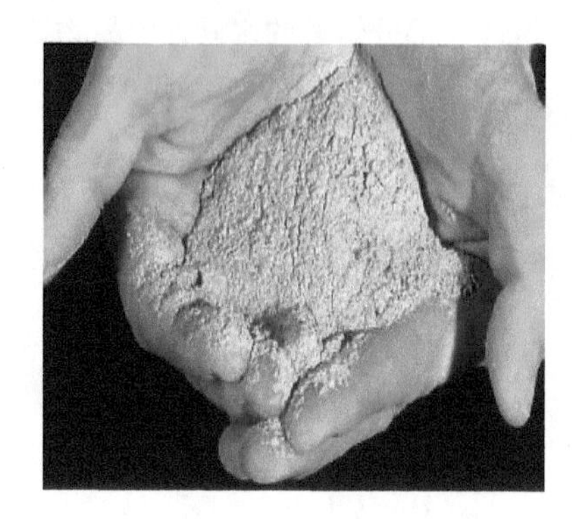

图10-4 火山灰

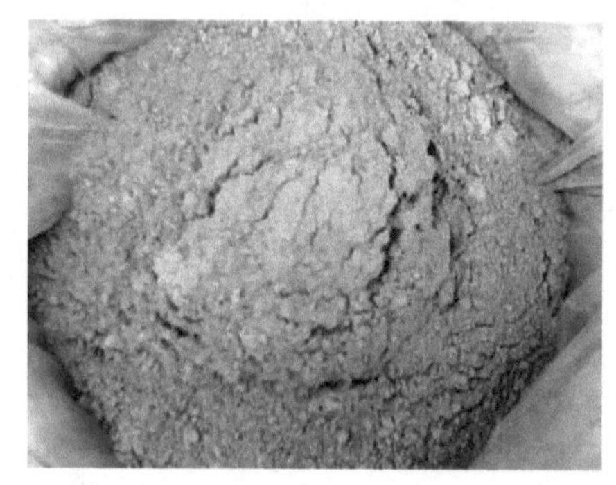

图10-5 粉煤灰

(3) 复合硅酸盐水泥

复合硅酸盐水泥简称复合水泥，代号为P·C。复合水泥中混合材料总掺量按质量分数计为20%～50%。复合水泥是掺有两种以上混合材料的水泥，其特性取决于所掺混合材料的种类和掺量。混合材料混掺可以弥补单一混合材料的不足。

10.1.2 水泥的凝结硬化

1. 水泥的凝结硬化过程

水泥的凝结硬化是个非常复杂的过程，这种复杂性的产生，不仅由于它含有不同的矿物，也是水化产物的性质不同所导致。

水泥与适量的水拌和后，水泥中熟料矿物与水发生化学反应，即水化反应，生成多种水化产物，最初形成具有可塑性的浆体。随着水化反应的进行，水泥浆体逐渐变稠失去可塑性，但尚不具有强度，这一过程称为水泥的“凝结”。随后凝结了的水泥浆体开始产生强度，并逐渐发展成为坚硬的水泥石，这一过程称为“硬化”。水泥的水化贯穿凝结硬化过程的始终。水泥的水化、凝结和硬化过程如图10-6所示。

2. 影响硅酸盐水泥凝结硬化的因素

水泥的凝结硬化过程也就是水泥强度发展的过程，其主要影响因素如下：

(1) 熟料矿物组成

矿物组成是影响水泥凝结硬化的主要内因，不同的熟料矿物成分单独与水作用时结果是不同

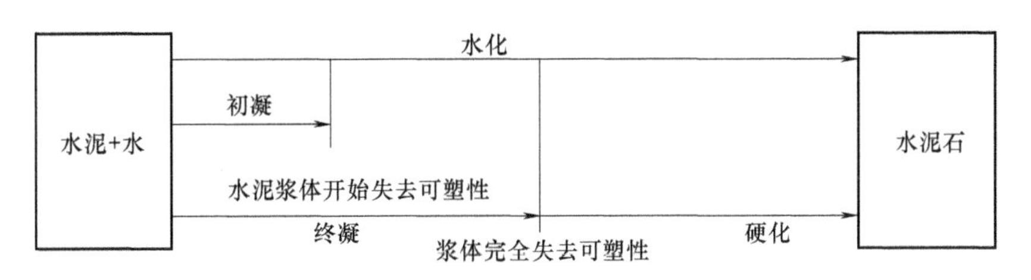

图 10-6 水泥的水化、凝结和硬化过程

的，因此改变水泥的矿物组成，其凝结硬化将产生明显的变化。

（2）细度

水泥颗粒的粗细程度直接影响水泥的水化和凝结硬化。颗粒越细，与水接触的比表面积越大，水化速度较快且较充分，水泥的早期强度和后期强度都很高。但水泥颗粒过细，在生产过程中消耗的能量越多，导致生产成本增加；且水泥颗粒越细，需水性越大，在硬化时收缩也增大，因而水泥的细度应适中。

（3）石膏掺量

石膏掺入水泥中是为了延缓水泥的凝结、硬化速度，调节水泥的凝结时间。石膏的掺入要适量，掺量过少，缓凝作用小；掺入过多，容易出现体积膨胀开裂而破坏。

（4）拌和用水量

拌和用水量的多少是影响水泥强度的关键因素之一。从理论上讲，水泥完全水化所需水量约占水泥质量的23%左右。但拌和水泥浆时，为使浆体具有一定塑性和流动性，所加入的水量通常要大大超过水泥充分水化时所需用水量，多余的水在硬化的水泥石内形成毛细孔。水泥石的强度随其孔隙增加而降低。

（5）温度

温度对水泥的凝结硬化影响很大，提高温度，可加速水泥的水化速度，有利于水泥早期强度的形成。而在较低温度下进行水化，虽然凝结硬化慢，但水化产物较致密，可获得较高的最终强度。但当温度低于0℃时，强度不仅不增长，而且还会因水的结冰而导致水泥石被冻坏。

（6）湿度

湿度是保证水泥水化的一个必备条件，水泥的凝结硬化实质是水泥的水化过程。因此，在干燥环境中，水化浆体中的水分蒸发，导致水泥不能充分水化，同时硬化也将停止，并会因干缩而产生裂缝。

（7）龄期

龄期是指水泥在正常养护条件下所经历的时间。水泥的凝结、硬化是随龄期的增长而渐进的过程。

影响水泥的凝结、硬化的因素还包括水泥的存放时间、受潮程度及掺入的外加剂种类等。

知识链接

在工程中，保持环境的温度和湿度，使水泥石强度不断增长的措施称为养护。水泥、混凝土在浇筑后的一段时间里应十分注意控制温度和湿度的养护。标准养护室的温度标准为（20±2)℃，相对湿度标准为95%以上。

10.1.3 水泥的技术指标和技术要求

《通用硅酸盐水泥》（GB 175—2007）对通用硅酸盐水泥的物理、化学性能指标等均做了明确规定。

1. 物理指标

（1）凝结时间

凝结分初凝和终凝。初凝时间为水泥加水拌和至水泥浆开始失去可塑性所需的时间；终凝时间为水泥加水拌和至水泥浆完全失去可塑性所需的时间。

水泥初凝时间和终凝时间对于工程施工具有实际的意义。为使混凝土、砂浆有足够的时间进行搅拌、运输、浇筑、砌筑，顺利完成混凝土和砂浆的制备并确保制备的质量，初凝时间不能过短，否则在施工中会因失去流动性和可塑性而无法使用；当浇筑完毕，为了使混凝土尽快凝结硬化，产生强度，顺利地进入下一道工序，规定终凝时间不能太长，否则将减缓施工进度，降低模板周转率。

国家标准规定：水泥的凝结时间用凝结时间测定仪进行测定。硅酸盐水泥的初凝时间不小于45min，终凝时间不大于390min；普通硅酸盐水泥、矿渣硅酸盐水泥、火山灰硅酸盐水泥、粉煤灰硅酸盐水泥和复合硅酸盐水泥初凝时间不小于45min，终凝时间不大于600min。初凝时间不符合标准规定的水泥为废品；终凝时间不符合标准规定的水泥为不合格品。

（2）安定性

水泥的体积安定性是指水泥浆体在凝结硬化过程中体积变化的均匀性。当水泥浆体硬化过程发生不均匀变化时，会导致膨胀开裂、翘曲、甚至崩塌等现象，造成严重的工程事故。体积安定性不良的水泥均为废品，不能用于工程中。

（3）强度及强度等级

水泥的强度是评价和选用水泥的重要技术指标，也是划分水泥强度等级的重要依据。国家标准规定采用胶砂法来测定水泥3d和28d的抗压强度和抗折强度，根据测定结果来确定水泥强度等级，见表10-1。

表10-1 通用硅酸盐水泥不同龄期的强度 （单位：MPa）

品种	强度等级	抗压强度		抗折强度	
		3d	28d	3d	28d
硅酸盐水泥	42.5	≥17.0	≥42.5	≥3.5	≥6.5
	42.5R	≥22.0		≥4.0	
	52.5	≥23.0	≥52.5	≥4.0	≥7.0
	52.5R	≥27.0		≥5.0	
	62.5	≥28.0	≥62.5	≥5.0	≥8.0
	62.5R	≥32.0		≥5.5	
普通硅酸盐水泥	42.5	≥17.0	≥42.5	≥3.5	≥6.5
	42.5R	≥22.0		≥4.0	
	52.5	≥23.0	≥52.5	≥4.0	≥7.0
	52.5R	≥27.0		≥5.0	
矿渣硅酸盐水泥 火山灰硅酸盐水泥 粉煤灰硅酸盐水泥 复合硅酸盐水泥	32.5	≥10.0	≥32.5	≥2.5	≥5.5
	32.5R	≥15.0		≥3.5	
	42.5	≥15.0	≥42.5	≥3.5	≥6.5
	42.5R	≥19.0		≥4.0	
	52.5	≥21.0	≥52.5	≥4.0	≥7.0
	52.5R	≥23.0		≥5.0	

注：强度等级中，R表示早强型

(4) 细度

细度是指水泥颗粒的粗细程度，属于选择性指标。国家标准规定硅酸盐水泥和普通硅酸盐水泥的细度以比表面积表示，其比表面积不小于 $300m^2/kg$；矿渣硅酸盐水泥、火山灰硅酸盐水泥、粉煤灰硅酸盐水泥和复合硅酸盐水泥的细度以筛余表示，80μm 方孔筛筛余不得超过 10% 或 45μm 方孔筛筛余不得超过 30%。

2. 化学指标

水泥的化学指标主要控制水泥中有害的化学成分，要求其不超过一定的限值，否则可能对水泥的性质和质量带来危害，见表 10-2。

(1) 烧失量

烧失量是指水泥在一定温度、一定时间内加热后烧失的数量。水泥煅烧不佳或受潮后均会导致烧失量增加。

(2) 不溶物

不溶物是指水泥在浓盐酸中溶解保留下来的不溶性残留物。不溶物越多，水泥活性下降。

(3) 碱含量

碱含量是指水泥中氧化钠（Na_2O）和氧化钾（K_2O）的含量，属于选择性指标。水泥中的碱含量高时，如果配置混凝土的骨料具有碱活性，可能产生碱骨料反应，生成膨胀性的物质导致混凝土因不均匀膨胀而破坏。

表 10-2 通用硅酸盐水泥化学指标 (%)

<table>
<tr><th rowspan="2">品种</th><th rowspan="2">代号</th><th>不溶物</th><th>烧失量</th><th>三氧化硫</th><th>氧化镁</th><th>氯离子</th></tr>
<tr><th colspan="5">(质量分数)</th></tr>
<tr><td rowspan="2">硅酸盐水泥</td><td>P · I</td><td>≤0.75</td><td>≤3.0</td><td rowspan="3">≤3.5</td><td rowspan="3">≤5.0</td><td rowspan="8">≤0.06</td></tr>
<tr><td>P · II</td><td>≤1.50</td><td>≤3.5</td></tr>
<tr><td>普通硅酸盐水泥</td><td>P · I</td><td>—</td><td>≤5.0</td></tr>
<tr><td rowspan="2">矿渣硅酸盐水泥</td><td>P · S · A</td><td>—</td><td>—</td><td rowspan="2">≤4.0</td><td>≤6.0</td></tr>
<tr><td>P · S · B</td><td>—</td><td>—</td><td>—</td></tr>
<tr><td>火山灰硅酸盐水泥</td><td>P · P</td><td>—</td><td>—</td><td rowspan="3">≤3.5</td><td rowspan="3">≤6.0</td></tr>
<tr><td>粉煤灰硅酸盐水泥</td><td>P · F</td><td>—</td><td>—</td></tr>
<tr><td>复合硅酸盐水泥</td><td>P · C</td><td>—</td><td>—</td></tr>
</table>

10.1.4 水泥的性质与应用

1. 硅酸盐水泥

1) 快凝、快硬、高强。硅酸盐水泥凝结硬化快、早期强度高，因此可用于地上、地下和水中重要结构的高强及高性能混凝土工程中，也可用于有早强要求的混凝土工程中。

2) 抗冻性好。硅酸盐水泥不易发生泌水，硬化后密实度大，所以抗冻性好。适用于冬季施工及严寒地区遭受反复冻融的工程。

3) 抗腐蚀性差。硅酸盐水泥水化产物中有较多的氢氧化钙和水化铝酸钙，耐软水及耐化学腐蚀能力差。不宜用于水利工程、海水作用和矿物水作用的工程。

4) 碱度高，抗碳化能力强。硅酸盐水泥硬化后的水泥石显示强碱性，埋于其中的钢筋在碱性环境中表面会生成一层保护膜，从而使钢筋不生锈，适用于重要的钢筋混凝土结构工程中。

5) 水化热大。硅酸盐水泥在水泥水化时，放热速度快且放热量大。用于冬季施工可避免冻害，但高水化热对大体积混凝土工程不利。

6) 耐热性差。硅酸盐水泥中的一些重要成分在 250℃ 时会发生脱水或分解，使水泥石强度下降，当受热温度在700℃以上时，将遭受破坏。所以硅酸盐水泥不宜用于耐热混凝土工程及高温环境。

7）耐磨性好。硅酸盐水泥强度高，耐磨性好，适用于道路、地面等对耐磨性要求高的工程。

2. 普通硅酸盐水泥

普通硅酸盐水泥与硅酸盐水泥在性质上差别不大，但普通水泥在早强、强度等级、水化热、抗冻性、抗碳化能力上略有降低，耐热性和耐腐蚀性略有提高。

3. 矿渣硅酸盐水泥、火山灰硅酸盐水泥、粉煤灰硅酸盐水泥

三种水泥有共同的性质，即凝结硬化慢，早期强度低，后期强度高；抗腐蚀能力强，适宜用于水工、海港工程及受侵蚀性作用的工程；水化热低，适用于大体积混凝土工程；抗碳化能力差，不宜用于二氧化碳浓度高的环境；抗冻性差、耐磨性差，不适用严寒地区。

同时，三种水泥又分别具有各自的特点。

矿渣硅酸盐水泥耐热性好，适用于高温车间、高炉基础及热气体通道等耐热工程，是产量和用量最大的水泥品种。

火山灰硅酸盐水泥具有良好的保水性，并且在水化过程中形成大量的水化硅酸钙凝胶，从而具有较高的抗渗性。但其干缩大、干燥环境中表面易“起毛”，对于处在干热环境中施工的工程，不宜使用火山灰水泥。

粉煤灰硅酸盐水泥干缩性小，抗裂性高，但保水性差，易泌水，且活性主要在后期发挥。因此，粉煤灰水泥早期强度、水化－热比矿渣水泥和火山灰水泥还要低，特别适用于大体积混凝土工程。

4. 复合硅酸盐水泥

复合水泥是掺有两种以上混合材料的水泥，其特性取决于所掺混合材料的种类、掺量。混合材料混掺可以弥补单一混合材料的不足，如矿渣与粉煤灰复掺可以减少矿渣的泌水现象，使水泥更密实。

10.1.5 水泥的验收、运输与储存

1. 水泥的验收

由于水泥有效期短，质量易变化，因此对进入施工现场的水泥必须进行验收，以检测水泥是否合格，确定水泥是否能够用于工程中。水泥的验收包括包装与标志验收、数量验收和质量验收三方面。

（1）包装标志验收

核对水泥包装上所注明的水泥品种、代号、净含量、强度等级、生产许可证标志（QS）、出厂编号、执行标准号、包装日期等。掺火山灰混合材料的普通水泥和矿渣水泥还应标注“掺火山灰”字样，包装袋两侧应印有水泥名称和强度等级，硅酸盐水泥和普通硅酸盐水泥采用红色，矿渣硅酸盐水泥采用绿色，火山灰硅酸盐水泥、粉煤灰硅酸盐水泥和复合硅酸盐水泥采用黑色或是蓝色。散装发运时应提交与袋装标志相同内容的卡片。

（2）数量验收

水泥可以散装或袋装，袋装水泥每袋净含量为50kg且应不少于标志质量的99%。散装水泥平均堆积密度为1450kg/m^3，袋装压实的水泥为1600kg/m^3。

（3）质量验收

水泥出厂应有水泥生产厂家的出厂合格证，内容包括厂别、品种、出厂日期、出厂编号等。检验报告内容应包括出厂检验项目、细度、混合材料品种和掺加量、石膏和助磨剂的品种及掺加量、回旋窑或立窑生产及合同约定的其他技术要求。

（4）结论

出厂水泥应保证出厂强度等级，其余技术要求应符合国家标准的规定。

废品：氧化镁、三氧化硫、初凝时间、安定性中的任何一项不符合标准规定者均为废品。

不合格品：硅酸盐水泥、普通硅酸盐水泥凡是细度、终凝时间、不溶物和烧失量中的任何一项不符合标准规定者；矿渣硅酸盐水泥、火山灰硅酸盐水泥、粉煤灰硅酸盐水泥和复合硅酸盐水

泥凡是细度、终凝时间中的任何一项不符合规定者或混合材料掺加量超过最大限量和强度低于商品强度等级的指标时；水泥包装标志中水泥品种、强度等级、生产者名称和出厂编号不全的水泥。

2. 水泥的运输与储存

水泥在保管时，应按生产厂家、品种、强度等级和出厂日期分开堆放，严禁混杂；在运输及保管时要注意防潮和防止空气流动，现存现用，不可储存过久。若水泥保管不当会使水泥因风化而影响水泥正常使用。

水泥一般应入库存放。水泥仓库应保持干燥，库房地面应高出室外地面 30cm，离开窗户和墙壁 30cm 以上。袋装水泥堆垛不宜过高，以免下部水泥受压结块，一般为 10 袋，如存放时间短，库房紧张，也不宜超过 15 袋；袋装水泥露天临时储存时，应选择地势高，排水条件好的场地，并认真做好上盖下垫，以防水泥受潮。若使用散装水泥，可用铁皮水泥罐仓，或散装水泥库存放。

对于受潮水泥，可以进行处理后再使用，受潮水泥的识别、处理和使用见表 10-3。

表 10-3 受潮水泥的识别、处理和使用

受潮程度	处理办法	使用要求
轻微结块，可用手捏成粉末	将粉块压碎	经试验后根据实际强度使用
部分结成硬块	将硬块筛除，粉块压碎	经试验后根据实际强度使用，用于受力小的部位，强度要求不高的工程或配置砂浆
大部分结成硬块	将硬块粉碎磨细	不能作为水泥使用，可作为混合材料掺入新水泥使用（掺量应小于 25%）

10.1.6 白色水泥和彩色水泥

1. 白色水泥

氧化铁含量少的熟料，加入适量石膏及混合材料磨成细粉，制成的水硬性凝结材料称为白色硅酸盐水泥，简称白水泥，代号 P·W，如图 10-7a 所示。它与常用的硅酸盐水泥的主要区别在于氧化铁的含量只有后者的 1/10 左右。

按国家标准，白色水泥分为 32.5、42.5 和 52.5 三个强度等级，其技术参数见表 10-4。

表 10-4 白色水泥的技术参数

项目	技术参数			
强度等级	抗压强度/MPa		抗折强度/MPa	
	3d	28d	3d	28d
32.5	12.0	32.5	3.0	6.0
42.5	17.0	42.5	3.5	6.5
52.5	22.0	52.5	4.0	7.0
白度	水泥白度值不低于 87			
细度	80μm 方孔筛筛余不得超过 10%			
凝结时间	初凝不得早于 45min，终凝不得迟于 10h			
安定性	沸煮法检验必须合格			

白度是白色水泥一项重要的技术性能指标，是衡量白色水泥质量高低的关键指标。白色水泥按其白度可分为特级、一级、二级和三级四个等级。

2. 彩色水泥

白色硅酸盐水泥熟料、石膏和耐碱矿物颜料共同磨细，可制成彩色硅酸盐水泥。或在白色水

泥生料中加入少量金属氧化物作为着色剂，直接烧成彩色熟料，然后再磨细制成彩色水泥，如图10-7b所示。

a) b)

图10-7 白色水泥与彩色水泥
a）白色水泥 b）彩色水泥

3. 白色水泥和彩色水泥的应用

白色水泥和彩色水泥主要用于建筑装饰工程中建筑物内外表面的装饰，既可以配置彩色水泥浆用于建筑物的粉刷和贴面装饰工程的勾缝，还可以配制成彩色水泥砂浆用于装饰抹灰，加入各种大理石、花岗岩碎石等还可以制造各种色彩的水刷石、人造大理石等制品。

10.2 建筑装饰石膏

石膏是能在空气中凝结硬化，并能长久保持强度或继续提高硬度的材料，属于是典型的气硬性胶凝材料。

石膏可以分为建筑石膏、模型石膏、高强石膏和粉刷石膏。建筑石膏主要用于生产各种石膏板材、装饰饰品及室内粉刷等；模型石膏主要用于陶瓷的制胚工艺；高强石膏主要用于室内高级抹灰、各种石膏板、嵌条等，加入防水剂后还可以生产高强防水石膏；粉刷石膏主要用于建筑室内墙面和顶棚抹灰，但不适用于卫生间、厨房等常与水接触的地方。

10.2.1 石膏的基本知识

石膏的主要成分为硫酸钙（$CaSO_4$），自然界中硫酸钙以两种稳定形态存在，一种是未水化的天然无水石膏，另一种是水化程度最高的生石膏，即二水石膏（$CaSO_4 \cdot H_2O$）。将生石膏加热至107～170℃时，部分结晶水脱出，生成半水石膏（$CaSO_4 \cdot 1/2H_2O$）；温度升高到190℃以上，失去全部水分变成无水石膏（$CaSO_4$），也称为硬石膏。半水石膏和无水石膏统称为熟石膏。

1. 石膏的生产

（1）建筑石膏

将天然石膏入窑经低温煅烧后，磨细即得到建筑石膏，其反应式为

$$CaSO_4 \cdot 2H_2O \xrightarrow{107 \sim 170℃} CaSO_4 \cdot \frac{1}{2}H_2O + 1\frac{1}{2}H_2O$$

建筑石膏的成分为半水硫酸钙，为白色粉末，堆积密度为800～1000kg/m^3，密度为2500～2800kg/m^3。

（2）高强石膏

将二水石膏置于蒸压锅内，在0.13MPa（125℃）压强下蒸压脱水，将得到的晶体磨细得到的白色粉末称为高强石膏，其反应式为

$$CaSO_4 \cdot 2H_2O \xrightarrow{0.13MPa（125℃）} CaSO_4 \cdot \frac{1}{2}H_2O + 1\frac{1}{2}H_2O$$

高强石膏表面积小，拌制相同稠度时需要的水量比建筑石膏少，因此该石膏硬化后结构密实，强度高，但其生产成本较高。

2. 建筑石膏的凝结与硬化

建筑石膏加适量水拌和后，与水发生化学反应（水化反应），生成二水石膏。随着水化的不断进行，生成的二水石膏不断增多，浆体的稠度不断增加，使浆体逐渐失去塑性，这个过程称为凝结。凝结后，随着水化反应进一步进行，二水石膏晶体继续大量形成、长大，相互搭接、交错共生形成晶体结构网，使浆体变硬，并形成具有强度的石膏制品，这个过程称为硬化。

3. 建筑石膏的性质

1）凝结硬化快。石膏初凝时间不小于6min，终凝时间不大于30min，在一周左右石膏可完全硬化。由于石膏的凝结速度太快，为方便施工，常掺加骨胶、硼砂等缓凝剂延缓其凝结速度。

2）体积微膨胀。石膏浆体在凝结硬化初期体积会发生微膨胀，这一特性使模塑形成的石膏制品表面光滑、尺寸精确、形体饱满、装饰性好。

3）孔隙率大，保温、吸声性能好。建筑石膏在拌合时，为使浆体具有施工要求的可塑性，需加入石膏用量60%左右的用水量，而建筑石膏水化的理论需水量为18.6%，所以大量的自由水在蒸发时，在建筑石膏制品内部形成大量的毛细孔隙，孔隙率可达50%。这就决定了石膏制品导热系数小，吸声性较好，属于轻质保温材料。

4）具有一定的调湿性。由于石膏制品内部大量毛细孔隙对空气中的水蒸气具有较强的吸附能力，在干燥时又可以释放水分，所以对室内的空气湿度有一定的调节作用。

5）防火性好，耐火性差。石膏制品热导率小，传热速度慢，且在遇火灾时，二水石膏将脱出结晶水，吸热蒸发，并在制品表面形成蒸汽幕和脱水物隔热层，可有效减少火焰对内部结构的危害。但建筑石膏制品在防火的同时自身也会遭到损坏，二水石膏脱水后，强度下降，因此不耐火。建筑石膏不宜在65℃以上的高温部位使用。

6）耐水性、抗冻性差。石膏制品孔隙率大，且二水石膏微溶于水，具有很强的吸湿性，石膏制品吸水饱和后受冻，会因孔隙中水分结晶膨胀而破坏。所以，石膏制品的耐水性和抗冻性较差，不宜用于潮湿部位。为提高其耐水性，可加入适量的水泥、矿渣等水硬性材料，也可加入有机防水剂等，可改善石膏制品的孔隙状态或使孔壁具有憎水性。

7）装饰性好。石膏制品表面平整，色彩洁白，并可进行锯、刨、钉、雕刻等加工，具有良好的装饰性和可加工性。

10.2.2 石膏板

石膏板是以建筑石膏为主要材料，加入纤维、黏接剂、改性剂，经混炼压制、干燥而成的一种板材。其具有防火、隔音、隔热、轻质、高强、收缩率小等特点，且稳定性好、不老化、防虫蛀，可用钉、锯、刨、粘等方法施工。广泛用于吊顶、隔墙、内墙、贴面板。

常用的石膏板主要有纸面石膏板、装饰石膏板和石膏吸声板等，如图10-8所示。

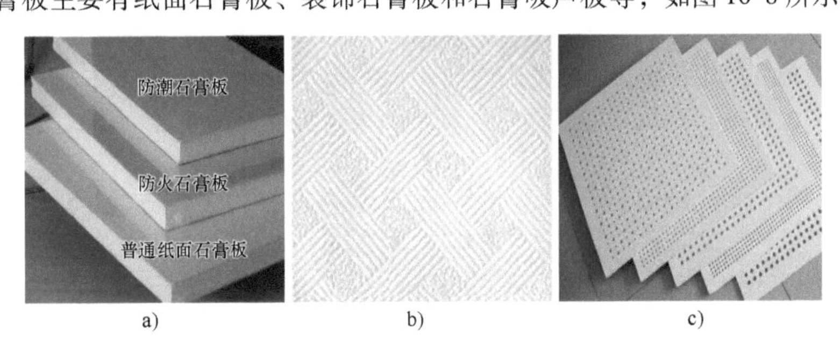

图10-8 常见的石膏板

a）纸面石膏板 b）装饰石膏板 c）石膏吸声板

1. 纸面石膏板

纸面石膏板是以石膏浆料为夹芯，两面用纸护面而成的轻质板材。它以建筑石膏为主要材料，掺加纤维、胶黏剂、发泡剂等，加水搅拌成浆体，浇注在进行中的纸面上，成型后再覆盖上层面纸后切割烘干而成。

纸面石膏板主要有普通纸面石膏板、耐水纸面石膏板和耐火纸面石膏板三种。

（1）普通纸面石膏板（代号为P）

普通纸面石膏板以重磅纸作为护面纸，具有质轻、抗弯、抗冲击性高、防火、保温隔热、抗震性好，并具有较好的隔声性和可调节室内湿度等优点；耐火极限一般为5～15min；板材的耐水性差，受潮后强度明显下降，且会产生较大变形或较大的挠度；普通纸面石膏板还具有可锯、可刨、可钉等良好的可加工性；板材易于安装，施工速度快、工效高、劳动强度小，是目前广泛使用的轻质板材之一。

普通纸面石膏板主要用于办公楼、饭店、宾馆、住宅等建筑的室内吊顶、墙面、隔断等的装饰。它的表面需要进行饰面处理方能获得理想的装饰效果，但仅能用于干燥的环境中，不宜用于厨房、卫生间以及室内湿度大于70%的潮湿环境中，如图10-9所示。普通纸面石膏板与轻钢龙骨构成的墙体体系称为轻钢龙骨石膏板体系（简称QST）。

（2）耐水纸面石膏板（代号为S）

耐水纸面石膏板是通过采用耐水的护面纸，并在建筑石膏料浆中加入耐水外加剂制成的耐水芯材；具有较高的耐水性，其他的性能与普通纸面石膏板相同。

耐水纸面石膏板主要用于厨房、卫生间、厕所等潮湿场合的装饰。其表面也需进行饰面处理，以提高装饰性，如图10-10所示。

图10-9　普通纸面石膏板应用实例

图10-10　耐水纸面石膏板应用实例

（3）耐火纸面石膏板（代号为H）

耐火纸面石膏板是由芯材在建筑石膏料浆中掺入适量无机耐火纤维增强材料后制成，属于难燃性建筑材料。它具有较高的遇火稳定性，遇火稳定时间优等品不小于30min，一等品不小于25min，合格品不小于20min。

耐火纸面石膏板主要用作防火等级要求高的建筑物的装饰材料，如影剧院、体育馆、幼儿园、展览馆、博物馆、候机（车）大厅、售票厅、商场、娱乐场所及其通道、楼梯间、电梯间等的吊顶、墙面、隔断等。

普通纸面石膏板、耐火纸面石膏板和耐水纸面石膏板按棱边形状分为矩形、45°倒角形、楔形、半圆形和圆形五种产品。常用的产品规格有：长度2400mm、3000mm；宽度900mm、1200mm；厚度9mm、12mm、15mm等。

2. 装饰石膏板

装饰石膏板是以建筑石膏为原料，掺入适量纤维增强材料和外加剂，与水一起搅拌成均匀的浆料并注入带有图案花纹的硬质模具内成型，再经过硬化干燥而成的无护面纸的装饰板材。

（1）装饰石膏板的分类与规格

装饰石膏板的主要形状为正方形，其棱边的形状有直角形和45°倒角形两种。按其功能不同可分为普通板和防潮板；按其表面装饰效果不同可分为平板、孔板和浮雕板，如图10-11所示。

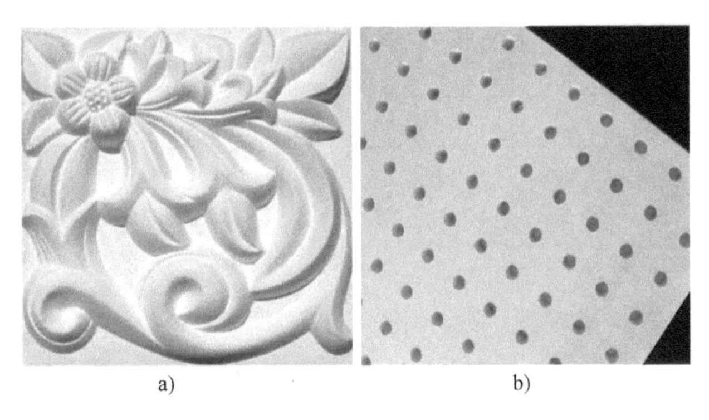

a) b)

图 10-11 装饰石膏板

a）石膏浮雕板 b）石膏孔板

(2) 装饰石膏板的性能

装饰石膏板具有轻质、高强、耐火、隔声、韧性高等性能，可进行锯、刨、钉、粘等加工，施工安装方便。

装饰石膏板常见的规格有 500mm×500mm×9mm 和 600mm×600mm×11mm。

(3) 装饰石膏板的运输和应用

装饰石膏板在运输过程中应立放，贴紧，并有遮盖措施。板材应按品种、规格及等级在室内坚实、平整和干燥处堆放，堆放高度不应大于 2m。装饰石膏板主要用于建筑室内墙面和吊顶以及隔墙等，如宾馆、礼堂、影剧院等吊顶、墙面工程。湿度较大的场所应选用防潮板。

知识链接

纸面石膏板材料鉴别

1. 目测。纸面石膏板外观检查时应在 0.5m 远处光照明亮的条件下，对板材正面进行目测检查。先看表面，表面平整光滑，不能有气孔、污痕、裂纹，再看质地是否密实，有没有空鼓现象，越密实的石膏板越耐用。

2. 用手敲击。检查石膏板的弹性，用手敲击发出很实的声音说明石膏板严实耐用。用手掂分量也可以衡量石膏板的优劣。

3. 尺寸及允许偏差、平面度和直角偏离度。装饰石膏板如偏差过大，会使装饰表面拼接不整齐，整个表面凹凸不平，对装饰效果有很大影响。

4. 看标志。在每一包装箱上，应有产品的名称、商标、质量等级、制造厂名、生产日期及防潮、小心轻放和产品标记等标志。

3. 装饰石膏制品

(1) 石膏线

石膏线多用高强石膏或加筋石膏制作，用浇注法成型。其表面呈现雕花型和弧型，规格尺寸较多，线角的宽度一般为 45～300mm，长度一般为 1800～2300mm。石膏线具有表面光洁、花型和线条清晰、立体感强、强度高、无毒、防火等特点，可用于宾馆、饭店、写字楼和住宅的吊顶装饰。其安装多用石膏黏合剂直接粘贴，如图 10-12 所示。

(2) 石膏花饰与石膏廊柱

石膏花饰是按设计图案先制作阴模（软膜），然后浇入石膏麻丝浆料成型，经过硬化、脱模、干燥而成的一种装饰板材。石膏花饰的花形图案、规格很多，表面可为石膏天然白色，也可以制成描金等彩绘效果。用于建筑物室内吊顶或墙面装修，如图 10-13 所示。

石膏廊柱仿照欧洲建筑流派造型，分为上、中、下三部分。上端和下端分别配以浮雕艺术石

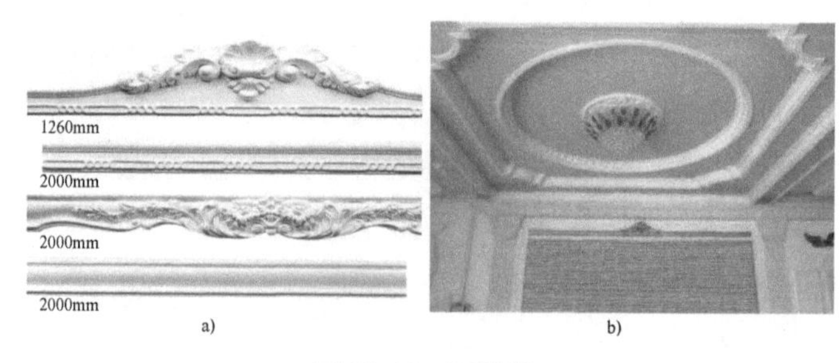

图 10-12 石膏线

a）石膏线图例 b）石膏线应用实例

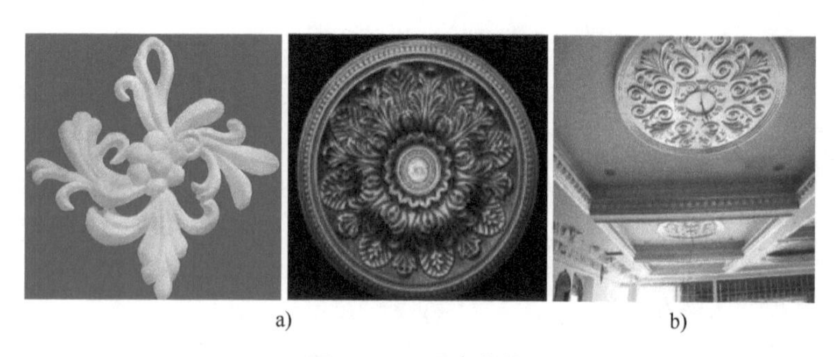

图 10-13 石膏花饰

a）石膏花饰 b）石膏花饰应用实例

膏柱头和柱基，中间为空心圆柱体。石膏廊柱多用于商业空间营业门厅、大堂及门窗洞口处，具有很强的装饰效果，给人欧式装饰艺术和风格的享受，如图 10-14 所示。

图 10-14 石膏廊柱

a）石膏廊柱的样式 b）石膏廊柱应用实例

实训任务

依据《纸面石膏板》（GB/T 9775—2008）的相关规定，对纸面石膏板进行吸水率的测定。

以五张板材作为一组试样，将试件预先在电热鼓风干燥箱中（40℃ ±2℃条件下）烘干至恒量（24h 内的质量变化率应不小于 0.5%），并在温度 25℃ ±5℃，相对湿度 50% ±5% 的试验室条件下冷却至室温，然后进行测定。试件经过处理后，用电子秤称量试件质量 G_1，然后浸入温度 25℃ ±5℃的水中。试件用支架悬置，不与水槽底部紧贴，试件上表面距水面 30mm。浸水 2h 后取出试件，用半湿毛巾吸去试件表面附着水分，称量试件质量 G_2。记录每个试件在浸水前和浸水后的质量，并按下式计算吸水率。以五个试件中最大值作为该组试样的吸水率，精确至1%。

试件的吸水率的计算公式为

$$W_1 = \frac{G_2 - G_1}{G_1} \times 100\%$$

式中 W_1——试件吸水率（%）；

G_1——试件浸水前的质量（g）；

G_2——试件浸水后的质量（g）。

本章小结

水泥是一种粉末状材料，在水泥中加入适当水调制后，经过一系列物理、化学作用，由最初的浆体变成坚硬的石状体。水泥具有较高的强度。水泥不仅能在空气中凝结硬化，而且能更好地在水中凝结硬化并保持其强度的发展，因此是典型的水硬性胶凝材料。建筑装饰装修工程中常使用白色硅酸盐水泥和彩色硅酸盐水泥等特性水泥。水泥的主要技术指标有凝结时间、安定性、强度和细度等。

硅酸盐水泥具有快凝、快硬、高强，抗冻性好，抗腐蚀性差，碱度高，抗碳化能力强，水化热大，耐热性差，耐磨性好等特点。

石膏可以分为建筑石膏、模型石膏、高强石膏和粉刷石膏。具有凝结硬化快；体积微膨胀；孔隙率大，保温、吸声性能好；具有一定的调湿性；防火性好，耐火性差；耐水性、抗冻性差；装饰性好等特点。纸面石膏板主要有普通纸面石膏板、耐水纸面石膏板和耐火纸面石膏板三种；装饰石膏板按其表面装饰效果不同分为平板、孔板和浮雕板。

思考与练习

1. 建筑装饰装修常用哪些水泥品种？
2. 水泥的技术指标和技术要求都有哪些？
3. 石膏的主要性能特点是什么？常用的石膏板有哪些？
4. 白水泥在建筑装饰装修中的应用范围是什么？

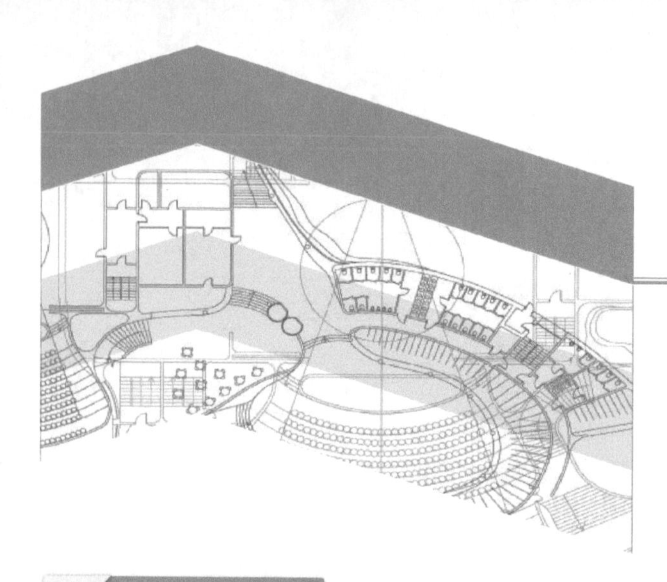

第十一章

建筑装饰管线

知识目标

通过本章内容的学习，了解常用装饰工程水电管线材料的品种类型，构成的基材及其物理化学性能。

能力目标

通过本章内容的学习，掌握装饰工程水电管线材料的技术要求及其在工程中的运用。

11.1 电　线

11.1.1 电力线的概念及种类

电力线又称为强电线，是用来传输电力的管线，能保证照明、电器设备等系统的正常运行。室内装饰装修所用的电线通常采用铜作为导电材料，外部包裹具有自熄性质和绝缘性质的聚氯乙烯套（PVC）。

目前在装饰工程中应用的电力线在形式上一般分为单股线和护套线两种。

1. 单股线

单股线即单根电线，内部是铜芯，外部包裹 PVC 绝缘套，回路需要施工员来组建，并穿接专用阻燃 PVC 线管，方可入墙埋设。为了方便区分，单股线的 PVC 绝缘套有多种色彩，如红、绿、黄、蓝、紫、黑、白和绿黄双色等。在同一装饰工程中用线的颜色及用途应一致。阻燃 PVC 线管内表面应光滑，布置宜简洁流畅，施工质量要求高的也可以用专用镀锌管作穿线管，如图 11-1 所示。

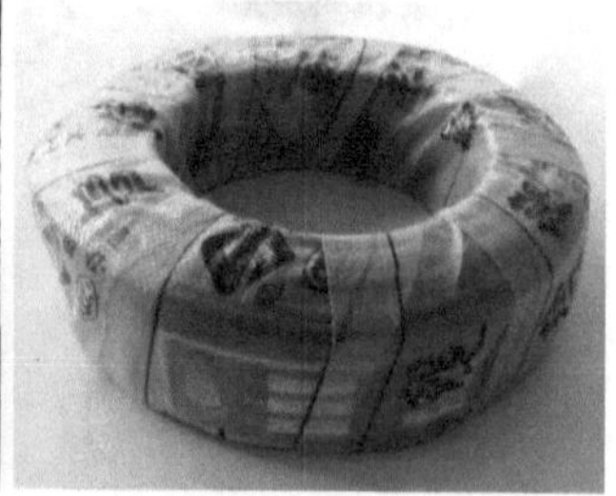

图 11-1　单股线

2. 护套线

护套线自身为一个完整的回路，即一根火线和一根零线，外部有 PVC 绝缘套统一保护。PVC 绝缘套一般为白色或黑色，内部电线为红色和彩色，安装时可以直接埋设到墙内，使用方便。

电力线铜芯有单根（图 11-2）和多根（图 11-3）之分，单根铜芯的线材比较硬，多根缠绕的比较软，方便转角。无论是护套线还是单股线，都以卷为计量，每卷线材的长度标准应为 100m。电力线的粗细规格一般按铜芯的截面面积来划分，照明用线选用 1.5mm^2，插座用线选用 2.5mm^2，空调等大功率电器设备的用线选用 4mm^2，超大功率电器可选用 6mm^2 等。

图 11-2 单根铜芯护套线

图 11-3 多根铜芯护套线

11.1.2 电力线的选用

选用电线，质量安全无疑是最重要的，选购时可从以下几个方面考虑。

1. 看外观

优质电线外皮都采用原生塑料制造，表面光滑，不起泡，剥开后的外皮有弹性，不易断；劣质电线的外皮都是利用回收塑料生产的，表面粗糙，对光照有明显的气泡，易拉断，时间长易开裂、老化、短路、漏电。

2. 看线芯

铜质合格的铜芯电线的铜芯应该是紫红色，有明亮的光泽，柔软适中，不易折断。而伪劣的铜芯线的铜芯为紫黑色，杂质多，机械强度差，韧性不佳，稍用力即会折断，而且电线内常有断线现象。国标线的标准线径为 1.5mm^2、2.5mm^2 和 4mm^2 等。

3. 看长度和价格比

正宗的国家标准电线每卷长 100m（±5% 以内误差）；非国标线一般只有 90m，甚至更少，价格自然低些。

4. 看包装

成卷的电线包装牌上，应有中国电工产品认证委员会的“长城”标志（图 11-4）；生产许可证号；质量安全标识（图 11-5）；质量体系认证书；厂名、厂址、检验章、生产日期；电线上应印有商标、规格、额定电压等。

图 11-4 “长城”标志

图 11-5 质量安全标识

知识链接

电力线材料通常被埋藏在墙体内部或安装在专用箱盒内而无法直接看到。电力线材料质量的优劣直接影响到建筑电器设备的正常运转和用电安全。目前，国内装饰工程中质量排名靠前的品牌有江苏宝胜、鲁能泰山、远东、上海胜华、亨通光电等。

11.1.3 信号传输线的概念及种类

信号传输线又称为弱电线，用于传输各种音频、视频等信号，在室内装修工程中主要有电脑网线、有线电视线、电话线和音响线等。

信号传输线一般都要求有屏蔽功能，防止其他电流干扰，尤其是电脑网线和音响线。在信号线的周围，有铜丝或铝箔编织成的线绳状的屏蔽结构，带防屏蔽的信号线价格较高，质量稳定。信号传输线的种类及特点见表11-1。

表11-1 信号传输线的种类及特点

名称	特点
电脑网线（图11-6）	一般分为3类线、5类线和6类线，目前应用最多的是5类线，超5类共4对绞线，用来提供10～100M传输
有线电视线（图11-7）	一般分为48网、64网、75网、96网、128网和160网。网是外面铝丝的根数，直接决定了传送信号的清晰度和分辨度。线材分2p和4p，2p是一层锡和一层铝丝，4p是两层锡和两层铝丝
电话线（图11-8）	一般分为2芯和4芯，普通电话和上网用2芯线，可视电话必须用4芯的
音响线（图11-9）	音响线又称发烧线，是由高纯度铜或银作为导体制成。音响线用于功放和主音箱及环绕音箱的连接。音响线的规格通常用支来表示，如100支就是由100根铜芯组成的音响线。主音箱应选用200支以上的音响线。环绕音箱用100支左右的音响线。如果需暗埋音响线，同样要用PVC管进行埋设，不能直接埋进墙里

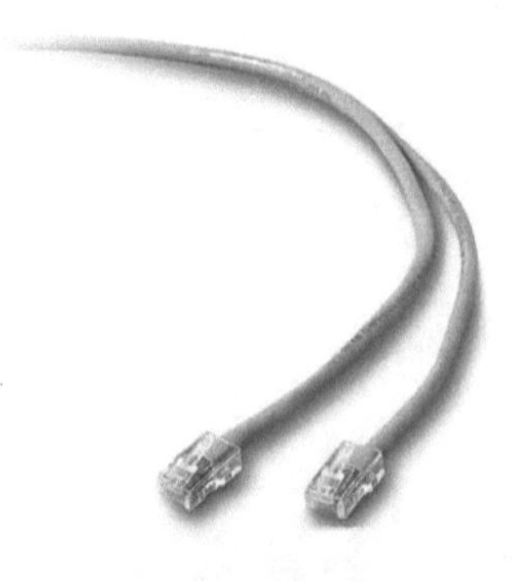

图11-6 电脑网线

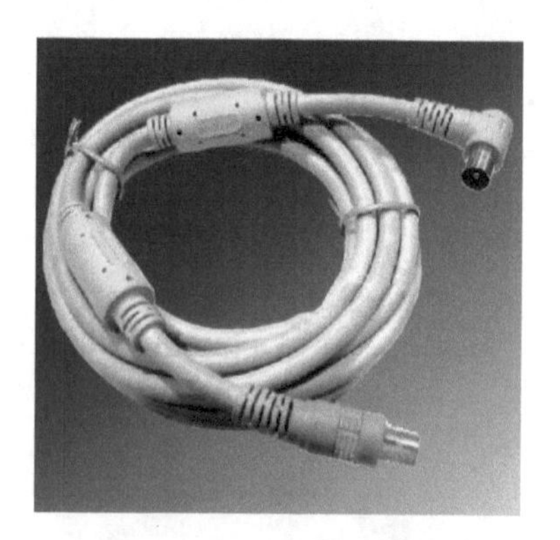

图11-7 有线电视线

图11-8 电话线

图11-9 音响线

11.1.4 信号传输线的应用

在铺设电线穿管时，电线总的截面面积不能超出线管内直径的40%。在设计电线铺设时，电力线与信号传输线不能同穿一根线管。信号传输线由于其信号电压低，易受220V电力线的电压干扰，因此，弱电线的走线必须避开电力线。两者平行距离应在300mm以上，插座间距也应在300mm以上，插座下边缘距地面约300mm。在地板下布线，为了防止湿气和其他环境因素的影响，这些线的外面都要加上牢固的无接头套管，如果有接头，必须对其进行密封处理。

11.2 PVC管

11.2.1 PVC管的定义及种类

PVC管是由聚氯乙烯树脂加入各种添加剂制成的热塑性塑料管，具有重量轻、内壁光滑、流体阻力小、耐腐蚀性好、价格低等优点，属于难燃材料。PVC管可部分取代铸铁管，也可用于电线穿管护套。连接方式有承插、黏接、螺纹等。PVC管有圆形、方形、矩形和半圆形等，以圆形为例，直径从10～250mm不等，如图11-10所示。

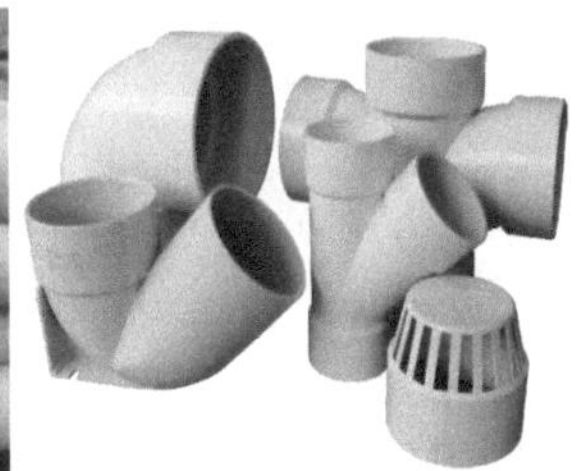

图11-10 PVC管

目前工程中常用的PVC管材型号有三种。

1. PVC-U型管道

PVC-U型管道即硬聚氯乙烯管道，适用于水温不大于45℃，工作压力不大于0.6MPa的排水管道。这种管道的抗老化性好。管道采取橡胶圈承插连接的柔性连接方式。

2. PVC-C型管道

PVC-C型管道即氯化聚氯乙烯管道，它除了具有PVC-U型管道的特性外，耐热能力大大提高，可输送90℃左右的生活用水。管体热涨系数低，机械强度高，但连接胶水有毒性。

3. PVC电工套管、线槽

PVC电工套管、线槽是用于穿越和保护线缆的管道。PVC穿线管（图11-11），规格是按管子的外径标注，16mm、20mm、32mm、40mm；根据壁厚的不同，其内径不同，常用的PVC穿线管的壁厚有A型加厚型、B型通用型、C型薄壁型三种。一般工程采用最多的是B型管。PVC线槽（图11-12）的规格有20mm×10mm、25mm×13mm、30mm×15mm、40mm×25mm等。

图11-11 PVC穿线管

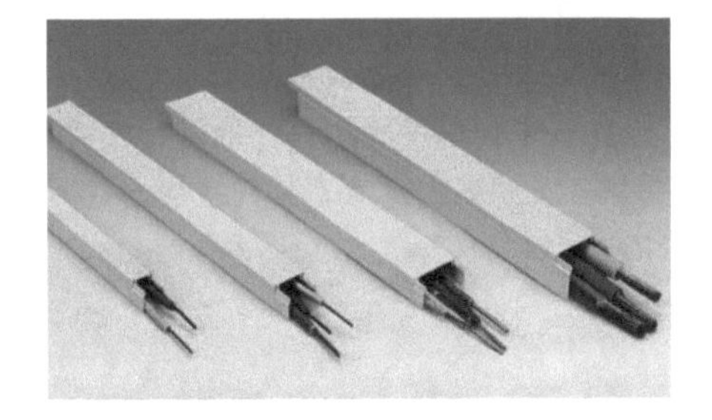

图11-12 PVC线槽

11.2.2 PVC管的应用

PVC管中含铅，一般用于排水管，不能用作饮用水给水管。在施工时，要注意使用胶水密封好接缝。

选购PVC管时要注意管材上标明的执行标准是否为相应的国家标准，尽量选购国家标准产品。

优质管材外观应平滑、平整、无起泡、色泽均匀一致、无杂质、壁厚均匀。管材有足够的刚性，用手挤压管材，不易产生变形。直径 50mm 的管材，壁厚至少需要有 2.0mm 以上。

11.3 PP-R 管

11.3.1 PP-R 管的定义及种类

PP-R 管又称为无规共聚聚丙烯管，是经挤出成型，注塑而成的新型管件，在室内外装饰工程中可取代传统的镀锌钢管，如图 11-13 所示。

PP-R 管具有重量轻、耐腐蚀、不结垢、保温节能、较好的抗冲击性能和长期蠕变性能，使用寿命可达 50 年以上。PP-R 管的软化点为 131.5℃。最高工作温度可达 95℃。PP-R 的原料分子只有碳、氢元素，没有毒害元素存在，卫生、可靠。此外，PP-R 管物料还可以回收利用，PP-R 废料经清洁、破碎后可回收利用。

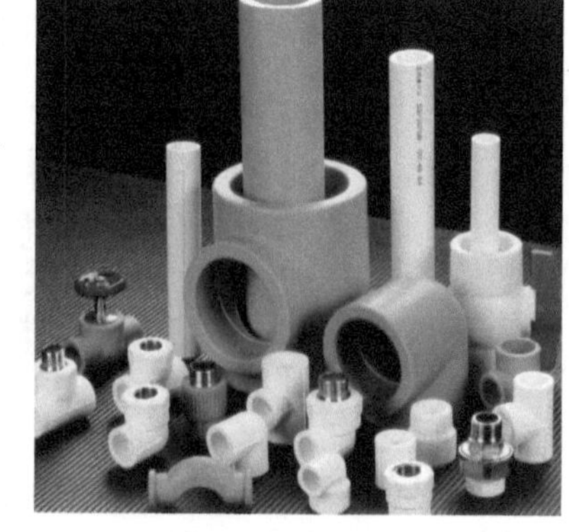

图 11-13　PP-R 管

PP-R 管管长 4m，PP-R 管的管径可以从 16mm 到 160mm 不等，并配套各种接头，是一种性价比很高的管材。市面上销售的 PP-R 管主要有白色、绿色和灰色三种颜色，一般来说，白色和绿色为材质较好的精品 PP-R 管，灰色则为早期材质略差的普通管。

近年来，随着市场的需求，在 PP-R 管的基础上又开发出铜塑复合 PP-R 管、铝塑复合 PP-R 管、不锈钢复合 PP-R 管等，进一步加强了 PP-R 管的强度，提高了管材的耐用性。

知识链接

国际标准中，聚丙烯冷热水管分 PP-H、PP-B 和 PP-R 三种。三种管材的区别在于 PP-H、PP-B 和 PP-R 管材的刚度依次递减而冲击强度依次递增。三种 PP 管材中，管材抗冲击性能 PP-R > PP-B > PP-H，管材热变形温度 PP-H > PP-B > PP-R，管材刚性 PP-H > PP-B > PP-R，管材常温爆破温度 PP-H > PP-B 和 PP-R，管材耐化学腐蚀性 PP-H > PP-B 和 PP-R。相对于其他 PP 管材，PP-R 管材的突出优点是既改善了 PP-H 的低温脆性，又在较高温度下（60℃）具有良好的耐长期水压能力，特别是用于热水管使用时，长期强度均较 PP-H 和 PP-B 好。

11.3.2 PP-R 管的应用

PP-R 管在安装时采用热熔工艺，可做到无缝焊接，也可直接埋入墙内，所用热熔工具如图 11-14 所示。PP-R 管不仅用于冷热水管道，包括采暖系统、中央空调系统；还可用于纯净饮用水系统甚至是排放化学介质的工业管道。尤其在建筑管网改造中是最为理想的一种材料，如图 11-15 所示。

图 11-14　PP-R 管所用热熔工具

图 11-15　PP-R 管实际工程应用

11.4 铝塑复合管

11.4.1 铝塑复合管的定义

铝塑复合管即 PE-AL-PE 管（图 11-16），是一种新型管材。采用物理复合和化学复合的方法，将聚乙烯处于高温熔融状态，铝管处于加热状态，在铝和聚乙烯之间再加入一层黏结剂，形成聚乙烯、黏结剂、铝管、黏结剂、聚乙烯五层结构，如图 11-16 所示。五层材料通过高温、高压融合成一体，充分体现了金属材料与塑料各自的优点，并弥补了各自的不足。

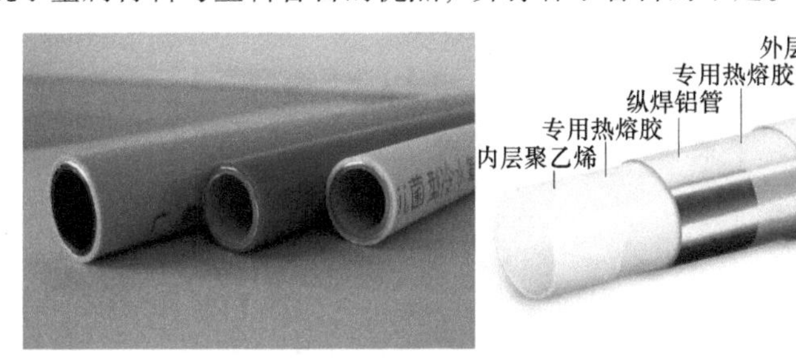

图 11-16 铝塑复合管及其构造

1. 铝塑复合管的优点

铝塑复合管防老化性能好，冷脆温度低，膨胀系数小，防紫外线，耐高温能力较强，可以长期在 95℃温度以下范围使用，平均使用寿命在 50 年以上。管道尺寸稳定，清洁无毒，平滑，流量大，而且具有一定的弹性，能有效减弱供水中的水垂现象以及流体压力产生的冲击和噪声。

2. 铝塑复合管的缺点

铝塑复合管的连接不能熔接和黏接，必须使用专用的金属连接管件，将铝塑复合管套入连接管件后径向加压锁住；铝塑复合管不能回收重做；铝塑复合管的直径范围限于较小的尺寸，目前国内生产的最大直径是 62mm；铝塑复合管生产的工艺和设备比较复杂，成本难以降低，价格也较其他管材高。

3. 铝塑复合管的尺寸规格

铝塑复合管常用的尺寸规格有 1520、2025、2532、3240、4050、5063 等，前两位数代表管内径，后两位数代表管外径，单位为 mm，见表 11-2。管的长度有 50m、100m、200m 等。

表 11-2 铝塑复合管的规格种类

尺寸规格	内部直径	尺寸规格	内部直径
1520	15mm	2025	20mm
2532	25mm	3240	32mm
4050	40mm	5063	50mm

11.4.2 铝塑复合管的应用

铝塑复合管的适用范围广，可以作为室内外冷热水管、采暖管、温泉管、太阳能管等，作为供热管道时可在管壁外再套保温层制成保温铝塑复合管（图 11-17），以减少热损失。铝塑复合管在工程施工中方便快捷，有效缩短工期，是传统镀锌管理想的替代品。

图 11-17 保温铝塑复合管

知识链接

PVC 管、PP-R 管、铝塑复合管共同构成目前室内给水排水工程、水暖工程的主材，一般统称为塑料水管。国内市场塑料水管产品质量排名前几位的品牌有联塑、公元、金牛角、金德、伟星、日丰等。

实训任务

某家装楼工程项目，建筑面积为136m²，针对居室中热水使用多的要求，结合原始水电图纸，通过对当地市场调查来制订水电改造材料（主材及配件）选用方案。要求方案制订合理，具有可操作性。

本章小结

本章主要介绍了建筑装饰工程中常见电线及管材的种类及选用。

电线分为电力线和信号传输线，即强电线和弱电线。选择电力线时主要考虑外观、线芯、长度和价格比、包装等方面，保证质量安全可靠。

PVC 管具有重量轻，流体阻力小，耐腐蚀性好等优点，属于难燃材料。它可部分取代铸铁管，也可用于电线穿管护套。常见的有 PVC-U 型管道、PVC-C 型管道、PVC 电工套管、线槽等。

PP-R 管具有较好的抗冲击性能和抗长期蠕变性能，使用寿命可达50年以上，不仅用于冷热水管道，包括采暖系统、中央空调系统；还可用于纯净饮用水系统甚至是排放化学介质的工业管道。

铝塑复合管是一种将聚乙烯、黏结剂、铝管、黏结剂、聚乙烯五层结构通过高温、高压融合成一体而成的新型管材。它具有防老化性能好，冷脆温度低，膨胀系数小，防紫外线，耐高温能力强等特点，但其连接不能熔接和黏接。它主要用于室内外冷热水管、采暖管、温泉管、太阳能管等。

思考与练习

1. PVC 管材是否可以作为饮用水管道？
2. 对于水压较大的给水管选用 PVC 管、PP-R 管、铝塑复合管中的哪一种更适合？
3. 强弱电线是否可以使用同一套线管布置？其原因是什么？

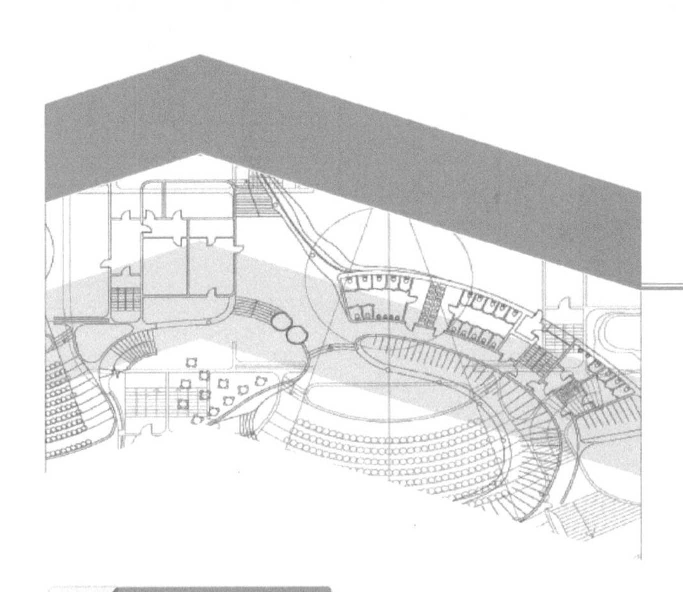

第十二章

其他建筑装饰材料

知识目标

了解常用的胶黏剂及其用途；掌握密封材料的类型，了解每种类型的适用范围；掌握防水材料的种类及特点；掌握灯具的类型及用途；了解开关插座的类型及安装注意事项。

能力目标

能根据不同的相黏材料选用适合的胶黏剂；能根据建筑物密封位置及密封要求选用适合的密封材料；能根据防水要求选择相应的防水材料；能根据不同的照明用途选用适合的灯具类型；能选购质量好的开关插座。

12.1 胶 黏 剂

胶黏剂是除紧固件外，连接装饰部件的重要装饰材料，因材质及使用部位的力学要求的不同，胶黏剂的选用也存在很大的差别。

胶黏剂又称黏结剂，是一种能在两种被结合物体表面形成介质薄膜，使之黏结在一起的液态、膏状或固体、粉末状材料，是建筑装饰中不可缺少的材料之一。胶黏剂的使用在一定程度上避免了使用钉子、螺丝等连接材料产生的表面孔洞等现象。胶黏剂不但广泛应用于建筑施工及建筑室内外装修，如墙面铺贴壁纸和墙布、地面地板、吊顶工程、装饰板、镶嵌玻璃等的装修材料黏结，也常用于防水、管道工程密封胶及构件修补等，还可用于生产各种人造复合板，如细木工板、纤维板、铝塑板等复合板材，以及新型建筑材料。不同的胶黏剂的性能也不同。常用的胶黏剂主要有环氧树脂类、聚乙烯醇类、聚乙酸乙烯酯类、过氯乙烯、氯丁橡胶等。

自 1912 年出现了酚醛树脂胶黏剂以后，随着合成化学工业的发展，各种合成胶黏剂不断涌现。由于胶黏剂的应用不受被胶接物的形状、材质等限制，胶接后具有良好的密封性，而且胶接方法简便。因此，胶黏剂在建筑上的应用越来越多，品种也日益增加。目前，建筑胶黏剂已成为建筑工程上不可缺少的重要的配套材料。

12.1.1 胶黏剂的分类与组成

1. 胶黏剂的分类

胶黏剂的品种繁多，组成各异，用途不一。目前胶黏剂的分类方法很多，一般可从以下几个方面进行分类。

（1）按强度特性分类

按强度特性的不同，胶黏剂可分为结构胶、次结构胶和非结构胶。结构胶可用于能承受荷载或受力结构件的黏结。结构胶对强度、耐热、耐油和耐水等都有较高的要求。非结构胶不承受较大荷载，只起定位作用。介于两者之间的胶黏剂，称为次结构胶。

（2）按固化形式分类

按固化形式的不同，胶黏剂可分为水基蒸发型、溶剂挥发型、化学反应型、热熔型和压敏型五类。

水基蒸发型胶黏剂有水溶液型（如聚乙烯醇胶水）和水乳型（如聚醋酸乙烯乳液）两种类型。

溶剂挥发型胶黏剂中的溶剂从黏合端面挥发或者被黏物自身吸收，形成黏合膜而发挥黏合力，是一种纯粹的物理可逆过程。固化速度随着环境的温度、湿度、被黏物的疏松程度、含水量以及黏合面的大小、加压方法而变化。这种类型的胶黏剂有环氧树脂、聚苯乙烯、丁苯等。

化学反应型胶黏剂的固化是由不可逆的化学变化引起的。按照配方及固化条件，可分为单组分、双组分甚至三组分等的室温固化型、加热固化型等多种形式。这类胶黏剂有酚醛、聚氨酯、硅橡胶等。

热熔型胶黏剂以热塑性的高聚物为主要成分，是不含水或溶剂的固体聚合物。通过加热熔融黏合，随后冷却、固化，发挥黏合力。这一类型的胶黏剂有醋酸乙烯、丁基橡胶、松香、虫胶、石蜡等。

压敏型胶黏剂是一类不固化长期可黏的黏合剂，受指压即可黏接，俗称不干胶。

（3）按主要成分分类

以无机化合物为主要成分制成的胶黏剂称为无机胶黏剂。无机胶黏剂有硅酸盐类、铝酸盐类、磷酸盐类、硫酸盐类等。这类胶黏剂有较高的耐热性和耐老化性，但脆性大、韧性较差，使用的接头形式宜采用轴套或槽榫样结构，以尽量避免弯曲、剥离等应力。这类胶黏剂广泛用于工具、刀具和机械设备制造及维修方面。

以天然或合成聚合物为主要成分的胶黏剂称为有机胶黏剂。有机胶黏剂分为天然与合成两大类。

天然胶黏剂来源丰富，价格低廉，毒性低，但耐水、耐潮和耐微生物作用较差。它在家具、书籍、包装、木材综合加工和工艺品制造中有广泛的应用。

合成胶黏剂一般有良好的电绝缘性、隔热性、抗震性、耐腐蚀性、耐微生物作用和较好的黏合强度，而且能针对不同用途要求来配制不同的胶黏剂。合成胶黏剂品种多，是胶黏剂的主要部分。

（4）按外观状态分类

按外观状态分类，胶黏剂可分为溶液类、乳液类、膏糊类、粉末状类、膜状类和固体类等。

2. 胶黏剂的组成

胶黏剂通常是由黏接物质、固化剂、增塑剂、稀释剂及填充料等原料经配制而成的。它的黏接性能主要取决于黏接物质的特性。不同种类的胶黏剂黏接强度和适应条件是各不相同的。

（1）黏接物质

黏接物质是胶黏剂中的主要组分，又称黏料、基料，起黏接两物体的作用。一般建筑工程中常用的有热固性树脂、热塑性树脂、橡胶类及天然高分子化合物等。

（2）固化剂

固化剂是促使黏接物质进行化学反应，加快胶黏剂固化的一种试剂，如胺类固化剂等。

（3）增塑剂

增塑剂是为了改善黏接层的韧性，提高其抗冲击强度的一种试剂。常用的主要有邻苯二甲酸、二丁酯和邻苯二甲酸二辛酯等。

（4）稀释剂

稀释剂又称“溶剂”，主要对胶黏剂起稀释、分散和降低强度的作用。常用的有机溶剂有丙酮、甲乙酮、苯、甲苯等。

（5）填料

填料能使胶黏剂的稠度增加，降低热膨胀系数，减少收缩性，提高胶层的抗冲击强度和机械强度。常用的品种有滑石粉、石棉粉、铝粉等。

除此以外，为了改善胶黏剂的性能，还可分别加入防腐剂、防霉剂、阻聚剂及稳定剂等。

12.1.2 胶黏剂的主要性能

1. 工艺性

胶黏剂的工艺性是指有关胶黏剂黏结方面的性能，如胶黏剂的调制、涂胶、晾置、固化条件等。工艺性是对胶黏剂黏接操作难易程度的总评。

2. 黏结强度

黏结强度是检验胶黏剂黏结性能的主要指标，是指两种材料在胶黏剂的黏结作用下，经过一定条件变化后能达到使用要求强度而不脱落的性能。胶黏剂的品种不同，黏结的对象不同，其黏结强度的表现也就不同。通常情况下，结构型胶黏剂的强度最高，次结构型胶黏剂其次，非结构型胶黏剂最低。

3. 稳定性

黏结试件在指定介质和一定温度下浸渍一段时间后的强度变化称为胶黏剂的稳定性，可用实测强度或强度保持率来表示。

4. 耐久性

胶黏剂所形成的黏结层会随着时间的推移逐渐老化，直至失去黏结强度，胶黏剂的这种性能称为耐久性。

5. 耐温性

耐温性是指胶黏剂在规定温度范围内的性能变化情况，包括耐寒性、耐热性、耐高低温交变性等。

6. 耐候性

用胶黏剂黏结的构件暴露在室外时，黏结层抵抗雨水、风雪及温湿等自然气候的性能称为耐候性。耐候性也是黏结件在自然条件长期作用下，黏结层老化和表面品质老化的性能。

7. 耐化学性

大多数合成树脂胶黏剂及某些天然树脂胶黏剂，在化学介质的影响下会发生溶解、膨胀、老化或腐蚀等不同的变化。胶黏剂在一定程度上抵抗化学作用的性能称为胶黏剂的耐化学性。

12.1.3 常用建筑胶黏剂

胶黏剂的种类很多，目前经常使用的主要有酚醛树脂类胶黏剂、环氧树脂类胶黏剂、聚醋酸乙烯酯类胶黏剂、聚乙烯醇缩甲醛胶黏剂、聚氨酯类胶黏剂和橡胶类胶黏剂六大类。

1. 酚醛树脂类胶黏剂

酚醛树脂类胶黏剂是以酚醛树脂为主要成分的胶黏剂（图 12-1），其品种的性能和用途见表 12-1。

表 12-1 酚醛树脂类胶黏剂品种的性能和用途

品 种	性能特点	用 途
酚醛树脂胶黏剂	强度高、耐热性较好，但胶层较脆硬	主要用于木材、纤维板、胶合板、硬质泡沫塑料等多孔性材料的黏结
酚醛-缩醛胶黏剂	耐低温，耐疲劳，使用寿命长，耐气候老化性极好，韧性优良，但长期使用温度最高只能为 120℃	主要用于黏结金属、玻璃、纤维、塑料和其他非金属材料制品
酚醛-丁腈胶黏剂	高强、坚韧、耐热、耐寒、耐气候老化、使用温度（-55～260℃）	主要用于黏结金属、玻璃、纤维、木材、皮革、PVC、尼龙、酚醛塑料、丁腈橡胶等
酚醛-氯丁胶黏剂	固化速度快、无毒、胶膜柔韧、耐老化等	主要用于皮革、橡胶、泡沫塑料、纸张等材料的黏结
酚醛-环氧胶黏剂	耐高温、高强、耐热、电绝缘性能好	主要用于金属、陶瓷和玻璃钢的黏结

2. 环氧树脂类胶黏剂

环氧树酯类胶黏剂是以环氧树脂为主要原料，掺加适量固化剂、增塑剂、填料、稀释剂等辅料配制而成。环氧树酯类胶黏剂具有黏结强度高、收缩率小、耐腐蚀、电绝缘性好、耐水、耐油等特点，可在常温、低温和高温等条件下固化，是目前应用最多的胶黏剂之一，如图 12-2 所示。环氧树酯类胶黏剂除了对聚乙烯、聚四氟乙烯、硅树脂、硅橡胶等少数几种塑料胶接性较差外，对于铁制品、玻璃、陶瓷、木材、塑料、皮革、水泥制品、纤维材料等都具有良好的黏结能力。在黏接混凝土方面，其性能远远超过其他胶黏剂。常用环氧树酯类胶黏剂品种的性能和用途见表 12-2。

图 12-1　酚醛树脂胶黏剂

图 12-2　环氧树脂胶黏剂

表 12-2　环氧树酯类胶黏剂品种的性能和用途

名　称	性能特点	用　途
AH-03 大理石黏结剂	耐水、耐候、使用方便、黏结强度为 2.0MPa	大理石、花岗石、瓷砖与水泥基层的黏结
EE-1 高效耐水胶黏剂	黏结强度高、耐热性好、耐水，黏结强度为 3MPa，抗扯离强度为 9.0MPa	粘贴外墙饰面材料，尤其适用于厨房、卫生间、地下室等潮湿的地方，贴瓷砖、水泥制品等
EE-3 建筑胶黏剂	黏结强度 >1.0MPa	用于粘贴瓷砖、马赛克及天花板
YJI ~ IV 建筑胶黏剂	耐水、耐湿热、耐腐蚀、低毒、低污染、不着火、不爆炸	适用于在混凝土水泥砂浆等墙地面粘贴瓷砖、大理石、马赛克
4115 强力地板胶	常温固化、干燥迅速、黏结力强，干燥后防水性能好，收缩率低	黏结各种木、塑卷材地板、地砖及各种化纤地毯
WH-1 白马牌万能胶	双组分改型环氧胶，黏结强度高，耐热、耐水、耐油、耐冲击、耐化学介质腐蚀等	用于金属、塑料、玻璃、陶瓷、橡胶、大理石、混凝土以及灯座、插座、门牌等的黏结
6202 建筑胶黏剂	一种常温固化的双组分无机溶剂触变环氧型胶黏剂，黏结力强，固化收缩小，黏合面广，使用简便、清洗方便	可用于建筑五金的固定、电器安装等，对不适合打钉的水泥墙面用该胶黏剂更为合适

3. 聚醋酸乙烯酯类胶黏剂

聚醋酸乙烯酯类胶黏剂是由醋酸乙烯单体经聚合反应而得到的一种热塑性胶，可分为溶液型和乳液型两种，如图 12-3 所示。它们具有常温固化快、黏结强度高、黏结层的韧性和耐久性好，不易老化，无毒、无味、无臭，不易燃爆，价格低，使用方便等特点，但耐热性和耐水性较差，只能作为室温下使用的非结构胶，可用于黏接墙纸、水泥增强剂、木材的胶黏剂。其性能和用途见表 12-3。

表 12-3　聚醋酸乙烯酯类胶黏剂的性能和用途

名　　称	性能特点	用　　途
聚醋酸乙烯胶黏剂（白乳胶）	乳白色稠厚液体；固化含量为（50±2)%；pH 为 4～6	用于木材、墙纸、墙布、纤维板的黏合及作为涂料、印染、水泥等的胶料
424A 地板胶	黏结强度较高、干燥快、耐潮湿	用于聚氯乙烯地板与水泥地面的黏结
SG792 建筑装修胶黏剂	单组分胶，具有使用方便、黏结强度高、价格低等特点。混凝土-木的抗拉强度为 1.4MPa；陶瓷-混凝土的抗拉强度为 1.59MPa	用于在混凝土、砖、石膏板等墙面黏接木条、木门窗框、木挂镜线、窗帘盒、衣钩、瓷砖等，还可黏接石材贝壳装饰品，以及黏接钢、铝等金属件等
4115 建筑胶黏剂	以溶液聚合的聚酯酸乙烯为基料而配成的常温固化单组分胶黏剂；固体含量高、收缩率低、早强发挥快、黏结力强、防水、抗冻、无污染	对于多种微孔建筑材料，如木材、水泥制件、陶瓷、石棉板、纸面石膏板、矿棉板、刨花水泥板、钙塑板等有优良的黏结性
GCR-803 建筑胶黏剂	以改性聚醋酸乙烯为基料加入填充料制成，黏结强度高、无污染、施工方便	对混凝土、木材、陶瓷、刨花水泥板、石棉板等具有良好的黏结性

4. 聚乙烯醇缩甲醛胶黏剂

聚乙烯醇缩甲醛胶黏剂是由聚乙烯醇和甲醛为主要原料，加入少量盐酸、氢氧化钠和水，在一定条件下缩聚而成。这类胶黏剂耐水性、耐老化性差，但成本低，是在装修工程中广泛使用的胶黏剂，如图 12-4 所示。聚乙烯醇缩甲醛类胶黏剂的产品特点和用途见表 12-4。

图 12-3　聚醋酸乙烯酯类胶黏剂

图 12-4　聚乙烯醇缩甲醛胶黏剂

表 12-4　聚乙烯醇缩甲醛类胶黏剂的产品特点和用途

名　　称	性能特点	用　　途
107 胶	聚乙烯醇缩甲醛为主要成分的一种透明水性胶体，无毒、无臭，具有良好的黏结性能	用作壁纸、墙布、水泥制品等。用 107 胶配制的聚合砂浆可用于贴瓷砖、马赛克等
801 建筑胶水	含固率高、黏度大、黏结性好	锦砖、瓷砖、墙布、墙纸的粘贴及人造革木质纤维板的黏结等
中南牌墙布黏结剂	无毒、无味、耐碱、耐酸，抗拉强度为 0.132MPa	粘贴塑料壁纸、玻璃纤维墙布、无纺墙布等

5. 聚氨酯类胶黏剂

聚氨酯类胶黏剂是以聚氨酯为主要成分的胶黏剂（图 12-5），其品种的特点和用途见表 12-5。

表 12-5 聚氨酯类胶黏剂品种的特点和用途

名　　称	性能特点	用　　途
长城牌 405 胶	以聚氨酯与异氰酸酯为原料制成的胶黏剂，具有常温固化、使用方便等特点	用于金属、玻璃、橡胶等多种材料的黏结
1 号超低温胶	以聚氨酯与异氰酸酯为原料制成。剪切强度：室温下大于 4.0MPa，-116℃下大于等于 18.0MPa	适用于玻璃钢、陶瓷、橡胶等多种材料的黏结
CH-201 胶	由聚氨酯预聚体为主体和以多羟基化合物或二元胺化合物为主体的固化剂所组成。具有常温固化，能在干燥或潮湿条件下黏结，气味小，适用期长等特点	供地下室、宾馆走廊以及使用腐蚀性化工生产的车间等潮湿环境和经常用水冲洗的地面黏结用，适用于黏结 PVC 与水泥地面、木材钢板等

6. 橡胶类胶黏剂

(1) 氯丁橡胶胶黏剂

氯丁橡胶胶黏剂是以氯丁橡胶（CR）为基料，加入氧化锌、氧化镁、抗老化剂、抗氧化剂等辅料组成，对水、油、弱酸、弱碱、脂肪烃和醇类都具有良好的抵抗力，可在 -50 ~ 80℃的温度下工作，但具有徐变性，易老化，如图 12-6 所示。为改善其性能常掺入油溶性的酚醛树脂，配成氯丁酚醛胶。氯丁酚醛胶黏剂可在室温下固化，常用于黏结各种金属和非金属材料，如钢、铝、铜、玻璃、陶瓷、混凝土及塑料制品等。

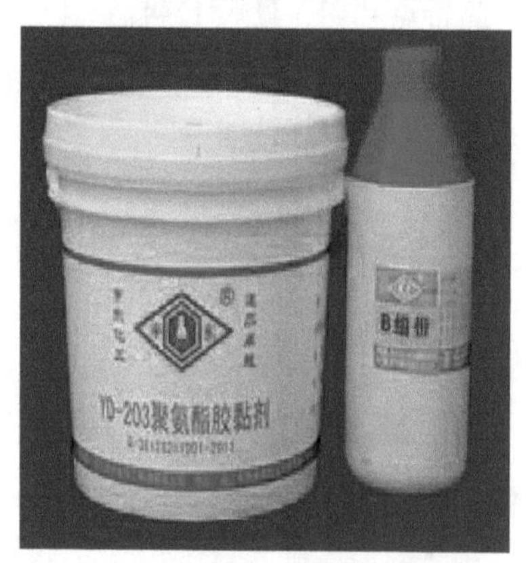

图 12-5 聚氨酯类胶黏剂

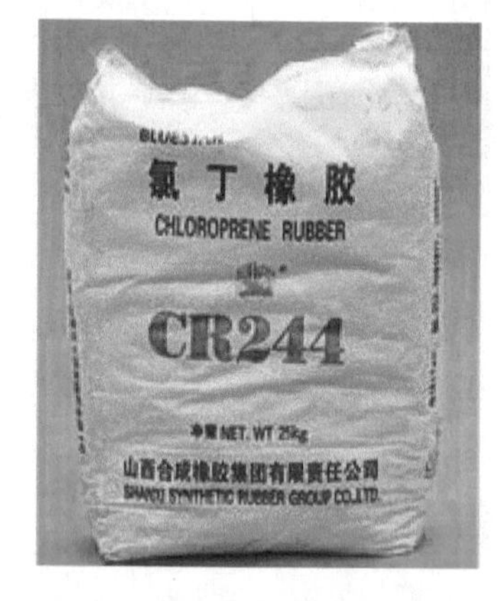

图 12-6 氯丁橡胶胶黏剂

(2) 丁腈橡胶胶黏剂

丁腈橡胶胶黏剂是以丁腈橡胶（NBR）为基料，加入填料和助剂等原料组成。丁腈橡胶胶黏剂的最大优点是耐油性好、剥离强度高、对脂肪烃和非氧化性酸具有良好的抵抗力。为获得很好的强度和弹性，可将丁腈橡胶与其他树脂混合使用。丁腈橡胶胶黏剂主要用于黏结橡胶制品以及橡胶制品与金属、织物、木材等的黏结。橡胶类胶黏剂品种的特点和用途见表 12-6。

表 12-6 橡胶类胶黏剂品种的特点和用途

名　　称	性能特点	用　　途
301 胶	由甲基丙烯酸甲酯、氯丁橡胶、苯乙烯等聚合，再加入助剂而制成，具有良好的耐水、耐油性能，可在室温或低温固化	适用于铝、钢、PV 板、有机玻璃等材料的黏结，使用温度为 -60 ~ 60℃

（续）

名　称	性能特点	用　途
长城牌 303 胶	由氯丁橡胶和其他树脂构成，具有耐水、耐热（70℃）、耐寒（-30℃）、耐酸碱、绝缘等性能	适用于橡胶、金属的胶接
XY-401 胶	由氯丁橡胶与酚醛树脂经搅拌，使其溶解于乙酸乙酯和汽油的混合液中而成，胶液黏结性好，贮存稳定	适用于橡胶与橡胶、金属、玻璃、木材的黏合
南大牌 703 胶	室温硫化硅胶的一种，属单体系的常温化弹性胶黏密封剂，除基本保持硅橡胶原有优良的耐高低温、耐老化和弹性好等性能外，还具有固化速度快、密封性能好、黏结力强、无毒，对金属无腐蚀，使用方便等优点	对一般金属、非金属如铝、铜、铁、不锈钢、钛合钢、陶瓷、玻璃、水泥、有机玻璃、热固化橡胶、塑料、纸张、木材等均有良好的黏结性能

12.1.4 胶黏剂的选用

胶黏剂的品种繁多，不同种类的胶黏剂有着不同的组成成分、黏结性能和适用范围，目前还没有一种普遍适合、可以随意使用的“万能型”胶黏剂。因而在工程中需要根据以下原则进行选用。

1. 根据被黏物质的种类、特性和胶黏剂的性能选用

装饰工程中需要进行黏结的材料很多，它们的表面形态和理化性质各不相同。有的表面致密、极性大、强度高，如各种金属制品；有的表面多孔，如混凝土、木材、石膏、纸张、织物等；有的线膨胀系数较小，如玻璃、陶瓷、石材等。不同特性的材料适用于不同的胶黏剂。比如金属材料的黏结宜选用改性酚醛树脂、改性环氧树脂、聚氨酯类和丙烯酸酯类结构型胶黏剂，且不宜选用酸性较高的胶黏剂，以避免金属材料遭受腐蚀；对于橡胶类材料自身或与其他材料的黏结，应选用橡胶类或改性橡胶类胶黏剂；对于陶瓷、石材等线膨胀系数较小的材料，应考虑选用弹性好、黏结强度高、能在室温下固化的胶黏剂；而对于表面多孔的材料，一般应选用白乳胶等乳液型胶黏剂。

2. 根据黏结的使用要求和被黏物品的受力情况选用

长期受力的应选用热固型胶黏剂，以防发生蠕变破坏。对于只承受自身重量的黏结件，如粘贴各种饰面材料，可选用环氧树脂类等刚性胶黏剂。而对于诸如铺贴地板等受力不大的工程项目，可选用一般的胶黏剂。胶黏剂的受力特点是抗拉、抗剪、抗压强度较高，抗弯、抗冲击、抗撕裂的强度比较低，而抗剥离的强度最低。对抗剥离强度要求高的黏结中应注意避免使用环氧类的胶黏剂。

3. 根据黏结件的使用环境选用

温度、湿度、介质、辐射等环境因素对黏结件的质量和寿命有着非常重要的影响，因而在工程中应根据黏结件的使用环境选择适当的黏结剂。例如，对于在高温下使用的黏结件，应选用耐高温以及耐热老化性能良好的胶黏剂；对于在低温下使用的黏结件，为防止胶层脆裂应选用聚氨酯类等具有良好耐低温性能的胶黏剂；如果黏结件需要在高低温交替的环境中工作，则最好选用硅橡胶类胶黏剂。湿度对黏结强度的影响最大，在潮湿的环境中，水分会渗入胶层表面，导致黏结强度显著降低。因而应选用酚醛-丁腈类耐水性能好的胶黏剂。另外，还应根据施工和使用时是否有腐蚀性介质侵蚀、是否在室外常受日照辐射、是否有防火要求等环境情况选择适当类型的胶黏剂。

4. 根据施工条件和工艺要求选用

各种胶黏剂的黏结工艺和固化方式不甚相同。有的可在室温下固化，有的需要加热，有的需要加压，有的既需要加热又需要加压，固化所需要的时间也长短不一。因而在工程中应根据施工条件和工艺要求进行选择。

5. 根据经济可靠的原则选用

胶黏剂的种类很多，因成分和生产工艺的不同，其价格也高低不等。工程中选用时应充分考虑经济因素，在保证黏结质量和寿命的前提下，尽可能选用价格较低、市场常见、来源便利的品种。

6. 应特别注意考虑环保因素

有的胶黏剂成分中含有甲醛等有害物质，如加入甲醛助剂的聚乙烯醇类胶黏剂（107 胶、801 胶等）。使用此类胶黏剂会因游离甲醛的挥发对环境造成污染，因而应尽量避免选用。

工程中应根据上述原则，针对实际情况进行选用（表 12-7）。

表 12-7　建筑上常用的胶黏剂性能

种　类	性　能	主要用途
聚乙烯醇缩甲醛类胶黏剂	黏结强度较高，耐水性，耐油性，耐磨性及抗老化性较好	粘贴壁纸、墙布、瓷砖等，可用于涂料的主要成膜物质或用于拌制水泥砂浆
聚醋酸乙烯酯类胶黏剂	常温固化快，黏结强度高，黏结层的韧性和耐久性好，不易老化，无毒、无味、不易燃爆，价格低，但耐水性差	广泛用于粘贴壁纸、玻璃、陶瓷、塑料、纤维织物、石材、混凝土、石膏等各种非金属材料，也可作为水泥增强剂
聚乙烯醇胶黏剂	水溶性胶黏剂，无毒，使用方便，黏结强度不高	可用于胶合板、壁纸、纸张等的黏结
环氧树脂类胶黏剂	黏结强度高，收缩率小，耐腐蚀，电绝缘性好，耐水，耐油	黏结金属制品、玻璃、陶瓷、木材、塑料、皮革、水泥制品、纤维制品等
酚醛树脂类胶黏剂	黏结强度高，耐疲劳，耐热，耐气候老化	用于黏结金属、陶瓷、玻璃、塑料和其他非金属材料制品
聚氨酯类胶黏剂	黏附性好，耐疲劳，耐油，耐水，耐酸，韧性好，耐低温性能优异，可室温固化，但耐热差	适用于胶结塑料、木材、皮革等，特别适用于防水、耐酸、耐碱等工程中
丁腈橡胶胶黏剂	弹性及耐候性良好，耐疲劳，耐油，耐溶剂性好，耐热，有良好的混溶性，但黏着性差，成膜缓慢	适用于耐油部件中橡胶与橡胶，橡胶与金属、织物等的胶结，尤其适用于黏结软质聚氯乙烯材料
氯丁橡胶胶黏剂	黏附力、内聚强度高，耐燃、耐油、耐溶剂性好，储存稳定性差	用于结构黏结，如橡胶、木材陶瓷、石棉等不同材料的黏结
聚硫橡胶胶黏剂	很好的弹性、黏附性，耐油、耐候性好，对气体和蒸汽不渗透，防老化性好	用作密封胶及用于路面、地坪、混凝土的修补、表面密封和防滑，用于海港、码头及水下建筑物的密封
硅橡胶胶黏剂	良好的耐紫外线、耐老化性，耐热、耐腐蚀性、黏附性好，防水防震	用于金属、陶瓷、混凝土、部分塑料的黏结，尤其适用于门窗玻璃的安装以及隧道、地铁等地下建筑中瓷砖、岩石接缝间的密封

知识链接

胶黏剂的历史

人类使用胶黏剂已有悠久的历史，几千年前就已经开始利用天然的动、植物胶液来黏结物品和制造工具。然而，这些天然动植物胶液的性质不够理想，应用范围受到很大限制。

20世纪50年代以来，由于高分子合成工业的发展，合成胶黏剂作为一项新颖高分子材料而受到了广泛重视。目前合成胶黏剂已大量应用于军事工业及国民经济的各个领域，成为现代科学技术不可缺少的一类重要材料。

在建筑工程中胶黏剂的应用越来越广，尤其在建筑装饰工程如墙面、地面、吊顶工程的装饰和装修等。其胶接技术也正在得到推广和应用，并取得了良好的技术经济效果。

实训任务

将学生4~5人划分为一组，到材料市场进行胶黏剂的种类及用途调研，要求有实训图片及记录，形成实训报告。通过实训了解常见的胶黏剂的种类及特性，能够根据不同的胶黏材料选择适合的胶黏剂。

12.2 建筑密封材料

建筑密封材料的功能是防止水分、空气、灰尘和热量通过，实现建筑物的密封。高质量的建筑密封材料必须长期保持不透水性和气密性；不受热和紫外线的影响，能长期保持密封所需要的黏结性和内聚性；要求其自身应具有弹性，能长期经受被黏附构件的伸缩或振动等。

通常把密封材料分为不定型密封材料和定型密封材料两大类，见表12-8。

表12-8 建筑嵌缝密封材料的分类及主要品种

大类	类型		主要品种
不定型密封材料	非弹性密封材料	油性嵌缝密封材料	马牌油膏
		沥青基嵌缝密封材料	橡胶改性沥青油膏、桐油橡胶沥青油膏、石棉沥青腻子、沥青鱼油油膏、苯乙烯焦油油膏
		热塑性嵌缝密封材料	聚氯乙烯胶泥、改性聚氯乙烯胶泥、塑料油膏、改性塑料油膏
	弹性密封材料	溶剂型弹性密封材料	丁基橡胶密封膏、氯丁橡胶密封膏、氯磺化聚乙烯橡胶密封膏、丁基氯丁再生胶密封膏、橡胶改性聚酯密封膏
		水乳型弹性密封材料	水乳丙烯酸密封膏、氯丁橡胶密封膏、改性EVA密封膏、丁苯胶密封膏
		反应型弹性密封材料	聚氨酯密封膏、聚硫密封膏、硅酮密封膏
定型密封材料	密封条带		丁基密封腻子、铝合金门窗橡胶密封条、丁腈胶-PVC门窗密封条、彩色自黏性密封条、自黏性橡胶、水膨胀橡胶、PVC胶泥墙板防水带
	止水带		橡胶止水带、嵌缝止水密封胶、无机材料基止水带、塑料止水带

12.2.1 沥青基嵌缝密封材料

沥青基嵌缝密封材料目前在我国建筑密封产品市场上仍占有着相当大的比重，其以石油沥青和煤焦油为主要原料。改性后的沥青基密封材料具有一定的弹塑性和耐久性，但其弹性较差，延伸性也不太理想，故使用年限较短。

目前，使用较多的沥青基密封材料有橡胶改性沥青油膏、桐油橡胶沥青油膏、石棉沥青腻子、沥青油膏、SBS 改性沥青弹性密封膏等品种。

12.2.2 热塑性嵌缝密封材料

热塑性嵌缝密封材料延伸性能良好，黏结力强，具有良好的弹塑性，较好的耐寒性、耐腐蚀性和抗老化性，并且价格低廉，施工方便，使用寿命一般在 10 年左右，优于其他油基嵌缝材料。目前，我国使用较多的品种有聚氯乙烯胶泥、改性聚氯乙烯胶泥、塑料油膏及改性塑料油膏等，适用于各种工业厂房和民用建筑的屋面防水和嵌缝，也可用于地面，楼面，地下室，池罐的防渗入、防潮、抗蚀。

12.2.3 溶剂型弹性密封材料

常见的溶剂型弹性密封材料有丁基橡胶密封膏、氯丁橡胶密封膏、氯磺化聚乙烯橡胶密封膏、丁基氯丁再生胶密封膏和橡胶改性聚酯密封膏等。

1. 丁基橡胶密封膏

溶剂型丁基橡胶密封膏是由丁基橡胶、增塑剂、填料和溶剂等原材料混合配制所成的一种单组分或双组分型的弹性密封材料。它可分为流平型和非流淌型两类，前者用来填充水平接缝、细长竖缝和小缝隙，后者用于一般的接缝。丁基橡胶固化后是塑性的，不适用于伸缩较大的变形缝，但特别适合制成一定规格的嵌缝条，如安装玻璃用的嵌缝条。

2. 氯磺化聚乙烯橡胶密封膏

氯磺化聚乙烯橡胶密封膏也是溶剂型的嵌缝油膏，总固体含量约为 87%。固化后的油膏具有很好的抗臭氧、抗化学、耐水、耐热和耐老化性能，弹性好，与混凝土、玻璃、陶瓷、木材和金属等材料黏结力强，抗拉强度较高，延伸率较大，对基层的伸缩和开裂的适应性强等特点。其价格也比聚硫、硅橡胶及聚氨酯类油膏低。

3. 丁基氯丁再生橡胶密封膏

丁基氯丁再生橡胶密封膏是以丁基再生胶和氯丁再生胶为基料，加入沥青、补强剂、填充剂、软化剂等配制而成。它具有较好的低温柔性和延伸率，价格比较便宜，适用于屋面和地下防水封接部位或缝线部位的防水，多用于屋面建筑预制结构接头的密封防水。

4. 橡胶改性聚酯密封膏

橡胶改性聚酯密封膏的商品名称为 DD-884 建筑密封膏，是以聚醋酸乙烯酯为基料，配以丁腈橡胶及其他助剂配制而成的一种溶剂型单组分建筑用密封膏。其特点是快干，黏结强度较高，使用不受季节变化和温度的影响，不需打底，不用保护，且在同类产品中价格最低。主要用于铝合金窗接缝的密封以及建筑填缝和低温冷库的防漏材料。

12.2.4 水乳型弹性密封材料

水乳型弹性密封材料目前应用较多的品种主要有水乳丙烯酸密封膏、氯丁橡胶（YJ-4 水乳型）建筑密封膏、改性 EVA 密封膏和丁苯胶密封膏。

1. 水乳丙烯酸密封膏

水乳丙烯酸密封膏通常是以丙烯酸乳液为基料，再加入增塑剂、防冻剂、稳定剂和颜料、填料等，经搅拌研磨制成的一类水溶性密封材料。它具有良好的黏结性能、弹性、低温柔性、耐老化性能和延伸率，无溶剂污染、低毒、不燃、使用安全。水乳丙烯酸密封膏属中档建筑密封材料，其适用范围广、价格便宜、施工方便。其性能优于前述大多数非弹性和热塑性密封材料；其弹性和延伸性能较聚氨酯、聚硫和硅酮等高档密封材料稍差。其使用温度范围很大，但温度为 0℃或低于0℃时则不能使用。该密封材料中含有15%的水，故体积会发生收缩，使用时必须考虑施工部位的适应性。尤其适用于吸水性较大的材料如混凝土、加气混凝土、石料、石板、木材等多孔材料所构成的接缝施工。水乳丙烯酸密封膏主要用于外墙伸缩缝、屋面板缝、各种门窗缝、石膏板缝及其他人造板材的接缝处；但其耐水性稍差，故不宜用于经常泡在水中的工程。

2. 氯丁橡胶建筑密封膏

氯丁橡胶建筑密封膏商品名称为YJ-4水乳型建筑密封膏，是以氯丁橡胶为主要原料，掺入少量增塑剂、硫化剂和填料配制成的一种黏稠状建筑用密封膏。它具有优良的弹塑性、耐热耐寒性、延伸性和黏结性，同时又具有很好的施工性能，能在潮湿的混凝土基面上施工，无大气污染，施工工具易于清洗等特点。它适用于石膏板、石棉板、钢板等围护结构及混凝土内外墙板、地板等板缝及门窗框、卫生间的接缝密封，也适宜用作室外小位移量的各种建筑的嵌缝密封防水。

12.2.5 反应型弹性密封材料

反应型弹性密封材料是密封材料中质量最好，弹性、耐久性和感温性能都非常优良的一类，其主要品种包括聚氨酯密封膏、聚硫密封膏和硅酮密封膏等。

1. 聚氨酯密封膏

聚氨酯密封膏是由多异氰酸酯聚醚通过加聚反应制成预聚体后，加入固化剂、助剂等，在常温下交联固化而成的一类高弹性建筑用密封膏。它对金属、混凝土、玻璃、木材有良好的黏结性能，具有模量低、延伸率大、弹性高、耐低温、耐水、耐油、耐酸碱、抗疲劳、化学稳定性好等优点。与聚硫、硅酮等弹性建筑密封材料相比，其价格较低。它广泛用于屋面板、外墙板、混凝土建筑物沉降缝、伸缩缝的密封，阳台、窗框、卫生间等部位接缝的防水密封以及给排水管道。

2. 聚硫密封膏

聚硫密封膏的主体是液态聚硫橡胶，加入氧化剂后容易在室温下硫化成固态高分子弹性体。它是目前世界上应用最广，效果最好的一类弹性密封材料之一。聚硫密封膏的特点为高弹性，具有优异的耐候性、气密性和水密性，良好的耐油、耐溶剂、耐氧化、耐湿热、耐水和耐低温性能，使用温度范围广，工艺性能良好，材料黏度低，对金属、非金属（混凝土、玻璃、木材等）材质有良好的黏结力。两种组分容易混合均匀，施工方便。它适用于建筑物的混凝土墙板、天然石材、石膏板、瓷质材料之间的嵌缝密封，也适用于卫生间上下水管道与楼板缝隙的防水；特别适用于中空玻璃、钢窗、铝合金门窗结构中的防水、防尘密封，其气密性优于一般橡胶密封条；同时也可用于汽车、冷库和冷藏车的密封。

3. 硅酮密封膏

硅酮密封膏是以有机硅橡胶为基料配制成的一类高弹性高档密封膏，分为单组分和双组分两种类型。单组分型密封膏利用其优异的黏结性能，主要用来悬挂玻璃、铺贴瓷砖、联结金属窗框与玻璃等。双组分型密封膏利用其较低的模数和黏结性能，在错动较大的板材的接缝以及预制混凝土、砂浆、大理石等过去认为较难施工部位进行施工时，可发挥其最大效果。

硅酮密封膏产品有以下几个系列。

（1）GM系列硅酮密封膏

我国目前使用的硅酮密封膏主要为单组分建筑密封膏，主要有GM-615、GM-616、GM-617、GM-622和GM-631五个品种，广泛用于高级建筑物的结构和非结构密封。

（2）SSG-4000硅酮建筑结构密封胶

SSG-4000硅酮建筑结构密封胶是一种单组分、高性能、中性建筑结构用密封胶。其耐候性优异，抗紫外线、臭氧老化性能优良；在雨水、冰雪及高低温度变化（-48~93℃）条件下仍能保持弹性，不会硬化破裂；性能稳定，使用方便；施工温度范围广，在-40~66℃温度下施工，胶的质量不变；对被嵌填密封的材料无任何腐蚀作用，还具有高模量、高抗拉张力以及良好的伸长和压缩恢复能力，±50%接口宽度的变形位移不影响其附着力。这种密封胶主要用于玻璃幕墙的玻璃与金属结构性黏结装配，橱窗玻璃装配，以及工厂装配产品时作为最终修饰与密封等。

（3）SCS-2000 硅酮耐候密封胶

SCS-2000 硅酮耐候密封胶是一种单组分、高性能、中性建筑用耐候密封胶。其耐候性优异，耐臭氧、紫外线照射及雨水、冰雪作用强，在高低温变化（－48～93℃）条件下仍能保持弹性，不会硬化破裂；施工温度范围广，在－37～60℃温度下施工，胶的质量不变；对材料无任何腐蚀作用，其相容性好，适于各种接缝的连接；具有较高的接口能力；色彩丰富，有 12 种颜色可供选择；黏结性能优良，除混凝土、油漆面及塑料板面外，对绝大多数材料的黏结密封不需使用底漆。SCS-2000 硅酮耐候密封胶可广泛用于各种耐候性和防水性场所，主要用于玻璃幕墙装配非结构性黏合，户外装置的防水密封以及工厂装配产品时做最后修饰与密封等。

12.2.6 密封条带

密封条带是指加工成条状或带状的一类建筑密封衬垫材料，它同密封垫、止水带等同为常用的定型建筑密封材料。

根据弹性性能，密封带可分为非回弹、半回弹和回弹型三种。非回弹型以聚丁烯为基料，并用少量低分子量聚异丁烯或丁基橡胶增强，或以低分子量聚异丁烯为基料，可用于二次密封，装配玻璃、隔热玻璃等。半回弹型往往以丁基橡胶或较高分子量的聚异丁烯为基料。高回弹型密封带是以固化丁基橡胶或氯丁橡胶为基料，可用于幕墙和预制构件，也可用于隔热玻璃等。

作为衬垫使用的定型密封材料由高恢复性的材料制成。预制密封垫常用的材料有氯丁橡胶、三元乙丙橡胶、海帕伦、丁基橡胶等。氯丁橡胶恢复率优良，在建筑物及公路上的应用处于领先地位。以三元乙丙为基料的产品性能更好、但价格更贵。

目前，国内使用密封条带的主要品种有丁基密封腻子、铝合金门窗橡胶密封条、丁脂胶-PVC门窗密封条、彩色自黏性密封条、自黏性橡胶、遇水自膨胀橡胶以及 PVC 胶泥墙板防水带等。

1. 丁基密封腻子

丁基密封腻子是以丁基橡胶为基料，添加增塑剂、增黏剂、防老化剂等辅助材料配成的一种非硫化型建筑密封材料（不干性腻子）。它具有寿命长，价格较低，无毒、无味、安全等特点，具有良好的耐水黏结性和耐候性，止水堵漏效果好，使用温度范围宽，能在－40～100℃范围内长期使用，且与混凝土、金属、塑料等多种材料具有良好的黏结力，可冷施工，使用方便。它适用于建筑防水密封，涵洞、隧道、水坝、地下工程的止水堵漏密封，家用电器工艺密封，汽车的防水、防尘、防震密封，环保工程管道密封，船舶仓室密封，水下电器密封等。在建筑密封方面，其可用于外墙板接缝、卫生间防水密封、大型屋面板伸缩缝嵌缝、女儿墙与屋面接缝密封、活动房屋嵌缝等。

2. 铝合金门窗橡胶密封条

铝合金门窗橡胶密封条是以氯丁、顺丁和天然橡胶为基料，利用冷喂料挤出剪切机头连续硫化生产线制成的橡胶密封条（图 12-7）。它的产品规格多样（目前有 50 多个规格），准确均一，强度高，耐老化性能优越。它广泛用于高层建筑、豪华宾馆、商店及民用建筑门窗、柜台等，是铝材加工厂生产铝合金门窗的配套产品。

3. 丁腈胶-PVC 门窗密封条

丁腈胶-PVC 门窗密封条是以丁酯胶和聚氯乙烯树脂为基料，通过一次挤出成型工艺生产的新型建筑密封材料。它具有较高的强度和弹性，适当的硬度和优良的耐老化性能。产品广泛用于建筑物门窗、商店橱窗、地柜和铝型材的密封配件，镶嵌在铝合金与玻璃之间，能起固定、密封和轻度避震的作用，能防止外界灰尘、水分等进入系统内部，广泛用于铝合金门窗的装配。产品规格有塔型、U 型、掩窗型等系列，也可根据要求加工多种特殊规格和用途的密封条。

4. 彩色自黏性密封条

彩色自黏性密封条是以丁基橡胶和三元乙丙橡胶为基料，加入防老化剂和无机填料等，经混炼压延制成的彩色自黏密封材料，如图 12-8 所示。它具有优良的耐久性、气密性、黏结力和延伸率；适用于混凝土、塑料、金属构件、玻璃、陶瓷等各种接缝的密封；可与“851”聚氨酯涂膜配合使用，对屋面裂隙进行密封，也广泛用于铝合金屋面接缝和金属门窗框的密封等。

图 12-7 门窗密封条

图 12-8 彩色自黏性密封条

5. 自黏性橡胶

自黏性橡胶是由特种合成橡胶加工处理而成。该自黏性橡胶类产品具有良好的柔顺性，在一定压力下能填充到各种裂缝及空洞中去，延伸性能良好，能适应较大范围的沉降错位，具有良好的耐化学性和耐老化性能，能与一般橡胶制成复合体。它可单独作腻子用于接缝的嵌缝防水或与橡胶复合制成嵌条用于接缝防水，也可作为橡胶密封条的辅助黏结嵌缝材料，广泛用于工农业、给排水工程，公路、铁路工程以及水利和地下工程。

6. 遇水自膨胀橡胶

遇水自膨胀橡胶是由水溶性聚醚预聚体加氯丁橡胶混炼而成，是一种既具有一般橡胶制品的性能，又能遇水膨胀的新型密封材料，如图 12-9 所示。它具有优良的弹性和延伸性，在较宽的温度范围内均可发挥优良的防水密封作用。遇水膨胀倍率可在 100%～500%之间调节，耐水性、耐化学性和耐老化性良好，可根据需要加工成不同形状的密封嵌条、密封圈、止水带等，也能与其他橡胶复合制成复合防水材料。遇水自膨胀橡胶主要用于各种基础工程、地下设施和隧道、地铁、水电给排水工程中的变形缝、施工缝的防水，以及混凝土、陶瓷、塑料管、金属等各种管道的接缝防水等。

12.2.7 止水带

止水带又名封缝带，是处理建筑物或地下构筑物接缝（如伸缩缝、施工缝、变形缝等）使用的一类定型防水密封材料，如图 12-10 所示。常用的品种包括橡胶止水带、嵌缝止水密封胶、无机材料基止水带（BW 复合止水带）及塑料止水带等。

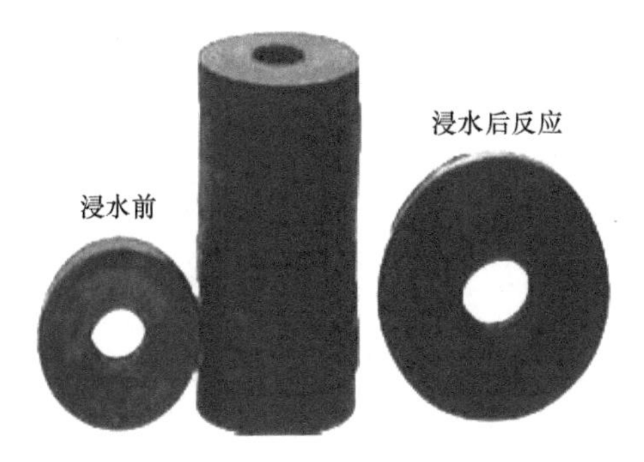

图 12-9 遇水自膨胀橡胶

图 12-10 橡胶止水带

12.3 防水材料

能防止雨水、地下水、空气中的湿气和一些侵蚀性的液体对建筑物或各种构筑物渗漏与侵蚀的材料，统称为防水材料。常用的防水材料主要是沥青及其制品。各类高分子材料的应用使防水材料的种类更多，性能更优，适应性更广，增加了使用的选择范围。

沥青是一种有机胶凝材料，是多种碳氢化合物与氧、硫、氮等非金属衍生物的混合物。在常温下呈黑色或褐色的固体、半固体或黏性液体状态。沥青为憎水材料，具有不透水、不吸水、不导电、耐腐蚀、良好的黏结性和抗冲击性等优点。在建筑工程上，沥青被广泛应用于防水、防潮、防腐工程及水工建筑与道路工程中。目前，工程中应用的主要是石油沥青，还有少量的煤沥青。

12.3.1 石油沥青

石油沥青是石油原油（或石油衍生物）分馏出汽油、煤油、柴油及润滑油后的残留，经过氧化处理而得到的产品。

1. 石油沥青的组分

石油沥青的化学组成和结构甚为复杂，常按其化学组成和物理力学性质比较接近的成分划分为若干组，称为组分。石油沥青的组分主要有以下几种。

（1）油分

油分为淡黄色至红褐色的油状液体，是沥青中分子量最小和密度最小的组分，其分子量为100～500，密度为0.70～1.00g/cm^3，能溶于大多数有机溶剂，仅不溶于酒精。在石油沥青中，油分的含量为40%～60%。油分赋予沥青以流动性。

（2）树脂（沥青脂胶）

沥青脂胶为黄色至黑色半固体黏稠物质，分子量为600～1000，密度为1.0～1.1g/cm^3，熔点低于100℃。沥青脂胶中绝大部分属中性树脂，其含量增加，沥青的品质就好。在石油沥青中，沥青脂胶的含量为15%～30%，它使石油沥青具有良好的塑性和黏结性。

（3）地沥青质（沥青质）

地沥青质为深褐色至黑色固态无定形的固体粉末，分子量为2000～6000，密度大于1.0g/m^3。地沥青质是决定石油沥青温度敏感性和黏性的重要组分。沥青中地沥青质含量在10%～30%，其含量越多，则软化点越高，黏性越大，也越硬脆。此外，石油沥青中还含有2%～3%的沥青碳和似碳物，它会降低石油沥青的黏结力。石油沥青中还含有蜡，它会降低石油沥青的黏结性、塑性及温度稳定性。所以，蜡是石油沥青中的有害成分。

2. 石油沥青的结构

在石油沥青中，油分和树脂可以互溶，而树脂能浸润地沥青质，并在地沥青质的表面形成薄膜，构成以地沥青质为核心，周围吸附部分树脂和油分的胶团，无数胶团分散在油分中，形成胶体结构。在此分散体系中，分散相为吸附部分树脂的地沥青质，分散介质为溶有树脂的油分，地沥青质和树脂之间无明显界面。

石油沥青的性质随各组分的数量比例不同而变化。油分和树脂较多时，胶团外膜较厚，胶团间相对运动较自由，沥青的流动性和塑性较好，开裂后有一定的自行愈合能力，但温度稳定性差。当油分和树脂含量较少时，胶团外膜较薄，胶团彼此靠拢，相互间的引力增大，沥青的弹性、黏性和温度稳定性较高，但流动性和塑性较低。

3. 石油沥青的技术性质

（1）黏滞性

黏滞性又称黏性，是指石油沥青在外力作用下，抵抗变形的性能。当地沥青质含量较高，有适量树脂，但油分含量较少时，则黏滞性较大。在一定温度范围内，当温度升高时，黏性随之降低；反之，则增大。

黏稠石油沥青的黏滞性用针入度值来表示。其测定方法是：在25℃的温度下，用质量为100g的标准针，经5s，针贯入试样的深度（以1/10mm计）即为针入度。针入度值越小，表示沥青越硬，黏性越大。液体石油沥青的黏滞性用黏滞度表示。

（2）塑性

塑性是指石油沥青在外力作用时，产生变形而不破坏的性能。石油沥青中，树脂含量大，其他组分适当，则塑性较高。温度升高，则塑性较大。在常温下，塑性好的沥青对振动和冲击作用有一定吸附能力。

沥青的塑性用延度表示。其测定方法是：将沥青制成∞字形标准试件（最小横截面为1cm^2），在温度为25℃的水中，按每分钟5cm的速度拉伸，至试件拉断时的延伸长度，即为延度（以cm计）。延度越大，表明沥青的塑性越好，即抵抗外力而不破坏的能力越好。

（3）温度敏感性

温度敏感性是指石油沥青的黏滞性和塑性随温度升降而变化的性能。当温度升高时，沥青由固态、半固态逐渐软化至液态；当温度降低时，又逐渐由液态凝固为固态。但在相同的温度变化间隔内，各种沥青的黏性变化幅度是不相同的。随温度变化而产生的黏滞性变化幅度较小的沥青，其温度敏感性小。

温度敏感性以软化点指标表示。软化点就是固态沥青受热后，转变为一定流动状态时的温度。一般用环球法测定：把沥青试样装入直径15.88mm、高6mm的铜环内，试样上放置直径9.5mm、质量为3.5g的标准钢球，浸入水中，以每分钟升高5℃的速度升温。当沥青软化下垂至25.4mm时的温度，即为软化点（以℃计）。

（4）大气稳定性

石油沥青在热、阳光、水分和空气等大气因素作用下，各组分会不断递变，即由低分子化合物转变为高分子化合物，也就是油分和树脂逐渐减少，而地沥青质逐渐增多。沥青这种随使用时间的延续而引起流动性和塑性逐渐变小，脆性增大，甚至断裂的现象，称为老化。沥青老化后，会变得十分硬脆，容易开裂，直至完全松散而失去黏结力。大气稳定性是指石油沥青在大气因素作用下，抵抗老化的性能。

石油沥青的大气稳定性，以加热蒸发损失百分率和加热前后针入度比来评定。蒸发损失少，而蒸发后针入度变化小，则大气稳定性高，也就是老化慢。

为了评定沥青的品质和保证施工安全，还应了解其溶解度、闪点等性质。溶解度是指石油沥青在苯（或三氯乙烯、三氯甲烷）中的溶解百分率，用以表示沥青中有效物质的含量。闪点是指石油沥青在规定条件下，加热产生的挥发性可燃气体与空气的混合物达到初次闪火时的温度（℃）。

4. 石油沥青的分类、标准及选用

（1）石油沥青的分类与标准

我国现行石油沥青标准，将工程建设中常用的石油沥青分为道路石油沥青、建筑石油沥青、防水防潮石油沥青和普通石油沥青四种。各品种按技术性质划分牌号，各品种石油沥青的技术指标要求见表12-9。

表12-9　各品种石油沥青的技术标准

项目 ＼ 品种 ＼ 沥青	《防水防潮沥青》（SH/T 0002—1990）				《建筑石油沥青》（GB/T 494—2010）				《道路石油沥青》（NB/SH/T 0522—2010）			
	3号	4号	5号	6号	10号	30号	40号	200号	180号	140号	100号	60号
针入度/(1/10mm)	25~45	20~40	20~40	30~50	10~25	26~35	36~50	200~300	150~200	110~150	80~110	50~80
软化点/℃，不低于	85	90	100	95	95	75	60	30~48	35~48	38~51	42~55	45~58
溶解度（%），不小于	98	98	95	92	99	99	99	99	99	99	99	99
闪点/℃，不低于	250	270	270	270	260	260	260	180	200	230	230	230
延度（25℃）/cm，不小于	—	—	—	—	1.5	2.5	3.5	20	100	100	90	70

从表12-9可以看出，道路石油沥青和建筑石油沥青都是按针入度指标划分牌号的。在同一品

种石油沥青材料中，牌号越小，沥青越硬；牌号越大，沥青越软。同时，随着牌号的增加，沥青的黏性减小（针入度增加），塑性增加（延度增大），而温度敏感性增大（软化点降低）。

（2）石油沥青的选用

沥青在使用时，应根据当地的气候条件、工程性质、使用部位及施工方法，具体选用沥青的品种和牌号。对一般温暖地区，受日晒或经常受热的部位，为防止过分软化，应选择牌号较小的沥青；对寒冷地区，夏季暴晒、冬季受冻的部位，不仅要考虑受热软化，还要考虑低温脆裂，应选用中等牌号的沥青；对一些不易受温度影响的部位，可选用牌号较大的沥青。当缺乏所需牌号的沥青时，可用不同牌号的沥青进行掺配。

道路石油沥青主要用于道路路面和车间地面；建筑石油沥青多用于屋面和地下的防水、防腐等，也用于制作油毡、油纸、防水涂料等；防水防潮石油沥青，特别适合用作油毡的涂覆材料及建筑屋面和地下防水的黏结材料。

12.3.2 煤沥青和改性石油沥青

1. 煤沥青

煤沥青是炼焦或煤气工业的副产品。干馏烟煤可得煤焦油，煤焦油蒸馏制取轻油、中油、重油、蒽油之后，所得残渣为煤沥青。根据蒸馏程度不同，煤沥青分为低温煤沥青、中温煤沥青和高温煤沥青三种。建筑上常采用的是低温煤沥青。煤沥青的主要组分为油分、脂胶、游离碳等，常含有少量酸、碱物质。与石油沥青相比，煤沥青的温度敏感性大、大气稳定性差、塑性较差，但与矿料表面的黏附力和防腐性较好。作为防水材料，煤沥青的性能不如石油沥青，在使用中较易受大气作用而老化，目前较少应用。

2. 改性石油沥青

沥青在土建工程中使用，必须具有一系列良好的性质。如在低温下，应有弹性和塑性；温度较高时，应有足够的稳定性；加工和使用条件下，应具有抗老化能力，有良好的变形适应性和耐疲劳性。此外，还应有与各种矿料和结构表面有较强的黏结力；为此，常加入橡胶、树脂、矿物填充剂改性。

（1）矿物填料改性沥青

在沥青中加入一定数量的矿物填充料，可以提高沥青的黏性和耐热性，减小沥青的温度敏感性，同时减少沥青的耗用量。矿物填充料主要有滑石粉、石灰石粉、云母粉、磨细砂和石棉粉等。

（2）橡胶改性沥青

橡胶是沥青的重要的改性材料，在沥青中掺入2%~5%的液态或固态橡胶，既可改善低温脆性，增加温度稳定性，又能增加它的抗冲击性、耐磨性和耐久性。掺入的橡胶有天然橡胶、合成橡胶和再生橡胶等。

（3）树脂改性沥青

在沥青中掺入石油系树脂，如聚乙烯、聚丙烯等，能改善石油沥青的耐寒性、耐热性、耐冲击性和黏结性。若将橡胶和树脂同时用于改性沥青，可以使沥青同时具有橡胶和树脂的黏性。

12.3.3 沥青基防水材料及其制品

沥青可直接热用或冷用。热用是指加热沥青，使其软化流动并趁热施工；冷用是指将沥青加溶剂稀释或加乳化剂乳化成液体，于常温下施工。除直接使用外，沥青更多的是被配制成各种防水材料制品。

1. 沥青防水卷材

目前，工程中最常用的沥青防水卷材，有浸渍卷材和辊压卷材两种。凡用纸或玻璃布、石棉布、棉麻织品等胎料浸渍石油沥青（或煤沥青）制成的卷状材料，称为浸渍卷材（有胎卷材）；将石棉、橡胶粉等掺入沥青材料中，经碾压制成的卷状材料，称为辊压卷材（无胎卷材），如图12-11所示。

a)

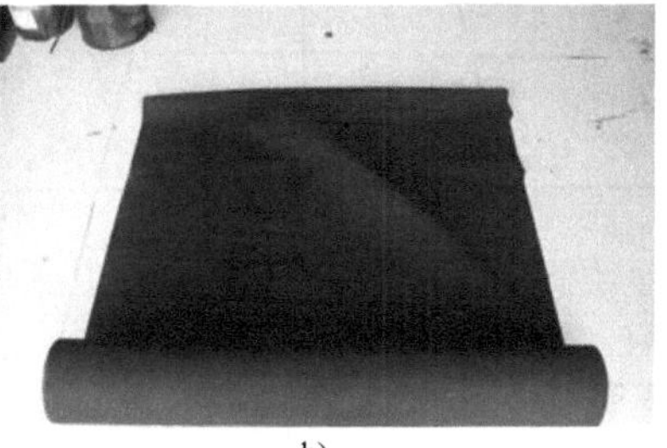
b)

图 12-11 沥青防水卷材

a）有胎卷材 b）无胎卷材

常用的沥青防水卷材产品是普通原纸、胎基油毡和油纸。这些产品成本较低，广泛用于防水防潮工程，但也存在强度和塑性较低、吸水率较大、易腐烂等缺点。为了克服这些缺点，目前推出了许多新型有胎沥青防水卷材，主要有麻布油毡、石棉布油毡、玻璃纤维布油毡、合成纤维布油毡等。这些油毡的制法与纸胎油毡相同，但其抗拉强度、耐久性等，都比纸胎油毡好得多，适用于防水性、耐久性和防腐性要求较高的工程。

2. 沥青胶与冷底子油

沥青胶又称沥青玛蹄脂，它是在熔（溶）化的沥青中加入粉状或纤维状的填充料，经均匀混合而成。填充料粉状的如滑石粉、石灰石粉、白云石粉等；纤维状的如石棉屑、木纤维等。沥青胶的常用配合比为沥青 70%~90%、矿粉 10%~30%。一般矿粉越多，沥青胶的耐热性越好，黏结力越大，但柔韧性降低，施工流动性也变差。沥青胶的耐热性、柔韧性、黏结力等主要技术性能要符合规定。沥青胶可冷用，也可热用。

冷底子油是用汽油、煤油、柴油、工业苯等有机溶剂与沥青材料溶合制得的沥青涂料。它的黏度小，能渗入到混凝土、砂浆、木材等材料的毛细孔隙中，待溶剂挥发后，便与基材牢固结合，使基面具有一定的憎水性，为黏结同类防水材料创造了有利条件。它多在常温下用作防水工程的打底材料。冷底子油常随配随用，通常是采用 30%~40% 的 30 号或 10 号石油沥青与 60%~70% 的有机溶剂配制而成。

3. 沥青基防水涂料

（1）皂液乳化沥青

皂液乳化沥青是将一定量的石油沥青置于有一定浓度的皂类乳化剂的水溶液中，用分散设备使石油沥青均匀地分散于水中，从而形成一种相对稳定的沥青乳液，常温时为褐色或黑褐色液体。皂液乳化沥青的物理性能应符合表 12-10 的规定。

表 12-10 皂液乳化沥青物理性能的要求

指标名称	指 标
固体含量，重量（%）	≥50.0
黏度，沥青标准黏度计，25℃，孔径 5mm/(Pa·s)	6
分水率，经 3500r/min，15min 后分离出水相体积占式样体积的百分数（%）	≤25
粒度，沥青微粒平均直径/微米	15
耐热性，(80±2)℃，5h，45°坡度（铝板基层）	无气泡，不滑动
黏结力，20℃/MPa	≥0.3

皂液乳化沥青通常与玻璃纤维或布配合使用，也可与再生橡胶乳混合使用，作为一般建筑工程的防水材料。

（2）水性沥青基防水涂料

水性沥青基防水涂料是以乳化沥青或以高聚物改性的水乳型沥青涂料。它分为薄质防水涂料和厚质防水涂料两大类。水性沥青基薄质防水涂料是以化学乳剂配制的乳化沥青为基料，掺有氯丁胶乳或再生胶等橡胶水分散体的防水涂料，常温时为液体，具有流平性。水性沥青基厚质防水涂料是用矿物胶体乳化剂配制的乳化沥青为基料，可含有石棉纤维或其他无机矿物填料的防水涂料，常温时为膏体或黏稠体，不具有流平性。

水性沥青基厚质防水涂料为 AE-1 类，按其采用矿物乳化剂的不同，可分为 AE-1-A 水性石棉沥青防水涂料、AE-1-B 膨润土沥青乳液和 AE-1-C 石灰乳化沥青三种。

水性沥青基薄质防水涂料为 AE-2 类，按其采用化学乳化剂的不同，可分为 AE-2-a 氯丁胶乳沥青、AE-2-b 水乳性再生胶沥青涂料和 AE-2-c 用化学乳化剂配制的乳化沥青等。

水性沥青基防水涂料按其质量，可分为一等品与合格品两个等级。

水性沥青基防水涂料以水为介质，具有无毒、无味、不燃、冷作业、不污染环境、维修方便等优点，并能在各种异形屋面和稍潮湿基层上施工，形成整体防水层，具有一定的柔韧性和耐久性，适用于各种钢筋混凝土或砖混建筑的防水以及渗漏的修补等。

（3）溶剂型弹性沥青防水涂料

溶剂型弹性沥青防水涂料是以石油沥青与合成橡胶为基料，用适量的溶剂并配以助剂制成的一种防水涂料。产品为黑色或褐色液体。溶剂型弹性沥青防水涂料的改性材料有氯丁橡胶、顺丁胶和丁苯橡胶等。这种防水涂料为冷施工，适用于工业或民用建筑的屋面，地下工程、建筑结构的墙体，厕浴间的防水和防潮等。

4. 建筑防水沥青嵌缝油膏

建筑防水沥青嵌缝油膏是以石油沥青为基料，再加入改性材料、稀释剂及填充料等，经混合制成的膏状物，如图 12-12 所示。其主要特点是炎夏不易流淌，寒冬不易脆裂，黏结力较强，延伸性、塑性和耐候性均较好。它广泛用于一般屋面板和墙板的接缝处，也可用作各种构筑物的伸缩缝、沉降缝等的嵌填密封材料。

使用油膏嵌缝时，缝内应洁净干燥，先刷冷底子油一道，待其干燥后再嵌填油膏。油膏表面可加石油沥青、油毡、砂浆、塑料等作覆盖层，以延缓油膏的老化。

5. 沥青砂浆和沥青混凝土

沥青砂浆和沥青混凝土是以沥青为胶凝材料，砂、石为骨料，矿物粉作填充料，经配料、搅拌、热压而成。所用砂、石要求干燥、洁净、质地紧硬、级配良好。为提高耐水性和沥青与砂、石的黏结力，最好采用石灰岩、白云岩等作骨料。如作为耐酸用，则应采用耐酸的石英砂、花岗岩等作骨料。有时还掺入石棉、消石灰、水泥等外加剂，以改善沥青混凝土的性能。石棉能提高沥青混凝土的热稳定性和抗裂性；消石灰和水泥能防止沥青从酸性骨料上剥落，提高耐水性。

沥青砂浆和沥青混凝土的配合比，应根据使用时的主要技术要求和施工条件经试验后确定。用于防水的沥青砂浆配合比（重量比）通常为沥青 12%～16%、粉料 22%～32%、砂 50%～60%。沥青混凝土的配合比可在沥青砂浆配合比的基础上，按沥青砂浆体积为粗骨料、空隙体积的 1.10～1.15 倍计算确定。沥青砂浆可用于铺筑人行道、工厂、车间和仓库的地面，如图 12-13 所示。

图 12-12　沥青嵌缝油膏

图 12-13　沥青混合料

12.3.4 橡胶基与树脂基防水材料

传统的石油沥青防水材料存在着一些缺陷，较难适应高标准的防水要求，而合成高分子防水材料因其高弹性、大延伸、耐老化、冷施工及单层防水等优点，已成为新型防水材料发展的主导方向。合成高分子防水材料的产品主要有橡胶基、树脂基以及橡塑共混型的各种防水卷材、防水涂料及密封材料。

1. 合成高分子防水卷材

以合成橡胶、合成树脂或两者共混体为基料，加入适量化学助剂和填充料，经一定工艺制成的防水卷材，称为合成高分子防水卷材。这种卷材具有拉伸强度高、断裂伸长率大、抗撕裂强度高、耐热性能好、低温柔性好、耐腐蚀、耐老化及可冷施工等优越的性能。

（1）橡胶基防水卷材

橡胶基防水卷材以橡胶为主体原料，加入各种助剂，经一定工序制成。其主要品种有三元乙丙橡胶防水卷材、氯丁橡胶防水卷材、DPT/R 防水卷材（即三元乙丙橡胶与丁基橡胶为主要原料制成的弹性防水卷材）、丁基橡胶防水卷材、自黏型彩色三元乙丙复合防水卷材和再生橡胶防水卷材等。

（2）树脂基防水卷材

聚氯乙烯（PVC）防水卷材是以聚氯乙烯树脂为主要原料，掺加填充料和适量的改性剂、增塑剂、抗氧化剂和紫外线吸收剂等，经混炼、压延或挤出成型、分卷包装而成的防水卷材。该种卷材的尺度稳定性、耐热性、耐腐蚀性、耐细菌性等均较好，适用于各类建筑的屋面防水工程和水池，堤坝等防水抗渗工程。

（3）橡塑共混型防水卷材

橡塑共混型防水卷材兼有塑料和橡胶的优点，弹塑性好，耐低温性能优异。其主要品种有氯化聚乙烯-橡胶共混型防水卷材、聚氯乙烯-橡胶共混型防水卷材。它们可采用多种黏结剂粘贴，冷施工操作简单。

2. 合成高分子密封材料

以合成分子材料为主体，加入适量化学助剂、填充料和着色剂，经过特定的生产工艺而制成的膏状密封材料，称为合成高分子密封材料。它以优异的性能，如高弹性、耐候性、黏结性及耐疲劳性，越来越得到广泛的应用，代表着今后密封材料的发展方向。其主要品种有水乳型丙烯酸建筑密封膏、氯磺化聚乙烯建筑密封膏、聚氨酯建筑密封膏、聚硫密封膏、有机硅橡胶密封等。

以合成橡胶或合成树脂为原料，加入适量助剂而制成的单组分或双组分防水材料，称为合成高分子防水涂料。由于合成高分子材料本身的优异性能，使合成高分子防水涂料具有高弹性、防水性、耐久性及优良的耐低温性能。其主要品种有聚氨酯煤焦油防水涂料、聚氨酯防水涂料、丙烯酸酯防水涂料、有机硅防水涂料等。

12.4 装饰灯具、开关

灯具是发光实体和线罩管架的总称。其中发光实体及光源是灯具最核心的部件，它决定灯具的光照强度、光照效能、使用寿命等重要技术指标。灯具光源最早起源于白炽灯，再到后来又相继发展出荧光灯、高压汞灯、氙气灯、LED 灯等多种产品。常见光源性能对照见表 12-11，常见光源如图 12-14 所示。

表 12-11 常见光源性能对照表

光源类别	代号	功率/W	寿命/h
白炽灯	—	5~60	1000
卤素灯	L	5~250	2000
荧光灯（节能灯）	Y	3~200	8000

（续）

光源类别	代　号	功率/W	寿命/h
高压汞灯	J	125～24000	4000
氙气灯（重金属灯）	H	35～70	20000
LED 灯（发光二极管）	—	—	100000

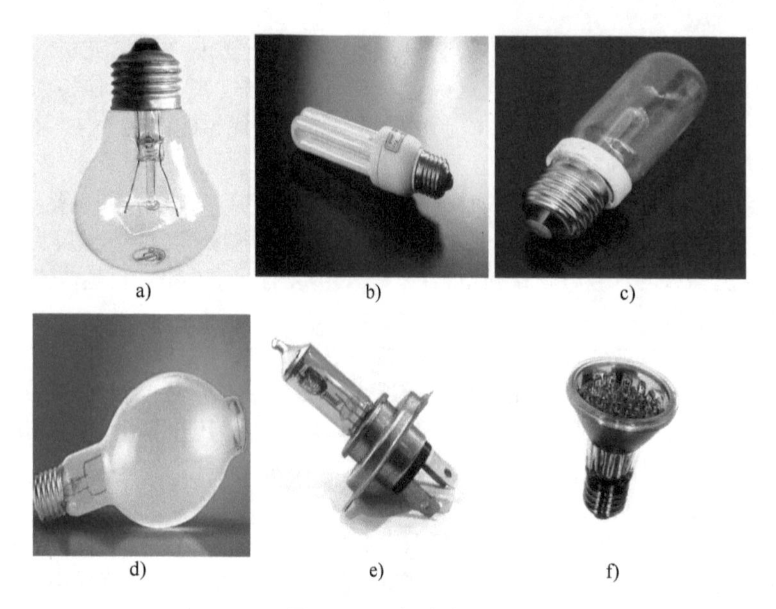

图 12-14　各种光源

a）白炽灯　b）荧光灯　c）卤素灯　d）高压汞灯　e）氙气灯　f）LED 射灯

灯具在满足日常照明的同时，也在装饰着人们的生活空间，好的灯光设计往往能很好地烘托环境气氛。目前，市场上的灯具主要分射灯、筒灯、吊灯、吸顶灯、壁灯、落地灯等。

12.4.1　射灯

1. 射灯的定义

射灯（图 12-15）是装饰性照明灯具，它是通过反光灯杯的反射来收窄光束的照射范围，使之聚焦在某小块面积上以加强照明效果，达到重点照明的目的。一般其光源选用卤素灯，即石英射灯。近年来 LED 作为光源的射灯，因其与射灯一致的单向性的发光原理以及低耗能、高寿命的特性，逐步取代传统的石英射灯，但造价相对较高。

图 12-15　射灯

a）大功率 LED 射灯　b）牛眼射灯

2. 射灯的特性

石英射灯光线方向可调、穿透力强、光色好。功率一般比较小，目前射灯以低压 12V 的产品居多，需附带稳压器。射灯一般配有灯架，可对其进行照射方向和位置高低调节。但石英射灯的色温比较高，一般在 2900K 左右，再加之聚光照射的原理会使被照射面聚集大量的热，造成材料表面老化变形，长时间甚至会引起火灾。同时，强光的直接照射会对人眼产生刺激，故其光源一般要远离人眼直接看到的地方。

3. 射灯的应用

射灯一般安装在墙面或顶面内，用于对展示物品或装饰局部的重点照射，如商场橱窗、居室背景墙、酒店走廊、展厅、广告牌等经常采用这种照明灯具，如图 12-16 所示。

12.4.2 筒灯

1. 筒灯的定义

筒灯是一种在光源上增加灯罩，使其成为单方向下射式的照明灯具。常采用白炽灯或节能灯作为其光源。市场上的筒灯外观灯罩主要有圆形和正方形。按照安装位置的不同又分内置型筒灯和外置型筒灯（图 12-17）。按照光源的安装位置不同又分直插式筒灯和横插式筒灯（图 12-18）。

a)

b)

图 12-16 射灯的应用

a）居室背景墙射灯 b）橱窗射灯

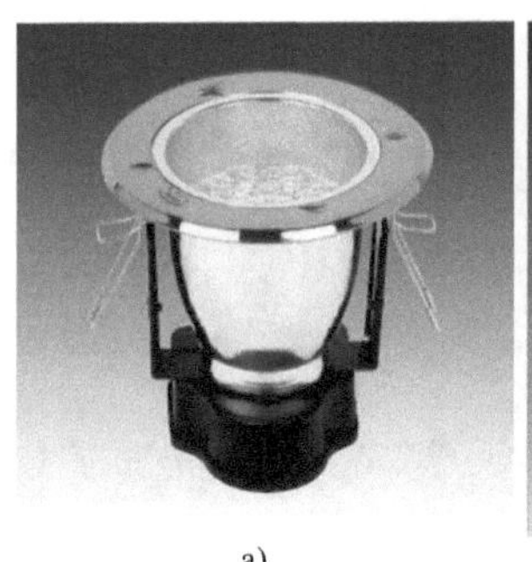
a)

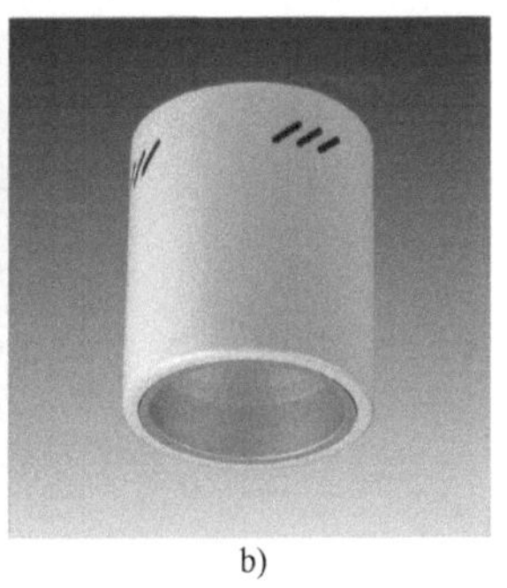
b)

图 12-17 内置式和外置式筒灯

a）内置式筒灯 b）外置式筒灯

a)

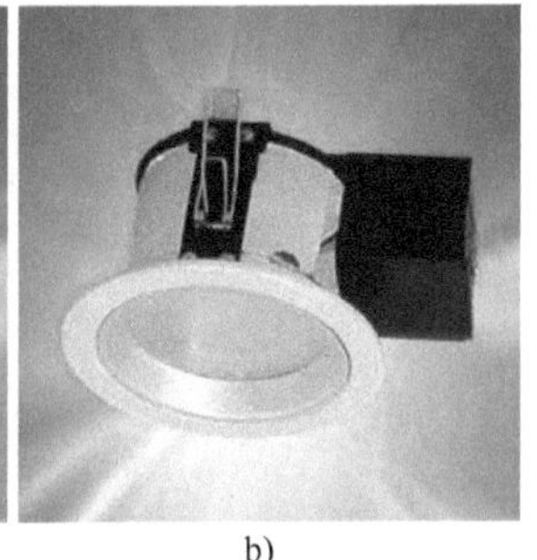
b)

图 12-18 直插式和横插式筒灯

a）直插式筒灯 b）横插式筒灯

内置型筒灯最大特点就是能保持建筑装饰的整体统一，不会因为灯具的设置而破坏吊顶艺术的完整性。可以用不同的反射器、镜片、百叶窗、灯泡来取得不同的光线效果。筒灯不占据空间，相比于射灯灯光更柔和，照射范围更广。

2. 筒灯的应用

筒灯一般在公共空间走廊、商场、家庭、车站大厅使用较多。一般成组使用，所以在安装前要预先设计好筒灯的布局，包括位置、间距和数量。根据空间大小可选择单个排列或两联装筒灯、三联装筒灯布置（图 12-19）。

a)　　b)

图 12-19　筒灯的应用

a）二联筒灯　b）三联筒灯

12.4.3　吸顶灯

1. 吸顶灯的定义

吸顶灯是一种安装在房间内部的灯具，由于其上部较平，紧靠屋顶安装，连接螺栓全部遮掩在灯罩内部，像是吸附在屋顶上，如图 12-20 所示。

图 12-20　各式吸顶灯

吸顶灯灯罩一般选用透光性好而不透视的材料，使吸顶灯尽量提高光效的同时保证灯光的柔和。常用的灯罩材料有 PS 板、有机玻璃板、磨砂玻璃等。光源以白炽灯和荧光灯为主。

2. 吸顶灯的应用

吸顶灯与吊灯一样适合作为整体照明灯具使用，也可用于墙面的装饰。传统吸顶灯相比于吊灯装饰造型比较简单，但随着时间的推移，其造型也出现多样化，不再局限于从前的单灯，而向多样化发展，既吸取了吊灯豪华与气派的特点，又采用了吸顶式的安装方式，避免了较矮的房间不能安装大型豪华灯饰的缺陷，如图 12-21 所示。

图 12-21　吸顶灯的装饰效果

12.4.4　吊灯

1. 吊灯的定义

凡在顶部以垂吊形式（线或铁支垂吊）安装的灯具都称之为吊灯。吊灯是各式灯具中的主角，是装饰效果最突出的灯具之一。吊灯的品种繁多，造型各异，有枝形、花形、圆形、宫灯形、方形等，仅枝形又可分三叉、四叉、五叉等；按体积可分为大型、中型、小型；按灯头数可分为单头、三叉三火、三叉四火等；按光源不同可分为白炽灯吊灯、荧光灯吊灯、LED 灯吊灯等，如图 12-22 所示。

图 12-22 各式吊灯

2. 吊灯的应用

吊灯主要用于重点空间顶部中心位置的装饰，往往会成为空间装饰的重点。一般在高大的厅堂里（一般层高在三米以上）使用，如酒店大堂、宴会厅或餐厅等，如图 12-23 所示。

由于其装饰效果的重要性，吊灯的造型、尺寸大小、结构形式、重量等因素要与空间的整体设计，尤其是顶棚构造及其设计相协调统一。

图 12-23 吊灯的装饰效果

12.4.5 壁灯

1. 壁灯的定义

壁灯是安装在墙壁上的一种灯具，一般作为吊灯和吸顶灯等主要照明灯具的补充照明灯具，因此，壁灯的照度比较低，功率多在15～40W左右。常用光源有白炽灯和荧光灯。灯罩直径一般为110～250mm，高度一般为200～800mm。光线淡雅和谐，可把环境点缀得优雅、富丽，如图12-24所示。

图12-24 各式壁灯

2. 壁灯的应用

壁灯的种类和样式较多，一般常见的有变色壁灯、床头壁灯和镜前壁灯等。变色壁灯多用于节日、喜庆之时采用；床头壁灯大多装在床头的上方，灯头方向可转动，光束集中，便于阅读；镜前壁灯多装饰在盥洗间镜子附近。

壁灯安装高度应略超过视平线1.8m高左右。壁灯灯罩的选择应根据墙色而定，白色或奶黄色的墙，宜用浅绿、淡蓝的灯罩；湖绿和天蓝色的墙，宜用乳白色、淡黄色、茶色的灯罩，这样，在大面积一色的底色墙布中点缀一只显目的壁灯，给人以幽雅清新之感；也可以以阵列的形式成组布置，同样能给人以韵律之美，如图12-25所示。

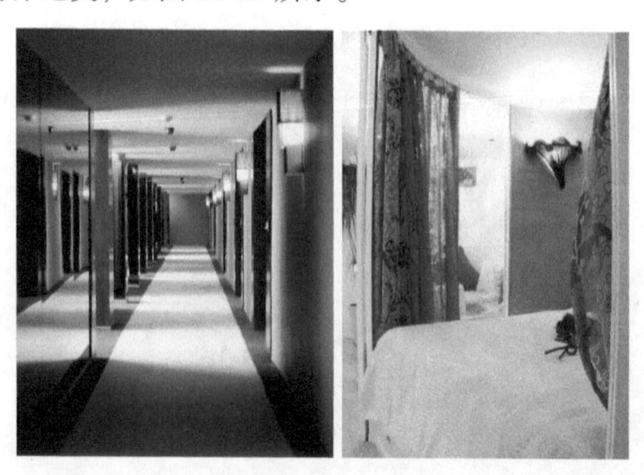

图12-25 壁灯的装饰效果

12.4.6 格栅灯

1. 格栅灯的定义

格栅灯是一种类似于吸顶灯的照明灯具，按照安装方式分为嵌入式和吸顶式两种。光源一般采用日光灯管，光源上方装有内弧型的不锈钢反光底盘，如图 12-26 所示。格栅材料主要有镜面铝格栅灯和有机板格栅灯两大类。镜面铝格栅灯采用镜面铝，深弧型设计，反光效果佳。有机板格栅灯采用进口有机板材料，透光性好，光线均匀柔和。由于反光板的反射原理使格栅灯照明效果犹如日光环境。一般采用 2、3 只日光灯管联装，规格与吊顶材料规格相配套，这样的设计使其装、拆更加方便，常用尺寸有 300mm × 600mm、600mm × 600mm、1200mm × 600mm。

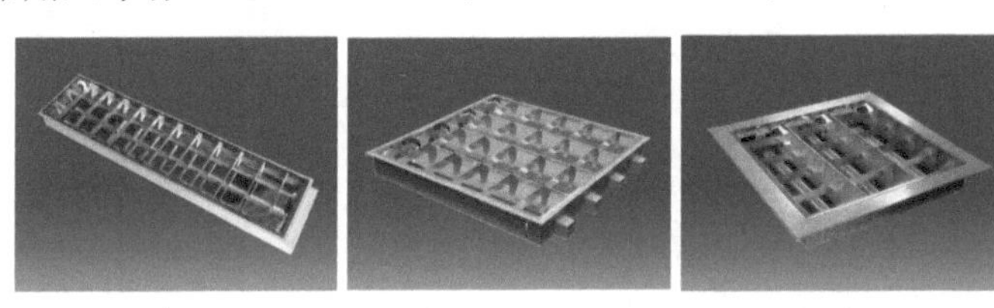

图 12-26 各式格栅灯

2. 格栅灯的应用

格栅灯适合安装在有吊顶的公共办公空间、走道，层高不宜超过 2.8m，安装前要预先设计好灯具的位置、间距和数量。以 600mm × 600mm 为例，一般平均每 $9m^2$ 安装一只，如图 12-27 所示。

图 12-27 格栅灯的应用

12.4.7 开关和插座

在装饰装修中，开关和插座是室内装修很小的一个五金零件，但却关系到室内日常生活、工作、安全的问题，如图 12-28 和图 12-29 所示。

图 12-28 各种开关

1. 开关和插座安装时应注意的问题

1）边缘与门框间距宜为 0.15 ~ 0.20m，距地面高度宜为 1.3m。

2）落地安装插座宜选用安全型插座，安装高度距地面应大于 0.15m。

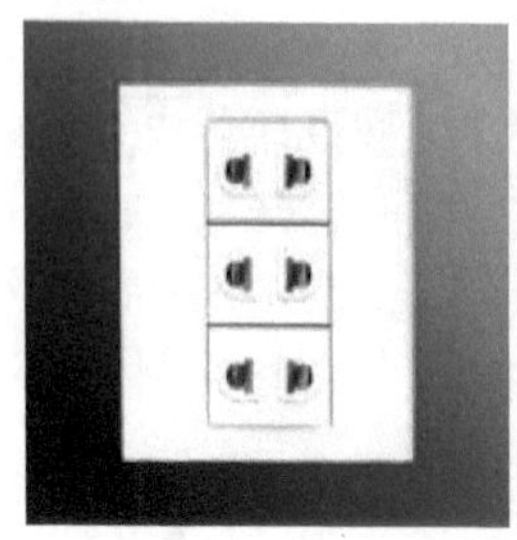
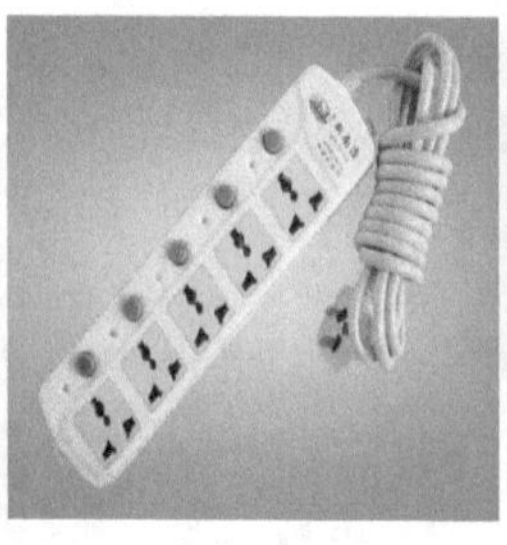

图 12-29　各种插座

3）并列安装的开关、插座距地面高度应一致，高度差不应大于 1m。

4）暗装开关、插座应采用专用盒，线头应留足 150mm。

5）专用盒的四周不应有空隙，盖板应端正并紧贴墙面。

6）卫生间插座应选用防溅式插座。

2. 开关和插座的选购

开关和插座的选购需要注重品牌。在装修中最不能节省的就是电材料及水材料，这些材料一旦出现问题，往往都伴随着较为严重的后果。比如市场很多知名品牌开关会有“连续开关一万次”的承诺，正常情况下可以使用十年甚至更长时间，价格虽贵，但综合比较还是划算的。

（1）外观

品质好的开关和插座大多使用防弹胶等高级材料制成，也有镀金、不锈钢、铜等金属材质，其表面光洁、色彩均匀，无毛刺、划痕、污迹等瑕疵，具有优良的防火、防潮、防撞击性能。同时包装上品牌标志应清晰，有防伪标志、国家电工安全认证的“长城标志”、国家产品 3C 认证和明确的厂家地址电话，内有使用说明和合格证。

（2）手感

插座额定的拔插次数不应低于 5000 次，插头插拔需要一定的力度，松紧适宜，内部铜片有一定的厚度；开关的额定开关次数应大于 10000 次，开启时手感灵活，不紧涩，无阻滞感，不会发生开关按钮停在中间某个位置的状况；优质的开关产品因为大量使用了铜银金属，分量感较足。

本章小结

本章主要介绍了胶黏剂的定义、组成、性能、分类以及常用的胶黏剂的性能特点和用途；密封材料的种类、特点及用途；防水材料的种类、特点及用途，最后介绍了常见的灯具、开关和插座的种类及安装注意事项。

思考与练习

1. 胶黏剂如何分类？
2. 胶黏剂的主要组成成分有哪些？各种成分在胶黏剂各起什么作用？
3. 举例说明玻璃和陶瓷制品所采用的胶黏剂。
4. 建筑密封材料的功能是什么？
5. 弹性密封材料有哪几种类型？
6. 哪些是硅酮密封材料？它们的特点和用途分别是什么？
7. 密封条带的主要品种有哪些？其特点和用途是什么？
8. 石油沥青的组分主要有哪几种？应如何选用？
9. 合成高分子防水材料有何特点？

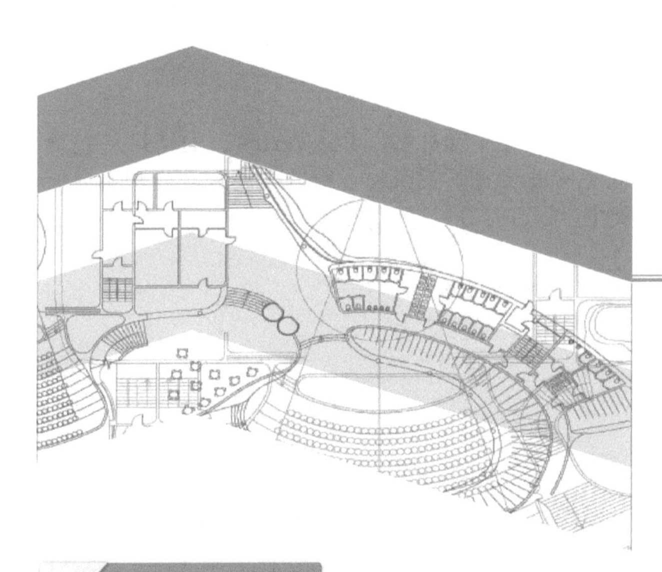

第十三章

室内环境检测

知识目标

通过对本章的学习，要求了解室内环境质量的基本知识：室内空气质量定义、室内空气主要污染物及污染来源；掌握与室内环境相关标准的要求：《民用建筑工程室内环境污染控制规范》(2013年版)（GB 50325—2010）、《室内空气质量标准》（GB/T 18883—2002）和“室内装饰装修材料有害物质限量”10项国家标准；掌握主要污染物甲醛、苯、TVOC、氨、氡等污染物的主要检测方法；了解主要的室内环境质量控制方法，包括通风换气、污染源控制、空气净化技术等；了解常见的物理净化技术、化学净化技术等；了解常见的空气净化材料与空气净化器相关知识。

能力目标

能够对室内环境质量检测相关的国家标准与法律法规有一定的认识，能够根据国家标准的要求进行室内主要污染物的检测，熟悉常见的空气净化材料与空气净化的方法，能够准确选购市面上不同的空气净化器与空气净化材料。

一个人每天摄取1~2kg食物、2~3L水，而呼吸的空气量为12~15m^3。人的一生有70%~90%的时间是在室内度过的，因此室内空气质量对人们的健康、生活和工作效率产生极大的影响。随着生活水平的提高和健康意识的增强，人们对室内环境的要求也越来越高，而室内环境质量是人们在认识了饮水和食品安全之后，被科学界和广大民众普遍关注的问题。

13.1 室内环境质量检测的基本知识

13.1.1 室内环境污染

1. 室内空气污染

当前，由于能源短缺，世界各国普遍采取了建筑节能措施。建筑材料的围隔作用，使得室内空气有别于室外，特别是随着节能和温度舒适要求的提高，建筑物密闭程度不断增大。相应地，室内与室外空气交换量减小，这使得室内与室外的环境差异更加明显。大量研究表明，室内空气的污染程度大多高于室外。所以，改善室内空气质量尤其迫切。

有专家认为，继“煤烟型污染”和“汽车尾气污染”之后，人类已经进入以“室内空气污染”为标志的第三污染时期。包括大型百货商店、学校教室、办公室、民房、现代住宅等在内的室内空气质量，成了环境专家们研讨的焦点。综合调查结果，通风空调系统、建筑及装饰材料、办公设备和家用电器等是室内空气质量最重要的“隐性杀手”。

2. 室内空气主要污染物

根据室内污染物的性质，室内污染物可以分为以下四类。

(1) 化学性污染物

室内空气中的化学性污染物一般包括挥发性有机物和无机化合物。

室内已检测出的挥发性有机物一般为醛、苯类的挥发性有机物，已达数百种，而建材（包括涂料、填料）以及日用化学品中的挥发性有机物也有几十种。无机化合物源于燃烧产物和室内使用的化学用品所产和的氨气、碳氧化合物、氮氧化合物、臭氧、二氧化硫等。

（2）物理性污染物

室内空气中的物理性污染物一般包括噪声污染、光污染和辐射污染。

外界环境产生的噪声、室外玻璃幕墙的反射光、室内灯光照明不足或过亮、电磁辐射（紫外线、微波）、电离辐射（各种放射性物质）等均会不同程度地对人体健康产生危害。另外，一些室内环境中的物理性指标不应该称之为污染，但是也与人们的健康息息相关，如室内温度、湿度、新风量等。

（3）生物性污染物

室内空气中的生物性污染物一般包括细菌、真菌（包括真菌孢子）、花粉、病毒、生物体有机成分等。室内生物污染对人类的健康有着很大危害，能引起各种疾病，如各种呼吸道传染病、哮喘、建筑物综合症等。

（4）放射性污染物

室内空气中的放射性污染物一般为放射性氡（Rn）及其子体，其来源于地基、井水、石材、砖、混凝土、水泥等。

3. 室内空气污染来源

（1）室内装饰材料及家具的污染

室内装饰材料及家具的污染是目前造成室内空气污染的主要方面。油漆、胶合板、刨花板、内墙涂料、塑料贴面、泡沫填料等材料均含有甲醛、苯、甲苯、乙醇、氯等，以上物质具有相当的致癌物，如图 13-1 所示。

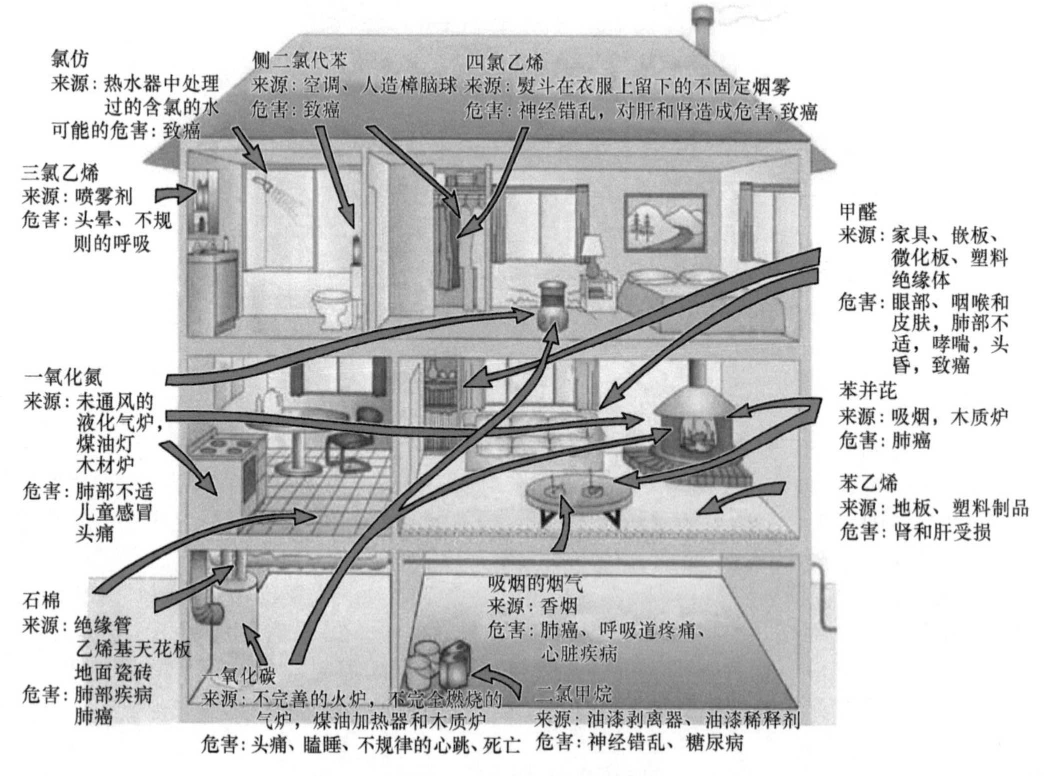

图 13-1　室内环境中污染物

由于装修中使用的大芯板和制造家具时使用的各种密度板等人造板材大部分都使用含有甲醛

的胶黏剂。如果购买的家具和装修使用的大芯板甲醛含量比较高，或者制作工艺不合格，将不断释放出游离甲醛。释放的游离甲醛不但会造成室内环境污染，同时会直接污染放在衣柜里面的衣物，而对棉织品睡衣、儿童服装和内衣的吸附力特别强。

木器漆中影响人体健康的有害物质主要为挥发性有机化合物、苯、甲苯和二甲苯、游离甲苯二异氰酸酯，以及可溶性铅、镉、铬、汞等重金属。挥发性有机化合物（VOC）会对环境产生污染并加大了室内有机污染物的负荷，严重时使人出现头痛、咽喉痛等症状。

内墙涂料能够造成室内空气质量下降，挥发出影响人体健康的有害物质，包括挥发性有机化合物、游离甲醛和可溶性铅、镉、铬、汞等重金属，以及苯、甲苯和二甲苯。

建筑胶黏剂对室内空气的污染危害比建筑涂料要大。由于建筑胶黏剂黏接后被材料覆盖，有害气体迟迟散发不尽，尤其是封闭在塑料地板与楼（地）面之间、壁纸与墙壁之间的胶黏剂。必须严格控制胶制胶黏剂中的有害物质含量，在保证正常使用功能的前提下，尽量选用低毒性、低有害气体挥发量的溶剂型胶黏剂或水性胶黏剂。

壁纸装饰对室内空气的影响主要来自两方面，一是壁纸本身的有害物质造成的影响；另一个污染问题是在施工时由于使用的胶黏剂和施工工艺造成的室内环境污染。

（2）建筑物自身的污染

建筑物自身的污染分为两方面：一方面，建筑施工中加入了化学物质（如北方冬季施工加入防冻剂，渗出有毒气体氨）；另一方面，地下土壤和建筑物中的石材、地砖、瓷砖中的放射性物质氡。

（3）室外污染物进入室内

室外污染物进入室内主要包括：①地基中固有的氡；②地基在建房前受到工业或农业废弃物的污染，没及时清理，如农药、化工燃料、汞等；③质量不合格的生活用水、淋浴、冷却空调、加湿空气等，可能存在各种病菌和化学污染等；④人为带入室内，如将工作服带入室内；⑤从邻近家中传来，如厨房排烟道受堵，下层厨房排出的烟气可能随烟道进入上层厨房内。

（4）燃烧产物造成的室内空气污染

烹调油烟与吸烟烟雾是室内燃烧的主要污染，厨房中的油烟和香烟中的烟雾成分极其复杂，目前已经分析出3800多种物质，它们在空气中以气态、气溶胶态存在，其中气态物质占90%，它们中许多物质具有致癌性。

（5）人的其他室内活动

人类日常使用家庭卫生用品，如消毒剂、干洗剂、香水、洗涤剂、蚊香等可产生二氧化碳、四氯化碳、二氢苯、甲苯、二甲苯等有毒物质；人类使用的多种家用电器，如冰箱、电脑、电视等，可产生四氯化碳、四氯乙烯、三氯乙烯、乙苯、苯等有毒物质；人类使用的化妆品、纸张、纺织纤维等，存在大量的甲醛。

（6）人体自身的新陈代谢及各种生活废弃物的挥发成分

13.1.2　与室内环境相关的国家标准

近些年，国家先后制定了《民用建筑工程室内环境污染控制规范》（2013年版）（GB 50325—2010）、《室内空气质量标准》（GB/T 18883—2002）和10种《室内装饰装修材料有害物质限量》等国家标准与规范，目的是为了预防和控制民用建筑工程室内环境污染，保障公众健康，维护公共利益，做到技术先进、经济合理确保安全使用。

1.《民用建筑工程室内环境污染控制规范》（2013年版）（GB 50325—2010）

此规范规定了建筑材料和装修材料用于民用建筑工程，为控制其产生的室内环境污染，对工程勘察设计、工程施工、工程验收、工程检测等阶段的规定。为保持国家标准的先进性，于2006年对其局部修订，在此基础上2010年结合我国情况，进行了有针对性的专题研究，经广泛征求意见和多次讨论修改，最后审查定稿。该规范对室内环境中的五种污染物因子的浓度进行限量要求，同时考虑到建筑物内污染积聚的可能性来划分住宅。医院病房、老年建筑、幼儿园、学校教室，人们在其中停留时间较长，且老幼体弱者居多，故定为Ⅰ类；而其他建筑一般人在其中停留的时间较少，且均为健康人群，固定为Ⅱ类。这样分类有利于减少污染物对人体健康的影响；有利于建筑材料的合理利用；有利于降低工程成本，促进建筑材料工业的健康发展。室内环境污染控制指标见表13-1。

表13-1　民用建筑工程室内环境污染控制指标

控制污染物	Ⅰ类民用建筑工程	Ⅱ类民用建筑工程
氡/(Bq/m^3)	≤200	≤400
游离甲醛/(mg/m^3)	≤0.08	≤0.1
苯/(mg/m^3)	≤0.09	≤0.09
氨/(mg/m^3)	≤0.2	≤0.2
TVOC/(mg/m^3)	≤0.5	≤0.6
主要包括工程项目	住宅、医院、老年建筑、幼儿园、学校教室等	办公楼、商店、旅馆、文化娱乐场所、书店、图书馆、展览馆、体育馆、公共交通等候室、餐厅等

2.《室内空气质量标准》(GB/T 18883—2002)

《室内空气质量标准》于2003年3月1日正式实施，这个标准是我国关于空气质量最新和最权威的国家标准。它适用于住宅和办公建筑物室内环境，其他室内环境可参照这个标准执行，室内空气质量标准见表13-2。

表13-2　室内空气质量标准

参数类别	参　　数	单　　位	标　准　值
物理性	温度	℃	22~28
			16~24
	相对湿度	%	40~80
			30~60
	空气流速	m/s	0.3
			0.2
	新风量	m^3/(h·人)	30
化学性	二氧化硫 SO_2	mg/m^3	0.50
	二氧化氮 NO_2	mg/m^3	0.24
	一氧化碳 CO	mg/m^3	10
	二氧化碳 CO_2	%	0.10
	氨 NH_3	mg/m^3	0.20
	臭氧 O_3	mg/m^3	0.16
	甲醛 HCHO	mg/m^3	0.10
	苯 C_6H_6	mg/m^3	0.11
	甲苯 C_7H_8	mg/m^3	0.20
	二甲苯 C_8H_{10}	mg/m^3	0.20
	苯并［a］芘 B［a］P	mg/m^3	1.0
	可吸入颗粒 PM10	mg/m^3	0.15
	总挥发性有机物 TVOC	mg/m^3	0.60
生物性	菌落总数	cfu/m^3	2500
放射性	氡^{222}Ru	Bq/m^3	400

3. “室内装饰装修材料有害物质限量”10项国家标准

为了防止不合格的建筑材料对人体健康的损害，国家质量监督检验检疫总局和国家标准化管理委员会发布了“室内装饰装修材料有害物质限量”10项标准。这10项标准已于2002年7月1日正式实施。为保证国家标准的先进性，10项标准部分标准于2008年进行修订，具体控制项目见表13-3。

针对室内装饰装修材料所使用的原料和辅料、加工工艺、使用过程等各个环节中可能对人体健康造成危害的各种有害物质，参照国际有关标准，在10项国家标准中对室内装饰装修材料中甲醛、挥发性有机化合物（VOC）、苯、甲苯和二甲苯、氨、游离甲苯二异氰酸酯（TDI）、氯乙烯单体、苯乙烯单体和可溶性的铅、镉、铬、汞、砷等有害元素以及建筑材料放射性核素等的限量值都做了明确的规定。

表13-3 有害物质限量要求

序号	名　称	标准号	控制项目
1	《人造板及其制品中甲醛释放限量》	GB 18580—2001	甲醛
2	《溶剂型木器涂料中有害物质限量》	GB 18581—2009	挥发性有机化合物（VOC）/(g/L)
			苯（%）
			甲苯和二甲苯总和（%）
			重金属（限色漆）/(mg/kg)
			游离甲苯二异氰酸酯（TDI）（%）
3	《内墙涂料中有害物质限量》	GB 18582—2008	挥发性有机化合物（VOC）/(g/L)
			游离甲醛/(g/kg)
			重金属/(mg/kg)
4	《胶黏剂中有害物质限量》	GB 18583—2008	游离甲醛/(g/kg)
			苯/(g/kg)
			甲苯和二甲苯/(g/kg)
			甲苯二异氰酸酯/(g/kg)
			总挥发性有机物/(g/L)
5	《木家具中有害物质限量》	GB 18584—2001	甲醛释放量/(mg/L)
			重金属含量（限色漆）/(mg/kg)
6	《壁纸中有害物质限量》	GB 18585—2001	重金属（或其他元素）/(mg/kg)
			氯乙烯单体/(mg/kg)
			甲醛/(mg/kg)
7	《聚氯乙烯卷材地板中有害物质限量》	GB 18586—2001	发泡类卷材地板中挥发物的限量
			非发泡类卷材地板中挥发物的限量
8	《地毯、地毯衬垫及地毯胶黏剂有害物质释放限量》	GB 18587—2001	总挥发性有机化合物（TVOC）/[mg/(m^2·h)]
			甲醛/[mg/(m^2·h)]
			苯乙烯/[mg/(m^2·h)]
			4-苯基环己烯/[mg/(m^2·h)]
9	《混凝土外加剂中释放氨的限量》	GB 18588—2001	氨（%）
10	《建筑材料放射性核素限量》	GB 6566—2010	放射性核素含量/(Bq/m^3)

13.1.3 室内环境检测

室内环境检测是对室内环境信息的捕集、传递、解析和综合的全过程。全过程是：现场调查、检测方案确定、现场布样、样品采集、样品运送保存、分析测试、数据处理、综合评价（提交检测报告）。

1. 室内环境检测的目的和作用

1）依据《室内空气质量标准》（GB/T 18883—2002）进行检测，评价室内空气质量，评价室内空气污染治理效果。

2）依据《民用建筑工程室内环境污染控制规范》（2013 年版）（GB 50325—2010）进行检测，确定该工程是否可以验收。

3）依据《绿色建筑评价标准》（GB/T 50378—2014）中公共建筑和住宅建筑中的相关规定进行室内空气污染物浓度检测，评价该项指标是否符合“绿色建筑”的要求。

4）依据我国《公共场所卫生检测方法》，评价室内是否符合质量标准。

5）依据室内环境的相关标准进行检测，为室内空气污染物的环境特征及人体健康的影响研究提供科学依据。

2. 室内空气检测的项目

1）对污染物的性质如化学性、毒性、扩散性、累积性等做全面的分析，从中选取影响较大、持续时间较长、可使人体发生病变的物质。

2）检测的项目有可靠的分析手段。

3）检测的结果有比较的标准或能做出正确的解释和判断。

3. 室内空气检测的分析方法

室内空气检测是环境检测的一部分，环境检测中所使用的分析方法与分析化学的发展是分不开的。20 世纪 60 年代，物理学、电子学、半导体及原子能工业的发展促进了化学物理的发展，仪器分析方法的大发展，出现了种类繁多的实验室分析仪器，如原子吸收和原子发射光谱仪可用于金属元素的定性和定量分析，紫外和红外光谱仪、核磁共振波谱和质谱仪可用于有机物质的定性和定量分析，而液相色谱和气相色谱仪可用于无机或有机混合物的分离和分析。这些仪器分析速度快、灵敏度好、自动化程度强，适用于微量和衡量分析测定，广泛应用于环境检测中。

目前，室内空气检测的分析方法中有化学分析法和仪器分析法，方便、快速的现场仪器越来越多地被应用。

13.2 室内环境主要污染物的检测

13.2.1 甲醛

甲醛已经被世界卫生组织确定为致癌和致畸形物质，是公认的变态反应源，也是潜在的强致突变物之一。甲醛已经被确认的几个对人体伤害的毒性包括诱发过敏性鼻炎和支气管炎，特别是能够诱导哮喘，严重可以致人死亡；引起眼部和气道刺激，导致直接的病变或降低这些部位的防病能力；导致氧化损伤，主要表现在肝脏、心肌、肺和肾脏神经毒性；导致人失眠、精神不集中、记忆力下降、情绪反常、食欲不振、生殖毒性，导致流产、不孕等。

室内甲醛污染的主要来源有地板、家具、油漆、壁纸、窗帘、床单等。

室内空气甲醛的测定方法有多种，包括酚试剂分光光度法、AHMT 分光光度法、乙酰丙酮分光光度法和气相色谱法。当然也可以采用甲醛分析仪现场检测，但所使用的仪器计量鉴定须合格，仪器在 0 ~ 0.60mg/m^3 的不确定度应小于 5%。常用的检测方法有酚试剂分光光度法和 AHMT 分光光度法。这里只介绍酚试剂分光光度法。

1. 检测原理

空气中的甲醛与酚试剂反应生成嗪，嗪在酸性溶液中被高铁离子氧化形成蓝绿色化合物。根据颜色深浅，比色定量。

2. 仪器和设备

1）大型气泡吸收管：出气口内径为1mm，出气口至管底距离等于或小于5mm；恒流采样器：流量范围0~1L/min。

2）流量稳定可调，恒流误差小于2%，采样前和采样后应用皂沫流量计校准采样系列流量，误差小于5%。

3）具塞比色管：10mL。

4）分光光度计：在630nm测定吸光度，并配有1cm比色皿。仪器设备如图13-2所示。

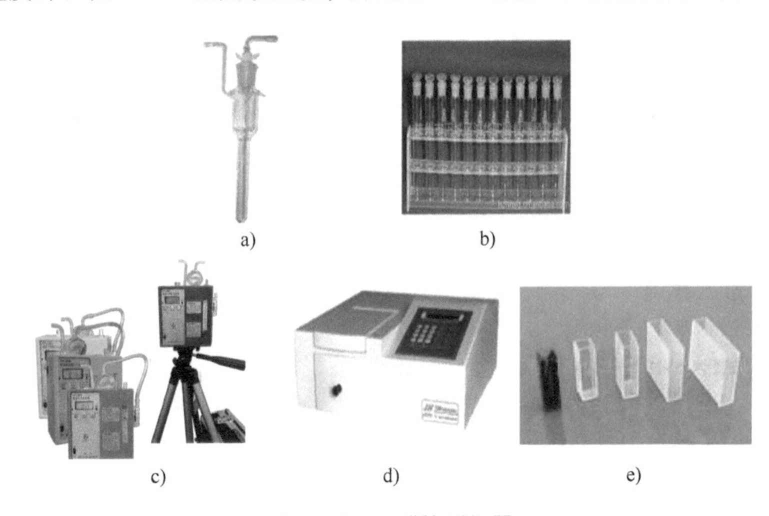

图13-2 甲醛检测仪器

a）气泡吸收管 b）具塞比色管 c）恒流采样器 d）分光光度计 e）比色皿

3. 检测试剂

1）吸收液原液：称量0.1g酚试剂，加水溶解，倾倒于100mL具塞比色管中，加水到刻度。放冰箱中保存，可稳定3天。采样时取5.0mL原液加入95mL水，即为吸收液。吸收液采样时现用现配。

2）1%硫酸铁铵溶液：称量1.0g硫酸铁铵溶液，用0.1mol/L盐水溶解并稀释至100mL。

3）甲醛标准贮备溶液：取2.8mL含量为36%~38%的甲醛溶液，放入1L容量瓶中，加水稀释至刻度。此溶液1mL约相当于1mg甲醛。

4）甲醛标准溶液：使用时，将甲醛标准贮备溶液用水稀释至1.00mL含10μg甲醛，然后取此溶液10mL，加入100mL容量瓶中，加入5mL吸收原液，加水到100mL，此液体1mL含1.0μg甲醛，放置30min后，用于配置标准色列管。此标准溶液可稳定24h。

4. 检测流程

检验流程为室内布点→设备安装→采样→样品分析→计算甲醛浓度。

（1）采样

用一个内装5mL酚试剂吸收液的大型气泡吸收管，以1.0L/min流量采气10L。记录采样点的温度和大气压力，采样后样品在室温下应在24h内分析。

（2）样品分析

1）绘制标准曲线。取10mL具塞比色管9支，用甲醛标准溶液按表13-4制备标准系列管。然后向各管中加入0.4mL的1%硫酸铁铵溶液并摇匀，室温放置15min。用1cm比色皿，在波长630nm处，以水作为参比，测定各管溶液的吸光度。以甲醛含量为横坐标，吸光度为纵坐标，绘制曲线，并计算回归线斜率，以斜率倒数作为样品测定的计算因子B_g（μg/吸光度）。

表 13-4　甲醛标准溶液

管　　号	0	1	2	3	4	5	6	7	8
标准溶液/mL	0	0.10	0.20	0.40	0.60	0.80	1.00	1.50	2.00
吸收液/mL	5.0	4.9	4.8	4.6	4.4	4.2	4.0	3.5	3.0
甲醛含量/μg	0	0.1	0.2	0.4	0.6	0.8	1.0	1.5	2.0

2）样品测定。采样后，将样品溶液全部转入比色管中，用少量吸收液洗吸收管，合并使总体积为5mL。按绘制标准曲线的操作步骤测定吸光度（A）；在每批样品测定的同时，用5mL未采样的吸收液作试剂空白，测定试剂空白的吸光度（A_0）。

（3）计算甲醛浓度

1）将采样体积换算成标准状态下的采样体积，计算公式为

$$V_0 = V_t \times \frac{T_0}{273+t} \times \frac{P}{P_0}$$

式中　V_0——标准状态下的采样体积（L）；

V_t——实际采样体积（L），为采样流量与采样时间乘积；

t——采样点的气温（℃）；

T_0——标准状态下的绝对温度，为273K；

P——采样点的大气压力（kPa）；

P_0——标准状态下的大气压力，为101kPa。

2）空气中甲醛浓度的计算公式为

$$C = (A - A_0) \times B_g / V_0$$

式中　C——空气中甲醛浓度（mg/m）；

A——样品溶液的吸光度；

A_0——空白溶液的吸光度；

B_g——计算因子（μg/吸光度）；

V_0——换算成标准状态下的采样体积。

13.2.2　苯、甲苯和二甲苯的检测

苯是一种无色具有特殊芳香气味的液体，具有易挥发、易燃、蒸气有爆炸性的特点。人在短时间内吸入高浓度甲苯、二甲苯同时，可出现中枢神经系统麻醉作用，轻者会头晕、头痛、恶心、胸闷、乏力、意识模糊，严重者可致昏迷以致呼吸、循环衰竭而死亡。如果长期接触一定浓度的甲苯、二甲苯会引起慢性中毒，可出现头痛、失眠、精神萎靡、记忆力减退等神经衰弱症状。苯化合物已经被世界卫生组织确定为强烈致癌物质。

室内空气中的苯主要来自建筑装饰中大量使用的化工原材料，如涂料、填料及各种有机溶剂等。目前，在以下几种装饰材料中含量较高：油漆、天那水、稀料、各种胶黏剂、防水材料和一些低档和假冒的涂料等。

执行标准：《室内空气质量标准》（GB/T 18883—2002）、《民用建筑工程室内环境污染控制规范》（2013年版）（GB 50325—2010）。苯的测定可采用气相色谱法。

1. 检测原理

空气中苯、甲苯和二甲苯用活性炭管采集，然后经热解吸或用二硫化碳提取出来，再经聚乙二醇6000色谱柱分离，用氢火焰离子经检测器检测，以保留时间定性，峰高定量。

2. 仪器和设备

1）活性炭采样管：用长150mm、内径3.5～4.0mm、外径6mm的玻璃管，装入100mg椰子壳活性炭，两端用少量玻璃棉固定。再用纯氮气于300～350℃温度条件下吹5～10min，然后套上塑料帽封紧管的两端。此管放于干燥器中可保存5天。若将玻璃管熔封，此管可稳定3个月。

2）空气采样器：流量范围0.2～1L/min，流量稳定。

3）注射器：1mL，100mL。

4）微量注射器：1μL，10μL。

5）热解吸装置：主要由加热器、控温器、测温表及气体流量控制器等部分组成。调温范围为100～400℃，控温精度±1℃，热解吸气体为氮气，流量调节范围为50～100mL/min，读数误差±1mL/min。所用的热解装置的结构应使活性炭管能方便地插入加热器中，并且各部分受热均匀。

6）具塞刻度试管：2mL。

7）气相色谱仪：附氢火焰离子化检测器。

8）色谱柱：长2m、内径4mm的不锈钢柱，内填充聚乙二醇6000～6201担体（5∶100）固定相。

仪器和设备如图13-3所示。

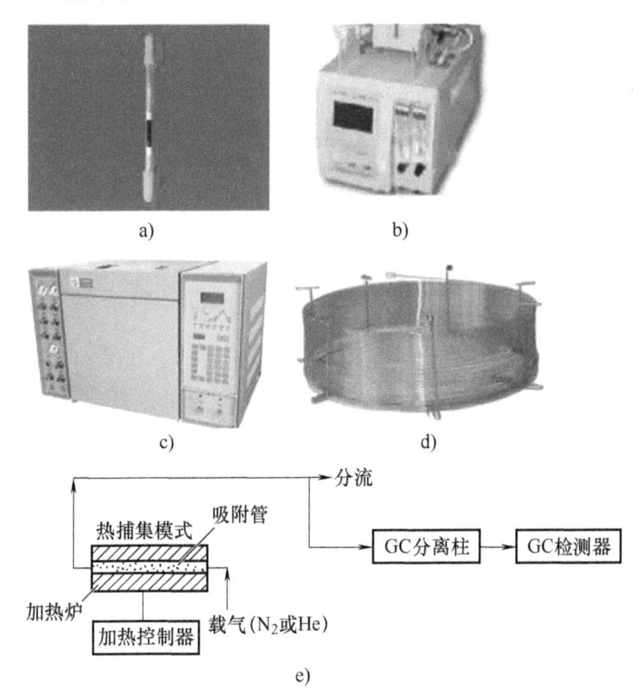

图13-3 测定苯的仪器和设备

a）活性炭采样管 b）热解析仪器 c）气相色谱仪 d）热解析仪器 e）热解析装置的基本结构示意图

3. 检测试剂和材料

苯（色谱纯）、甲苯（色谱纯）、二甲苯（色谱纯）、色谱固定液（聚乙二醇6000）、6201担体（60～80目）、椰子壳活性炭（20～40目）、纯氮（99.99%）。

4. 检测流程

检测流程为室内布点→设备安装→采样→样品分析→计算浓度。

（1）采样

在采样地点打开活性炭管，两端孔径至少2mm，与空气采样器入气口垂直连接，以0.5L/min的速度抽取10L空气。采样后，将管的两端套上塑料帽，并记录采样时的温度和大气压力。样品可保存5天。

（2）样品分析

1）绘制标准曲线。用微量注射器准确量取一定量的苯、甲苯、二甲苯（20℃时，1μL苯重0.8787mg，甲苯重0.8669mg，邻、间、对二甲苯分别重0.8802mg、0.8642mg、0.8611mg），注入

100mL 注射器中，与氮气混合，配成一定浓度的标准气体。取一定量的标准气体，再用氮气逐渐稀释成0.02～2.0μg/mL 范围内4个浓度点的混合气体。取1mL 进样，用保留时间定性，峰面积为定量。每个浓度重复3次，取峰面积的平均值。以苯、甲苯、二甲苯的含量（μg/mL）为横坐标，平均峰面积为纵坐标，分别绘制标准曲线，并计算回归线斜率，以斜率倒数 B_g [μg/(mL·mm)] 作为样品测定的计算因子。

2）样品测定（热解析法进样）。将已经采样的活性炭管与100mL 注射器相连，置于热解析装置上350℃下解吸，把解吸气体用氮气以50～60mL/min 的速度转移至注射器，体积为100mL。取1mL 解吸气进样，用保留时间定性，峰面积定量。每个样品做3次分析，求峰面积的平均值。同时，取一个未采样的活性炭管，按样品管同样操作，测定空白管的平均峰面积。

（3）计算浓度

1）将采样体积换算成标准状态下的采样体积，计算公式为

$$V_0 = V_t \times \frac{T_0}{273 + t} \times \frac{P}{P_0}$$

式中 V_0——标准状态下的采样体积（L）；

V_t——采样体积（L），为采样流量与采样时间乘积；

t——采样点的气温（℃）；

T_0——标准状态下的绝对温度，为273K；

P——采样点的大气压力（kPa）；

P_0——标准状态下的大气压力为101.3kPa。

2）空气中苯、甲苯、二甲苯浓度的计算公式为

$$C = \frac{(h - h_0) \times B_g}{V_0 E_g} \times 100$$

式中 C——空气中苯、甲苯、二甲苯浓度（mg/m^3）；

h——样品峰高的平均值（mm）；

h_0——空白管的峰高（mm）；

B_g——计算因子 [μg/(mL·mm)]；

E_g——由实验确定的热解析效率。

13.2.3 TVOC 的检测

总挥发性有机化合物是一种混合物，简称 TVOC，表示室内空气中挥发性有机化合物的总体。TVOC 能引起机体免疫水平失调，影响中枢神经系统功能，出现头晕、头痛、嗜睡、无力、胸闷等症状；还可能影响消化系统，出现食欲不振、恶心等，严重时可损伤肝脏和造血系统，出现变态反应等。

室内的 TVOC 主要是由建筑材料、室内装饰材料及生活和办公用品等散发出来的。如建筑材料中的人造板、泡沫隔热材料、塑料板材；室内装饰材料中的油漆、涂料、黏合剂、壁纸、地毯；生活中用的化妆品、洗涤剂等；办公用品主要是指油墨、复印机、打字机等；此外，家用燃料及吸烟、人体排泄物及室外工业废气、汽车尾气、光化学污染也是影响室内总挥发性有机物（TVOC）含有量的主要因素。

执行标准：《室内空气质量标准》（GB/T 18883—2002）、《民用建筑工程室内环境污染控制规范》（2013年版）（GB 50325—2010）作为 TVOC 有机总挥发化合物的测定方法。TVOC 常用的检测方法有气相色谱法-热解法。

1. 检测原理

选择合适的吸附剂，用吸附管采集一定体积的空气样品，空气流中的挥发性有机化合物保留在吸附管中。采样后，将吸附管加热，解吸挥发性有机化合物，待测样品随惰性载气进入毛细管气相色谱仪。用保留时间定性，峰高或峰面积定量。

2. 仪器及设备

1）气相色谱仪-带氢火焰离子化检测器。

2）热解吸装置。

3）毛细管柱（长50m、内径0.32mm石英柱，内涂覆二甲基聚硅氧烷，膜厚1～5μm，程序升温50～250℃，初始温度为50℃，保持10min，升温速率5℃/min，分流比为1∶1～10∶1），如图13-4a所示。

4）空气采样器（0～2L/min）。

5）注射器（10μL、1mL若干）。

6）Tenax-TA吸附管，如图13-4b所示。

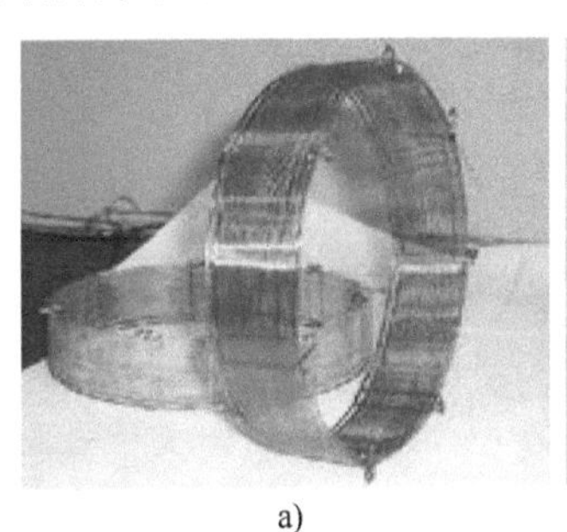

a)

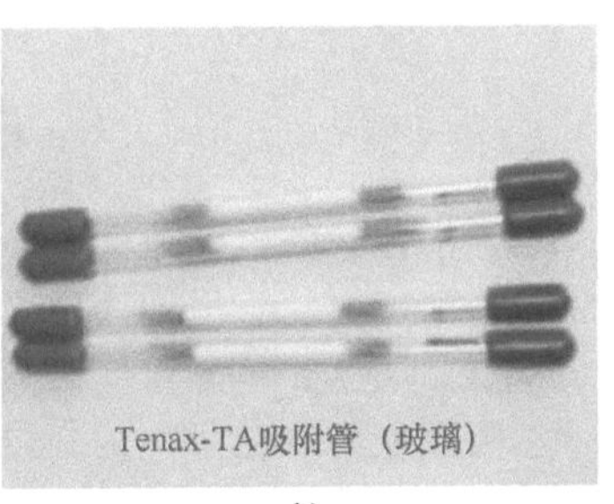

b)

图13-4 TVOC测定仪器

a）毛细管柱 b）Tenax-TA吸附管（玻璃）

3. 试剂和材料

标准品：甲醛、苯、甲苯、对（间）二甲苯、邻二甲苯、苯乙烯、乙苯、乙酸丁酯、十一烷均为色谱纯。

4. 检测流程

检测流程为室内布点→设备安装→采样→样品分析→计算TVOC浓度。

（1）采样

应在采样地点打开吸附管，与空气采样器入气口垂直连接，以0.5L/min的速度抽取约10L空气（不用计时，仪器本身带计时器，设定好就行）。采样后，应将吸附管的两端套上塑料帽，并记录采样时的温度和大气压。

（2）样品分析

1）绘制标准曲线。标准曲线的绘制方法同苯的测定，但由于TVOC中含有多种物质，故直接购买标准气体，用氮气稀释，分别绘制各组分的标准曲线。

2）样品测定（热解析法进样）。将已经采样的活性炭管与100mL注射器相连，置于热解析装置上300℃下解吸，把解吸气体用氮气（纯度不小于99.99%）以40mL/min的速度转移至注射器，体积为100mL，时间为10min。取1mL解吸气进样，用保留时间定性，峰面积定量。每个样品做3次分析，求峰面积的平均值。同时，取一个未采样的Tenax-TA吸附管，按样品管同样操作，测定空白管的平均峰面积。

3）对其余未识别峰，可以甲苯计。

（3）计算浓度

1）计算所采集空气样品中各组分的含量，计算公式为

$$C_{\mathrm{m}} = \frac{m_i - m_0}{V} \times 1000$$

式中 C_{m}——所采空气样品中i组分含量（$\mu g/m^3$）；

m_i——被测样品中i组分含量（μg）；

m_0——空白样品中 i 组分含量（μg）；

V——空气采样体积（L）。

2）将空气样品中各组分含量换算成标准状态下的含量，计算公式为

$$C_c = C_m \times \frac{101}{P} \times \frac{t+273}{273} \times \frac{1}{1000}$$

式中 C_c——标准状态下所采空气样品中 i 组分含量（mg/m^3）；

P——采样时采样点的大气压力（kPa）；

t——采样时采样点的温度（℃）。

3）计算所采空气样品中总挥发性有机化合物（TVOC）的含量，计算公式为

$$\text{TVOC} = \sum_{i=1}^{i=n} C_c$$

13.2.4 氡的检测

氡是天然放射性元素，惰性气体，无色无味，固态氡呈天蓝色，有光泽。现代居室的多种建材和装饰材料都会产生氡，是室内装修污染物质之一。1987 年，氡被国际癌症研究机构列入室内重要致癌物质；1996 年，我国卫生部颁布了《住房内氡浓度控制标准》（GB/T 16146—1995），现在世界上已有二十多个国家和地区制定了室内氡浓度控制标准。氡对人体健康危害的确定性效应表现为在高浓度氡的环境下，机体出现血细胞的变化，而且氡对人体脂肪有很高的亲和力，特别是氡与神经系统结合后，危害更大；随机效应主要表现为肿瘤的发生。由于氡是放射性气体，当人们吸入体内后，氡衰变产生的 α 粒子可对人的呼吸系统造成辐射损伤，诱发肺癌。

室内空气中氡的主要来源是土壤中析出的氡、建筑材料中析出的氡、户外空气带入室内的氡、用于取暖和厨房设备的天然气中释放出的氡。

室内氡气浓度测定方法共有 4 种，即径迹蚀刻法、活性炭盒法、双滤膜法和气球法，这 4 种方法各有优点。径迹蚀刻法为被动式采样，能测量采样期间内氡的累积浓度，但检测周期长（30 天以上）；活性炭盒法也是被动式采样，能测量出采样期间内平均氡浓度，检测周期较长（3～7 天）；双滤膜法和气球法是主动式采样，测量时间短（30min 以内），但所测量的结果为瞬时浓度。具体采用哪种方法，应根据实际情况综合考虑。

1. 双滤膜法测量氡

根据《环境空气中氡的标准测量方法》（GB/T 14582—1993）的规定，下面以双滤膜法为例来说明检测步骤。

（1）检测原理

双滤膜法是主动式采样，能测量采样瞬间的氡浓度，探测下限为 3.3Bq/m^3。抽气泵开动后含氡空气经过滤膜进入衰变筒，被滤掉子体的纯氡在通过衰变筒的过程中又生成新子体，新子体的一部分为出口滤膜所收集。测量出口滤膜上的 α 放射性就可换算出氡浓度。采样装置如图 13-5 所示。

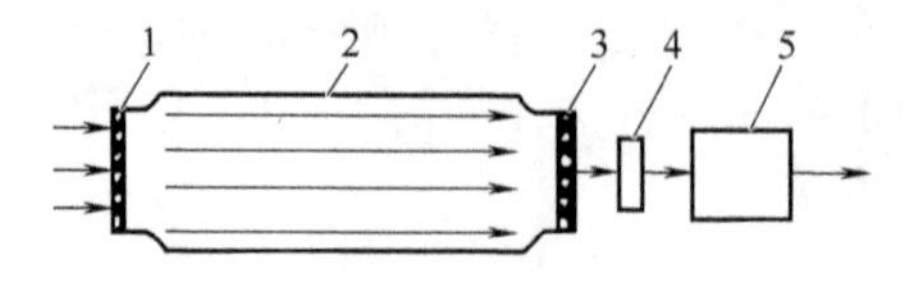

图 13-5 采样装置

1—入口膜 2—衰变筒 3—出口膜 4—流量计 5—抽气泵

（2）检测材料及设备

1）流量计：量程为 80L/min 的转子流量计，如图 13-6 所示。

2）α 测量仪：要对 RaA、RaC′的 α 粒子有相近的计数效率。

3）衰变筒：14.8L。

4）采样夹：能夹持 $\phi 60$ 的滤膜。

5）α 参考源：^{241}Am 或 ^{239}Pu。

6）抽气泵、纤维滤膜、子体过滤器、秒表、镊子。

图 13-6　流量计

（3）检测流程

检测流程为室内布点→设备安装→仪器操作→记录数据→计算氡浓度。

1）室内布点。布点数量及位置应符合规定，进气口距地面约 1.5m，且与出气口高度差要大于 50cm，并在不同方向上。

2）设备安装。装好滤膜，入口滤膜至少要 3 层，全部滤掉氡子体。按图 13-5 把采样设备联接起来，采样头尺寸要一致，保证滤膜表面与探测器之间的距离为 2mm 左右。

3）数据采集。以流速 q（L/min）采样 t（min）。严格控制操作时间，不得出任何差错，否则样品作废；若相对湿度低于 20% 时，要进行湿度校正；采样条件要与流量计刻度条件相一致。在采样结束后 $T_1 \sim T_2$ 时间间隔内测量出口膜上的 α 放射性。

4）计算氡浓度。根据每一个点记录的数据，计算氡浓度，然后求平均值。

$$C_{Rn} = K_t \times N_\alpha = \frac{16.65}{V \times E \times \eta \times \beta \times Z \times F_f} \times N_\alpha$$

式中　C_{Rn}——氡浓度（Bq/m^3）；

K_t——总刻度系数（Bq/m^3/计数）；

N_α——$T_1 \sim T_2$ 时间间隔的净 α 计数；

V——衰变桶容积（L）；

E——计数效率（%）；

η——滤膜过滤效率（%）；

β——滤膜对 α 粒子的自吸收因子（%）；

Z——与 t、$T_1 \sim T_2$ 有关的常数；

F_f——新生子体到达出口滤膜的份额（%）。

2. 便携式测氡仪测量氡

为了更方便地测量氡的浓度，在工程上经常采用一种便携式测氡仪，在现场一次性完成测量、计算、打印等所有步骤，方便、快捷。便携式测氡仪如图 13-7 所示。

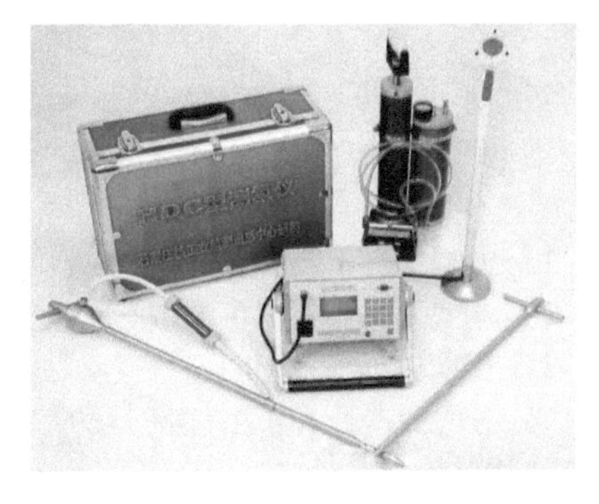

图 13-7　便携式测氡仪

（1）主要技术指标

1）探测器：$\phi 30$mm 金硅面垒探测器两块，构成双向探测。

2）采样片：由厚约 4μm 的高压力薄膜制作，外廓 $\phi 60$mm。

3）灵敏度：室内氡浓度测量≥1.2min^{-1}/Bqm^{-3}；土壤氡浓度测量≥0.004min^{-1}/Bqm^{-3}。

4）本底计数≤1.5min^{-1}。

5）探测下限：室内空气氡浓度测量≤10Bqm^{-3}；土壤氡浓度测量≤300Bqm^{-3}。

6）测量范围：室内为3~2000Bqm^{-3}，土壤为300~100000Bqm^{-3}。

7）测量合成不确定度：在氡浓度不低于30Bqm^{-3}时，Uc≤20%。

8）采样时间：室内氡测量常用10min，土壤氡测量常用3min。

9）测量时间：室内氡测量常用10min，土壤氡测量常用3min。

10）使用环境条件：温度-10~45℃；相对湿度≤95%。

11）测量参数：氡浓度和氡与其短寿子体的平衡因子。

12）α射线谱测量：128道分析器。

13）具液晶显示、打印机打印、内部时钟、数据存储及外部输出等功能。

14）电源：内部有蓄电池，外接AC-220V充电。

15）主机尺寸：高110mm、长280mm、宽252mm。

16）机重约5kg。

（2）测量步骤

测量步骤为室内布点→仪器安装→按采样键（采样10min）→按测量键、确认键（测量10min）→显示打印成果。

13.2.5 氨的检测

氨（NH_3）是一种无色而具有强烈刺激性臭味的气体，比空气轻（比重为0.5），可感觉的最低浓度为5.3ppm。氨是一种碱性物质，它对接触的皮肤组织都有腐蚀和刺激作用，可以吸收皮肤组织中的水分，使组织蛋白变性，并使组织脂肪皂化，破坏细胞膜结构。氨的溶解度极高，所以主要对动物或人体的上呼吸道有刺激和腐蚀作用，减弱人体对疾病的抵抗力。浓度过高时除腐蚀作用外，还可通过三叉神经末梢的反射作用而引起心脏停搏和呼吸停止。氨通常以气体形式吸入人体，进入肺泡内的氨，少部分被二氧化碳所中和，其余被吸收至血液，少量的氨可随汗液、尿或呼吸排出体外。

氨气主要来自建筑施工中使用的混凝土外加剂，特别是在冬季施工过程中，在混凝土墙体中加入尿素和氨水为主要原料的混凝土防冻剂，这些含有大量氨类物质的外加剂在墙体中随着温湿度等环境因素的变化而还原成氨气从墙体中缓慢释放出来，造成室内空气中氨的浓度大量增加。另外，室内空气中的氨也可来自室内装饰材料，比如家具涂饰时所用的添加剂和增白剂大部分都用氨水，氨水已成为建材市场中必备的商品。虽然这种污染释放期比较快，不会在空气中长期大量积存，但对人体的危害也不可小视。

室内空气氨的测定可采用《公共场所卫生检疫方法　第2部分：化学污染物》（GB/T 18204.2—2014）或《空气质量—氨的测定—离子选择电极法》（GB/T 14669—1993）。当发生争议时应以《公共场所卫生检疫方法　第2部分：化学污染物》（GB/T 18204.2—2014）中的靛酚蓝分光光度法为准，下面只介绍靛酚蓝分光光度法。

1. 检测原理

空气中的氨被稀硫酸吸收，在亚硝基铁氰化钠及次氯酸钠存在下，与水杨酸生成蓝绿色的靛酚蓝染料，根据着色深浅，比色定量。

2. 仪器设备

1）大型气泡吸收管：有10mL刻度线，出气口内径为1mm，与管底距离应为3~5mm。

2）空气采样器：流量范围0~2L/min，流量可调且恒定。

3）具塞比色管：10mL。

4）分光光度计：可测波长为697.5nm，狭缝小于20nm。

3. 检测试剂

1）吸收液（0.005mol/L）：量取2.8ml浓硫酸加入水中，并稀释至1L。临用时再稀释10倍。

2）水杨酸溶液（50g/L）：称取10.0g水杨酸和10.0g柠檬酸钠，加水约50mL，再加55mL氢氧化钠溶液（2mol/L），用水稀释至200mL。此试剂稍有黄色，室温下可稳定1个月。

3）亚硝基铁氰化钠溶液（10g/L）：称取1.0g亚硝基铁氰化钠，溶于100mL水中。贮存于冰箱中可以稳定1个月。

4）次氯酸钠溶液（0.05mol/L）：取1mL次氯酸钠试剂原液，用氢氧化钠溶液（2mol/L）稀释至0.05mol/L的次氯酸钠溶液。贮存于冰箱中可以保存两个月。

5）氨标准贮备液：称取0.3142g经过105℃干燥1h的氯化铵，取少量水溶解，移入100mL容量瓶中，用吸收液稀释至刻度，此液1.00mL含1.00mg氨。

6）氨标准工作液：临用时，将标准贮备液用吸收液稀释成1.00mL含1.00μg氨。

4. 检测流程

检测流程为室内布点→设备安装→采样→样品分析→计算氨浓度。

（1）采样

用一个内装10mL吸收液的大型气泡吸收管，以0.5L/min流量采样5L，及时记录采样点的温度及大气压力。采样后，样品在室温下保存，于24h内分析。

（2）样品分析

1）绘制标准曲线。取10mL具赛比色管7支，用氨标准溶液按表13-5制备标准系列管。

表13-5　标准溶液

管号	0	1	2	3	4	5	6
标准溶液/mL	0	0.50	1.00	3.00	5.00	7.00	10.00
吸收液/mL	10.00	9.50	9.00	7.00	5.00	3.00	0
氨含量/μg	0	0.50	1.00	3.00	5.00	7.00	10.00

在各管中加入0.50mL的水杨酸溶液，再加入0.10mL亚硝基铁氰化钠溶液和0.10mL次氯酸钠溶液，混匀，室温下放置1h。用1cm比色皿，在波长697.5nm处，以水作参比，测定各管溶液的吸光度。以氨含量（μg）为横坐标，吸光度为纵坐标，绘制标准曲线，并计算回归线的斜率，以斜率倒数作为样品测定的计算因子B_s（μg/吸光度）。

2）样品测定。将样品溶液转入具塞比色管中，用少量的水洗吸收管，合并，使总体积为10mL。再按制备标准曲线的操作步骤测定样品的吸光度。在每批样品测定的同时，用10mL未采样的吸收液作试剂空白测定。如果样品溶液吸光度超过标准曲线范围，则可用空白吸收液稀释样品液后再分析。计算样品浓度时，要考虑样品溶液的稀释倍数。

（3）计算氨浓度

1）将采样体积换算成标准状态下采样体积

$$V_0 = V_t \times \frac{T_0}{273 + t} \times \frac{P}{P_0}$$

式中　V_0——标准状态下的采样体积（L）；

V_t——采样体积（L）为采样流量与采样时间乘积；

t——采样点的气温（℃）；

T_0——标准状态下的绝对温度，为273K；

P——采样点的大气压力（kPa）；

P_0——标准状态下的大气压力，为101.3kPa。

2）空气中氨的质量浓度的计算公式为

$$C = \frac{(A - A_0) \times B_s}{V_0} \times k$$

式中　C——空气中氨的质量浓度（mg/m^3）；

A——样品溶液的吸光度；

A_0——空白溶液的吸光度；

B_s——计算因子（μg/吸光度）；

V_0——换算成标准状态下的采样体积（L）；

k——样品溶液的稀释倍数。

13.3 室内环境污染的控制

为了有效地控制室内空气污染，可根据室内外环境空气污染类型、污染物发生源发生的污染物种类和浓度，采取相应的控制措施，选用适合的治理方法。可用一种或多种治理方法，诸如同时采用通风换气、空气净化和污染物发生源控制等3类治理方式进行综合治理。总之，治理的目的是使室内空气污染物浓度降低，达到《室内空气质量标准》（GB/T 18883—2002）规定的要求，创造健康、舒适的住宅或办公室内空气环境。

13.3.1 通风换气

由于世界性的能源不足，冬季里室温偏低，尤其是空调的普遍使用，要求建筑结构有良好的密封性能，以达到节能的目的。以上情况致使多数家庭在冬季减少了开窗换气的次数，使室内空气污染不断加剧。品种繁多的建筑装饰装修材料的推广使用，使得由装修而引入的化学污染物成分越来越复杂。在这种情况下，如果自然通风换气不够，将会导致长期工作和生活在该种环境下的人们出现病态建筑物综合征。

消除室内空气污染，最有效的方式是通风换气，在室外空气好的时候打开窗户通风，有利于室内有害气体散发和排出。对于依赖空调系统的密闭空间，必须改善空调系统，保证新风量与换气量。因此装修设计中，一定要按照建筑设计通风的规范要求进行，特别是在大开间改为小开间的装修设计中，对小开间的通风状况要进行重新计算，凡达不到建筑设计通风要求的，应采取必要措施保证通风需要。

通风换气可采用自然通风、局部机械通风、全面机械通风稀释空气污染物等方式。自然通风是利用自然的而非机械的驱动力进行通风的方式。局部通风可分为局部排风和局部送风两大类，它们都是利用局部气流使局部地点不受污染，从而营造良好的空气环境。全面通风又称稀释通风，即对整个控制空间进行通风换气，使室内污染物浓度低于容许的最高浓度。研究表明，新建或新装修的住宅只有在通风一定时间后才可完全入住。另外，真菌、细菌、尘螨等微生物可以通过改善通风过滤系统、调控室内空气温度和湿度加以控制。总之，加强通气换气，一方面可确保氧气含量，减少污染物的排放；另一方面可以将污染物迅速带走，降低室内污染物的浓度。但同时要注意住宅内的空气流通方向，以免造成内部之间的相互污染，且在建筑群密度较大时，应注意可能会对室外局部大气造成的小范围污染。

13.3.2 污染源的控制

1. 加强装饰装修材料进场的有害物质检验

（1）加强现场验收的装饰装修材料的检测报告检查

应对不同产品的出厂检测报告的时间有效性进行确认，如人造木板、涂料、人造地板砖、天然石材产品等，要根据生产配方变化而按批次进行产品出厂检测。如果检测报告所显示的时间明显不合适，可以提出疑问。另外，不同的监测项目所要求的方法不同，只有从检测报告上可以看出检测方法是否符合标准要求，对于不符合标准要求的检测报告，不予承认。

（2）加强天然花岗岩的检查

民用建筑工程室内饰面采用的天然花岗岩石材，当总面积大于200m^{2}时，应对不同产品分别进行放射性指标的复验。一般情况下，装修使用的天然花岗岩石材数量达不到200m^{2}时，暂不放在管理范围内。至于不同产地、不同厂家的石材产品，性能指标可能相差很大，因此应分别进行放射性指标的复验。

（3）加强人造板甲醛释放量检查

民用建筑工程室内装修中所采用的人造木板及饰面人造木板，必须有游离甲醛含量或游离甲醛释放量检测报告，并应符合设计要求和规范的规定。即人造木板及饰面人造木板出厂时只有合格证书还不够，还应有游离甲醛含量或游离甲醛释放量检测报告。不同板材在出厂前进行级别分类的方法不同，检测分析方法也不同，生产厂家经常根据用户要求变换生产配方和生产工艺。在不同生产配方和生产工艺下生产的板材，散发游离甲醛的情况会有差别，因此，随生产配方和生产工艺的变化，应当提供相应的板材检测报告。

民用建筑工程室内装修中采用的某一种人造木板或饰面人造木板面积大于 $500m^2$ 时，应对不同产品分别进行游离甲醛含量或游离甲醛释放量的复验。在进行板材分级复验时，使用的方法最好与板材在出厂前进行级别分类的方法相同，检测分析方法也最好相同，以免因为使用方法不同而发生纠纷。

（4）加强油漆涂料的有害物质检查

民用建筑工程室内装修中所采用的水性涂料、水性胶黏剂、水性处理剂必须有总挥发性有机化合物（TVOC）和游离甲醛含量检测报告；溶剂型涂料、溶剂型胶黏剂必须有总挥发性有机化合物（TVOC）、苯、游离甲苯二异氰酸酯（TDI）（聚氨酯类）含量检测报告，并应符合设计要求和规范规定。

知识链接

建筑材料和装修材料的检测项目不全或对检测结果有疑问时，必须将材料送有资格的检测机构进行检验，检验合格后方可使用。工程实践中，建设单位、施工单位、材料生产厂家之间就材料的某些事情产生疑问或发生争议是常有的事，这种情况发生后，往往单凭材料出厂时的检测报告已无法解决问题，只能求助于有检测资格的检测机构进行检验，并按照检验结果处理。这是带有仲裁性质的检验，当然带有仲裁性质的检验也要根据国家规定的标准方法进行。一般来讲，只有通过质量技术监督机构认可，并经建设行政主管部门考核合格，具有检测能力的检测单位才能具备检测资格。

2. 装饰装修工程设计时控制污染源

在确定家庭装修方案时，为了控制室内环境，防止由于不同材料和家具等室内装饰装修材料有害物质的叠加造成的污染，在进行装修方案的设计时要注意空间承载量、材料的使用量、室内新风量和留好提前量四个方面。

（1）合理计算房屋空间承载量

由于目前市场上的各种装饰材料都会释放出一些有害气体，即使是符合国家室内装饰装修材料有害物质限量标准的材料，在限定的室内空间中超量使用也会造成有害物质超标的情况，所以需要合理计算房屋对装饰材料的承载量。

（2）搭配各种装饰材料的使用量

地面材料最好不要使用单一品种，因为地面材料在室内装饰材料中使用比例比较大，如果选择单一材料会造成室内空气中某种有害物质超标。

（3）保证室内有一定的新风量

按照《室内空气质量标准》（GB/T 18883—2002）要求，室内新风量应该保证在 $30m^3/(h \cdot p)$ 以上（每人每小时不少于 30 立方米）。厨房、卫生间，不要人为地阻挡室内的通风，有条件的家庭可以安装室内通风机或有通风功能的空调，一些通风状况不好的住宅楼更要注意。

（4）为室内购买家具和其他装饰用品的污染留好提前量

因为室内空气污染是各种污染物质在室内空气中累加的，如果再购买家具和其他装饰用品，这些物品中也会释放有害气体，这样就会造成室内污染物质超标。

3. 室内装修主要污染因子的控制

（1）防治放射性氡气污染

1）建筑工程应避开氡异常的地质环境。

2）采取处理措施，减少地质、土壤环境产生的氡。

3）建筑材料和装修材料的放射性比活度控制。

（2）防治甲醛污染

1）改革生产工艺过程，减少甲醛的使用量，使产品中的甲醛含量降低。

2）木材类产品先放置在特制的烘烤室内，予以40℃烘烤，加速甲醛的释放后再投入市场。

（3）防治氨污染

在建筑过程中所使用的阻燃剂、混凝土外加剂，严禁其含有氨水、尿素、硝铵等可挥发氨气的成分，以避免工程交付使用后墙体释放出氨气。

（4）防治苯及TVOC的污染

1）工程中应采用符合国家标准的、污染少的装修材料，这是降低室内空气中苯含量的根本措施。如选用符合环境指标要求的涂料和胶黏剂，选用无污染或者少污染的水性材料等。

2）在油漆和做防水时，施工工艺不规范可使得室内空气中苯含量大大增高。有居民反映，某一家装修全楼都是气味，而且这种空气中的高浓度苯十分危险，不但会使人中毒，还很容易发生爆炸和火灾。

13.3.3 空气净化技术

用于治理室内环境污染的净化治理产品，包括空气净化器和空气净化材料。要求具有能够有效地控制室内空气污染的功能，且应符合《空气净化器》（GB/T 18801—2015）中的要求，即安全、无害、无异味、不造成二次污染。

1. 常见的空气净化技术

（1）光催化法

光触媒（Photocatalyst）也叫光催化剂（Ughtcatalyst），是一类以二氧化钛（TiO_2）为代表的，在光的照射下自身不起变化却可以促进化学反应，具有催化功能的半导体材料的总称，光催化法的原理如图13-8所示。

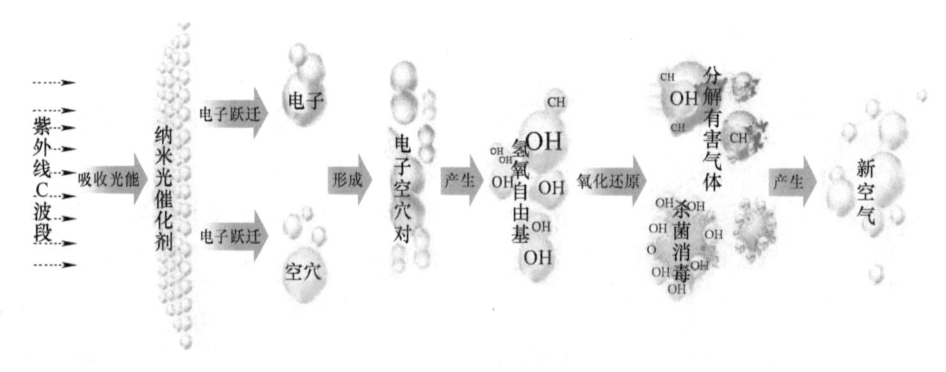

图13-8 光催化法原理

光触媒在环保科技领域的作用是无可限量的，它带来的是一场“光清洁革命”。目前，在国内每年仅居室的净化市场就有超过200亿的需求，加上水质处理、空气净化和新材料、新能源等的需求更是庞大。所以，光催化剂随着技术的不断更新将越来越多地使用在各个领域。

（2）物理净化法

用多孔性的材料如活性炭、硅胶、分子筛和氧化铝等作为气体污染物吸附剂，去除空气中挥发性有机化合物（VOC）和臭气物质。吸附剂的表面特征是有大而致密的毛细管，比表面积大。

吸附剂表面与气体污染物之间依靠范德华瓦尔斯力结合，但是吸引力比较弱，吸附与脱附作用是可逆的。

优点：气体污染物浓度高、低的场合均可适用，吸附剂易再生。

缺点：易吸附饱和，已吸附的污染物在条件发生变化时会释放出来。

吸附剂的选用原则：主要依据被吸附的气体污染物分子直径的大小、极性等来选择相应的吸附剂。如果是非极性、分子量大的气体污染物，选用活性炭吸附剂，可获得比较好的吸附效果。

（3）化学净化法

1）吸附原理。化学吸附是利用气体污染物与化学试剂发生化学反应，去除空气中的气体污染物，如 VOC 和含氮、含硫化合物等，达到净化空气的目的。化学吸附法去除空气中的气体污染物，可采用中和反应、氧化还原反应和催化氧化反应。

吸附剂吸附气体污染物的特征，是依靠气体污染物与化学试剂之间的化学亲和力结合，其结合牢固，吸附反应是不可逆的，环境温度变化也不会引起已经吸附的污染物出现脱附现象，气体污染物浓度比较低时，去除效果也很好。

2）中和法。利用吸附剂与气体污染物发生中和反应而去除。其优点是吸附牢固、不可逆，缺点是消耗试剂多、使用寿命受限制。

所用吸附剂分为两类，碱性吸附剂和酸性吸附剂。用碱性试剂，如氢氧化钠作吸附剂，去除空气中的酸性气体污染物。用酸性吸附剂，如硫酸、磷酸和盐酸，吸附碱性气体污染物。盐酸有挥发性，容易产生二次污染，在净化室内空气时一般不推荐使用。

3）氧化还原法。利用臭氧、次氯酸钠、高氯酸钾等化学试剂，将空气中的甲硫醇、硫化氢、二氧化硫、氮氧化物进行氧化，从而将这些空气污染物去除。氧化还原反应不可逆、去除效率高，但是消耗试剂多、多余的氧化还原剂容易造成二次污染。

（4）合理利用臭氧净化室内环境

臭氧具有强杀菌力和脱臭力，只要使用得当会为人类提供许多好处。目前，厂家已研制出家用臭氧消毒机和空气净化器，并具有高效、小型、安全的特点，使臭氧应用走向家庭。由于这种技术充分利用了臭氧的氧化能力，所以这类空气净化器大都具有杀菌、脱臭和净化室内空气的作用。

2. 空气净化材料

（1）熏蒸型材料

熏蒸型材料是由承载液、反应液和激发剂组成的。激发剂激发承载液的挥发，载着反应液渗透到室内的每一个角落，几乎能和所有的有机挥发物等各类有害气体反应。使用时将该除味剂稀释后分装在容器内，置于封闭的空间里使用，2～4d 后再通风，即可消除各种异味，包括氨、苯、甲醛等有机挥发物。熏蒸型材料渗透力相当强，可直达其他产品不易治理的地方，直接消除污染源和挥发在空气中的各种有机挥发物，达到全面的标本兼治效果。产品在使用时会产生刺激性气味，在该封闭空间内不要久住。另外该产品最好在入住前使用，入住后主要在家具内使用，使用时要关闭柜门和抽屉，而房间门和窗户要打开。

（2）雾态喷剂型材料

雾态喷剂型材料配合高效无毒的天然试剂，直接分解空气中的各类有害气体和异味，生成无毒无害的物质。在室内空间使用此类产品后，可有针对性地去除装修后装修材料及建筑本身所产生的甲醛、苯、氨气等有毒气体，并对居家产生的异味，如烟酒味、霉味、臭味等刺激性气味有全面消除作用。该喷剂使用方便，一喷即可，特别适用于通风差的场所（酒吧、歌舞厅、咖啡厅、饭店等）的日常净化处理。

（3）封闭型材料

封闭型材料要求具有超强的渗透能力和封闭能力，一方面渗透到板材中的聚合醛类物质，另一方面要能在任何材料表面形成一层具有一定硬度和耐候性的膜，对刷剂不能渗透到或无法治理的部分起到强大的封闭作用。封闭型材料采用天然材料聚合，无毒、无污染、耐候性强，可在板材表面形成一层坚固的薄膜，在原液渗透进去中和甲醛的同时，阻挡板材中剩余的游离甲醛向空气中释放。

（4）固体吸附型材料

固体吸附型材料以活性炭和分子筛为主要材料，具有无毒、无味、无腐蚀、无公害的特点。固体吸附型材料与空气中异味有极强的亲和力，纯物理吸附，无化学反应。将其放入需要净化的房间、家具、橱柜中或者冰箱内，能去除家庭、办公室、新购置家具带来的有害气体和异味。

（5）液态刷剂、喷剂型材料

液态刷剂、喷剂型材料利用具有较强渗透能力的物质作为承载体，将能够使甲醛稳定的有机物输送至板材中，使不稳定的醛类聚合物稳定下来，以达到中和的目的。使用时将中和型喷刷剂直接喷刷在家具中裸露的板材表面，直接渗透进入板材内部，主动捕捉、中和板材中的游离甲醛，具有强大的消除甲醛能力。

（6）涂料添加型材料

涂料添加型材料适用于水性涂料和内墙乳胶漆，可用于家庭、宾馆、学校、会议室、医院以及娱乐场所等建筑的内墙。将其添加在内墙乳胶漆中涂刷，能有效去除家庭装饰材料、家具中释放的甲醛、苯类、氨等有毒有害气体，以治理由于装饰装修而造成室内空气污染的问题。这类材料还可去除由于吸烟、烹调、空调环境等造成的各种异味。此类产品具有使用方便的特点，可以在涂料的生产过程中添加，也可以直接添加到市场上出售的成品涂料中，只需搅拌均匀即可。选择此类产品要注意对涂料本身的物理和化学性能不应有任何影响。

3. 空气净化器

使用空气净化器是去除悬浮颗粒物，改善室内空气质量，创造健康舒适的办公室和住宅环境十分有效的方法。在冬季供暖、夏季使用空调期间效果更为显著，这也是最节约能源的空气净化方法之一。因此，在欧、美、日等一些发达国家，具有 HVAC（供热通风与空气调节）设备的建筑物内，也使用空气净化器补充通风量的不足，以进一步改善和提高室内空气质量。

（1）净化器的分类

1）静电式空气净化器。静电式空气净化器是利用阳极电晕放电原理，使气流中的颗粒物带正电荷，然后借助库仑力作用，将带电粒子铺集在集尘装置上，从而达到净化空气的目的。该除尘器由离子化装置、集尘装置、送风机和电源等部分构成。

按对尘粒处理方式分类，可分为干式除尘器和湿式除尘器。干式除尘器是指在干燥状态下进行除尘，必须定期清除集尘极上的粉尘。湿式除尘器是指在集尘极上喷淋水膜，通过水膜和水冲洗掉集尘极上的粉尘。

按气流流动方向分类，可分为立式除尘器和卧式除尘器。

2）过滤式除尘空气净化器。过滤式除尘空气净化器是将空气吸引进入空气净化器，把气流中的颗粒物截留在多孔性过滤材料表面上而收集下来，使空气净化。将颗粒物截留在多孔性过滤材料表面上，主要依靠直接阻挡、惯性沉降、扩散沉降和静电吸引等方式。

过滤式除尘空气净化器的除尘效率主要影响因素有空气参数，包括空气的温度、湿度和流量；颗粒物的特征，包括粒子的形状、大小、相对密度和浓度；过滤材料的特征，如过滤材料的面积、厚度、微孔大小、带电状况等。

由于存在惯性沉降、扩散沉降和静电吸引等作用，动力学直径远小于过滤材料微孔孔径的颗粒物粒子，也能够被收集在过滤材料上。

过滤式除尘空气净化器的特点是除尘效率高、容尘量大、使用寿命长。一般家庭、办公室内空气中的颗粒物浓度较低，长时间运行不用更换过滤材料。

3）等离子空气净化器。等离子空气净化器是一种对室内空气杀菌消毒型的空气净化装置，同时它也能去除空气上的可吸入颗粒物和多种生物异味。等离子空气净化器在工作时会产生臭氧，由臭氧分解出生态氧，臭氧是一种公认的高效空气杀菌剂，且释放是间歇性的，释放时间比较短，在杀菌的同时不会对人体造成伤害。该净化器无任何机械传动装置，因此，使用中没有任何动力噪音。该净化器净化原理不同于传统过滤净化器，无需清洗与更换净化器内滤材。

（2）正确选择室内空气净化器

1）滤材：好的过滤材料吸附0.3μg以上污染物的能力高达99.9%以上。如果室内烟尘污染较重，可选择除尘效果较佳的空气净化器。

2）净化效率：较大房间应选择单位净化风量大的空气净化器。例如，$15m^2$的房间应选择单位净化风量在$120m^3/h$的空气净化器。

3）使用寿命：随着过滤材料趋于吸附饱和，净化器的吸附能力将下降，所以消费者应该选择具有再生功能的净化过滤胆（含高效催化活性炭），以延长其寿命。

4）房间格局影响净化效果：空气净化器的进出风口有360°环型设计的，也有单向进出风的，若在产品摆放上不受房间格局限制，则应选择环形进出风设计的产品。

5）需求：根据需要净化的污染物种类选择空气净化器。HEPA（高效空气过滤器）对烟尘、悬浮颗粒、细菌、病毒有很强的净化功能；催化活性炭对异味、有害气体净化效果较佳。

6）售后服务：净化过滤材料失效后需到厂家更换，所以消费者应该选择售后服务完善的厂家生产的产品。

知识链接

光催化净化器是指利用波长为170～440nm的紫外线照射在多相催化剂上，使催化剂具有氧化还原能力，以分解空气中一些挥发性与非挥发性有机污染物，如尼古丁、苯酚、醛类、三氯乙烯、氟利昂等。

负离子净化器：空气中负离子借助凝结和吸附作用，能附着在固相或液相污染物微粒上，从而形成大离子并沉降下来，与此同时空气中负离子数目也大量地损失。在污染浓度高的环境里，若清除污染物所损失的负离子得不到及时补偿，则会出现负离子不平衡状态，使人产生不适感。在此环境中使用负离子净化器一方面维持正负离子平衡，另一方面可以不断地清除污染物，从而达到改善空气质量的目的。

实训任务

用酚试剂分光光度法检测实训室中甲醛的含量，采集空气中的甲醛试样，根据《室内空气质量标准》（GB/T 18883—2002），评价该室内甲醛浓度是否超标？

本章小结

本章介绍了室内环境质量的基本知识、室内主要污染物的检测方法、室内环境控制等相关内容。室内环境质量检测基本知识主要介绍室内空气质量，其中包括室内空气质量的定义、室内空气主要污染物及污染源；简单介绍了《民用建筑工程室内环境污染控制规范》（2013年版）（GB 50325—2010）、《室内空气质量标准》（GB/T 18883—2002）和“室内装饰装修材料有害物质限量”10项国家标准；着重介绍了甲醛的酚试剂分光光度检测方法，苯、甲苯和二甲苯的气相色谱法检测方法，TVOC的气相色谱法-热解法检测方法，双滤膜法与便携式测氡仪测量氡，氨的靛酚蓝分光光度检测方法；介绍了通风换气、污染物发生源控制和空气净化3类室内环境质量的控制方法。

思考与练习

1. 室内空气质量如何定义？

2. 简述室内环境中污染物的分类与污染来源。

3. 简述《民用建筑工程室内环境污染控制规范》（2013 年版）（GB 50325—2010）、《室内空气质量标准》（GB/T 18883—2002）和“室内装饰装修材料有害物质限量”10 项国家标准这三种标准的异同。

4. 通风换气的方式如何分类？

5. 简述如何控制室内氨、甲醛、氡等的污染。

6. 简述物理净化法与化学净化法的异同。

参 考 文 献

[1] 建筑装饰材料手册编写组. 建筑装饰材料手册 [M]. 北京：机械工业出版社，2006.
[2] 高军林. 建筑装饰材料 [M]. 北京：北京大学出版社，2009.
[3] 张洋. 装饰装修材料 [M]. 北京：中国建材工业出版社，2006.
[4] 李坚. 木材科学 [M]. 3 版. 北京：科学出版社，2014.
[5] 魏鸿汉. 建筑装饰材料 [M]. 北京：机械工业出版社，2008.
[6] 万瑞霞，张萍. 建筑装饰材料 [M]. 北京：北京邮电大学出版社，2015.
[7] 朱吉顶. 建筑装饰材料 [M]. 2 版. 北京：机械工业出版社，2015.
[8] 赵斌. 建筑装饰材料 [M]. 天津：天津科学技术出版社，2006.
[9] 陈雪杰，业之峰装饰. 室内装饰材料与装修施工实例教程 [M]. 2 版. 北京：人民邮电出版社，2016.
[10] 沈春林. 新型建筑涂料产品手册 [M]. 北京：化学工业出版社，2005.
[11] 吕阳，卢振. 室内空气污染传播与控制 [M]. 北京：机械工业出版社，2014.